牧草生理生态研究

麻冬梅　许　兴　蔡进军 等　著

科 学 出 版 社

北　京

内容简介

本书介绍了植物抗旱耐盐机理、苜蓿产业发展与苜蓿轮作倒茬、牧草混播等的研究进展，以及优新耐盐牧草的引进、筛选和综合性评价，苜蓿种植年限对其生产力及土壤质量的影响，紫花苜蓿与羊草混播效应，两种引种灌木抗旱生理特性等内容。本书大部分内容为近十年的研究成果，既概述了牧草抗旱耐盐性、牧草轮作倒茬与混播及存在的问题，又深入研究了牧草抗旱耐盐的生理特性与种植的生态适应性。

本书可作为农业科研、教学、生产和管理人员的参考书与工具书，又可作为技术培训和推广的教材。

图书在版编目(CIP)数据

牧草生理生态研究 / 麻冬梅等著．—北京：科学出版社，2020. 1
ISBN 978-7-03-060244-2

Ⅰ. ①牧…　Ⅱ. ①麻…　Ⅲ. ①牧草-植物生理学-研究②牧草-植物生态学-研究　Ⅳ. ①S54

中国版本图书馆 CIP 数据核字（2018）第 293087 号

责任编辑：张　菊 / 责任校对：何艳萍
责任印制：吴兆东 / 封面设计：无极书装

科学出版社出版
北京东黄城根北街 16 号
邮政编码：100717
http://www.sciencep.com
北京虎彩文化传播有限公司 印刷
科学出版社发行　各地新华书店经销
*
2020 年 1 月第　一　版　　开本：720×1000　1/16
2020 年 1 月第一次印刷　　印张：12 1/4
字数：250 000

定价：138.00 元

（如有印装质量问题，我社负责调换）

《牧草生理生态研究》
著者名单

主笔： 麻冬梅　宁夏大学
许　兴　宁夏大学
蔡进军　宁夏农林科学院

成员： 孙　彦　付春祥　徐文娣　党　薇
席艳丽　胡建玉　代红军　李国旗
马　琨　朱　林　毛桂莲　马丽红
徐　坤　金风霞　刘建文　杨亚亚
马巧利　韩　博　黄　婷　吴梦瑶
王文静　赵丽娟

前　言

随着我国奶业与畜牧业的快速发展，草产业发展势头迅猛，特别是全社会对畜产品质量的高度重视和消费者对绿色畜产品消费的青睐，催生了市场对优质牧草的强劲需求。目前，国内牧草的产量和品质远不能满足畜牧业发展的需求，据统计，2008～2012 年我国苜蓿商品草进口量翻了 23 倍，价格由 200 美元/t 飙升至目前的近 400 美元/t。《全国节粮型畜牧业发展规划（2011–2020 年）》明确指出要因地制宜发展苜蓿等优质牧草种植，开展优质苜蓿高产示范片区建设，推进苜蓿产业带建设。加快耐盐碱饲草新品种的培育改良和高效配套栽培技术的推广应用，对引导盐碱地和中低产田优化调整种植结构、提升区域农业综合效益、带动农民增收致富具有重要的现实意义。

培育优良牧草和高效配套栽培技术需要对牧草的生理特性和生态适应性进行深入研究，从 2010 年开始，我们围绕着优新耐盐牧草的引进、筛选和综合性评价，苜蓿种植年限对其生产力及土壤质量的影响，以及紫花苜蓿与羊草混播效应等内容，进行了较为系统和深入的研究，获得了大量数据资料并取得了阶段性的成果，先后发表学术论文 30 余篇，这些科研积累为牧草生理生态等研究提供了一定的理论依据，为草产业可持续发展和生态建设提供了良好的技术支撑。

《牧草生理生态研究》先后得到国家重点基础研究发展计划（973 计划）项目“作物应答盐碱胁迫的分子调控机理”（2012CB114200-G）、国家自然科学基金项目“苜蓿根系响应盐胁迫的分子机理及重要耐盐基因的克隆与功能分析”（31760698）、宁夏回族自治区农业育种专项“牧草种质资源创新与新品种选育”（2014NYYZ0401）、国家重点研发计划课题“黄土梁状丘陵区林草植被结构体系优化及杏产业关键技术与示范”（2016YFC0501702）、“十二五”国家科技支撑计划课题“宁南山区脆弱生态系统恢复及可持续经营技术集成与示范”（2015BAC01B01）、宁夏回族自治区重点研发计划课题“优势特色作物分子标记开发与应用”（2019BBF02022-04）、宁夏自然科学基金重点项目“苜蓿耐盐 *SOS* 途径基因的生物学整合效应分析”（NZ15002）、宁夏研究生教育创新项目（NXYC201506）等项目的资助，同时在研究过程中参阅了国内外大量研究资料，在此，向所有支持该研究的部门、学者表示诚挚的谢意！

在近十年的研究过程中，有两位博士研究生、十余位硕士生参加了相关研究工作，并完成了他们的论文，在本书出版之际对他们的辛勤劳动和努力表示感谢！

牧草生理生态涉及内容颇多，本书中许多研究内容尚未涉及，一些研究内容尚需进一步深化，笔者学术水平有限，对学科发展的认识也不尽完善，某些研究论点也许有不足之处，敬请读者在阅读本书时提出宝贵意见。

麻冬梅

2018 年 8 月于银川

目　　录

第1章 绪 论

1.1 优新耐盐牧草的引进和筛选

针对西部地区沙化、盐渍化等生态问题，牧草育种研究主要从抗旱性、耐盐性等方面入手。抗旱性是牧草育种，尤其是我国西部地区生态研究最重要的方向。我国是世界上主要的干旱国家之一，干旱、半干旱面积占国土面积的52.5%，近年来环境恶化、气温转暖、水资源缺乏导致各地旱情频频发生，特别是我国北方旱情对农业的影响已相当严峻，牧草品种抗旱性方面的研究是牧草产业化的首要问题。牧草抗旱性综合评判方法比较多，陶玲和任珺（1999）使用21个抗旱指标对14种牧草进行了系统聚类；宋淑明（1998）等使用隶属函数法对14种牧草抗旱性进行了综合评判；任珺（1998）等提出了牧草抗旱性综合评价指标体系的层次分析法（analytic hierarchy process，AHP）模型设计。各种不同方法只是一种手段，其目的是对牧草抗旱性做出客观的评价。

在探讨牧草耐盐性方面，应该考虑的一个重要因素是耐盐性随个体发育阶段变化的变化。目前，国内外对牧草耐盐性的研究主要集中在发芽期、幼苗期。徐恒刚（1988）认为一个草种能否适应一个地区的盐渍环境是由多种因素所决定的，室内试验并不能完全取代田间试验，要确定一个品种或一个种的耐盐性，必须测定其出苗期、苗期和成熟期的耐盐性，否则无法全面评定这个种或品种的耐盐性。牧草成熟期的耐盐性测定，需根据牧草生长的状况划分若干样方，测定样方内株高、产草量、土壤含盐量、pH，对测定结果进行相关、回归分析并建立Logistic方程，得出牧草成熟期的耐盐性。同时，在有限条件下，应力争从更深层次进行抗逆机理的研究探索，如对羊草盐碱胁迫耐受相关基因群进行田间验证等。

针对我国干旱面积较大、牧草品种单一、老品种产量低、质量差、病虫害发生严重等现状，定向地筛选或培育适应性强、抗旱性强、耐盐性好而又高产的牧草品种，实为当务之急。应通过不同区域的栽培试验，选择不同品种的适宜栽培区，对不同牧草品种生产能力、营养含量及适宜性等方面提出科学合理的评价，以便在生产实践中使用或参考借鉴。

在牧草栽培方面，不同的栽培改良措施主要是通过影响草原表层土壤的通透性、保水性来影响地上部分植物的生长，如农艺措施松土、灌溉等能降低土壤容重，提高土壤空气含量，增加土壤水分；生物措施补播牧草、施枯草等能减少地表蒸发及增加土壤有机质，使土壤团粒结构发生变化，提高土壤的储水、保水能力，为植物的定居、生长和繁殖创造良好的环境。经过改良，从地上到地下的整个生态系统都可发生明显的变化。根据陈自胜和徐安凯（2000）的研究，在土壤板结、植被稀疏、产量低的盐碱化草场上松土一年后，草场土壤含水率提高了0.7%～3.6%，土壤孔隙度增加了3.22%～4.15%，土壤容重减少了0.08～0.11g/cm^3，加速了土壤有机质的分解，改善了土壤的营养状况，速效氮、速效钾及速效磷含量分别增加了46.97 mg/kg、1.29mg/kg及51.12mg/kg，从而提高了牧草产量，松土后1～2年增产10%，第3～第5年分别增产21.4%、47.2%和78.2%。

通过对盐碱地等退化土地人工草地丰产栽培技术示范区的建设，充分利用示范区示范和引导带动功能，统筹“项目、基地、人才、平台和示范”，创新草业科技成果转化的运行机制，加强草业高层次人才培养和基层技术人员、农民的技术培训，加快推广牧草先进生产技术，加速成果转化，带动周边地区草业快速发展，提高宁夏牧草产草量和品质，增加农民和企业收入，形成以草促牧、农牧结合的现代化农业生产模式，实现生态环境建设与经济发展的有机结合，对发展草地农业、改善生态环境、加快宁夏草产业发展、构建和谐社会具有重要意义。

1.2 紫花苜蓿种质材料的耐盐性综合评价研究

紫花苜蓿（*Medicago sativa* L.）是一种蔷薇目、豆科、苜蓿属多年生草本植物，原产地为小亚细亚、外高加索、伊朗和土库曼高地，目前已被列为栽培牧草中优良草种的典型代表，全世界种植面积已达3330万hm^2（潘玉红和朱全堂，2001）。苜蓿具有发达的根系，有较强的抗逆性、高产量、高品质、丰富的营养和适口性优良等优点，享有“牧草之王”和“饲料皇后”的美称（谢振宇和杨光穗，2003；张晓磊等，2013）。紫花苜蓿的生长对土壤质量要求不高，并且抗旱、抗寒、耐盐碱，是当前我国分布范围最广、栽培种植面积最大的牧草品种（耿华珠等，1995），广泛分布于我国华北、西北、黄淮海、东南部等地（易鹏，2004）。

我国的土壤盐渍化状况日益加剧，严重影响植物生长和生产。在盐渍化土壤的改良方法中，许多学者认为种植耐盐碱植物的生物改良方法是最有效的手段之一（路浩和王海泽，2004）。紫花苜蓿具有一定的耐盐性，可以改良土壤和改善生态环境（董君，2001；曹致中，2002；王堃和陈默君，2002）。选育耐盐碱苜蓿品种，扩大种植面积，对加快粮、草、饲三元结构调整，提高盐渍化土地的有效利用，加强生态建设具有重要意义。

1.2.1　土壤盐渍化概况

土壤盐渍化对农业的影响已经成为一个全球性的问题，威胁着人类生活和经济的可持续发展。盐渍化土壤是分布较广的一种土壤类型，现在世界共有 10 亿 hm^2 以上的盐碱地，占陆地面积的 30% 左右（蔺娟和地里拜尔·苏力坦，2007），目前还有部分可耕地土壤在不断受到盐渍化的影响。近年来，工业现代化的发展、农业灌溉的扩大、人类对资源的不合理利用、水资源的浪费和过度放牧等，使世界上的干旱、半干旱地区的植被遭到严重的破坏，土壤的次生盐渍化状况日益严重。中国盐碱化土地约有 $9913\times10^4hm^2$（杨真和王宝山，2015），集中分布于华北、西北和东北的干旱、半干旱地区，其中，西北半干旱盐碱土区域包括宁夏及内蒙古河套地区，西北干旱盐碱土区域包括青海、新疆、甘肃河西走廊和内蒙古西部地区，东北盐碱土区域包括辽河平原、松嫩平原、三江平原和呼伦贝尔高原（陈晓杰和马宁远，2010）。随着当前国民经济、社会的迅速发展，人口增长和耕地日渐减少的矛盾日益突出，盐渍化土壤作为一种非常重要的土地后备资源，急需努力去开发、保护和利用。

我国盐碱土的地理分布比较广泛，类型各异，修复和改良必须坚持“因时因地制宜，综合防治”的原则。修复和改良盐碱土的措施有工程措施、化学措施、生物措施、耕作措施、改良有机剂和覆盖措施。其中工程措施主要包括水利工程措施和生态工程措施。水利工程措施就是通过水利工程设备，改善用水和管水的方法，以便冲淡盐分、调节地下水位，从而来改善盐碱土（谢晓蓉等，2006）。生态工程措施就是在生态系统中，遵循物种之间共生、物质循环再生、结构与功能协调的原则，结合系统工程的最优化方法，设计多级利用的生产工艺系统（刘惠清，2006）。化学措施是通过施加化学改良剂降低土壤胶体上过多的交换性钠和碱性，可以明显地改变土壤的理化性状及结构。相对于工程措施和化学措施，生物措施是十分有效的改良措施，具有改良效果和生态效益双优的特点，主要包括盐碱地种植水稻、种植耐盐植物、植树造林和种植绿肥等（刘宏等，2012）。

1.2.2　植物盐害机理

盐胁迫对植物的影响几乎涉及植物生长发育的各方面，包括种子萌发、营养生长和生殖发育。盐胁迫给植物带来离子毒害、渗透胁迫、营养（N、P、K、

Ca、Fe、Zn）亏缺和氧化应激的危害。土壤中高盐浓度导致渗透胁迫，使植物从土壤中吸收水分受到限制。在细胞壁积累钠离子可迅速导致渗透胁迫和细胞死亡（Munns，2002）。离子毒害是生物化学反应中的 Na^+ 和 K^+ 置换及 Na^+ 和 Cl^- 引起的蛋白质构象变化的结果。K^+ 是一些代谢酶的辅助因子，也是 tRNA 与核糖体结合合成蛋白质所需的（Zhu，2002；Tester and Davenport，2003），不能被 Na^+ 取代。高盐浓度造成离子毒害和渗透胁迫，导致植物代谢失衡，从而导致氧化损伤（Hernandez et al.，2001）。

1.2.2.1 离子胁迫作用

盐胁迫下，大量的 Na^+ 进入细胞，会造成以下影响：一是破坏了植物细胞原有的跨膜电化学梯度，使物质的跨膜运输遭到破坏，进一步影响植物正常的生理代谢，使植物的生长发育受影响，甚至导致植物死亡；二是大量的 Na^+ 进入细胞，K^+ 外渗，Na^+/K^+ 值增大，从而打破原有的离子平衡，使植物细胞的生理功能发生紊乱，严重影响植物的生长发育；三是破坏植物体内的生物大分子的结构和活性。植物细胞内离子浓度在很窄的范围内，许多酶才具有活性。在盐胁迫环境中生长的植物由于土壤中过量的 Cl^- 和 Na^+ 渗入植物细胞，导致细胞原生质凝聚、叶绿素受到破坏、蛋白质合成受到破坏、蛋白质代谢失衡、蛋白质水解作用增强，进而植物体内发生氨基酸积累，当氨基酸转化为丁二胺、戊二胺及游离胺的浓度积累到一定程度时，细胞就会中毒死亡（麻冬梅，2014）。

1.2.2.2 渗透胁迫作用

植物根部的土壤溶液可以平衡植物水环境。水和选择性溶质从土壤移动到植物，在根细胞膜两侧存在着渗透势。当溶解在土壤中的盐浓度增加时，土壤溶液水势降低，导致细胞水分外渗，造成植物生理干旱和营养亏缺。植物可以通过增加细胞里面的一些相溶性物质，如无机离子与小分子的有机物，来维持渗透压的平衡，这些物质即渗透调节物质。王冉等（2006）对两种南瓜幼苗离子含量的研究表明，盐胁迫 7 天后，随着盐浓度的增加，南瓜根、茎和叶片中的 Na^+/K^+、Na^+/Ca^{2+} 和 Na^+/Mg^+ 的值均增加。NaCl 胁迫下黑籽南瓜的根、茎和叶片 Na^+ 含量远低于白籽南瓜，而叶片中的游离脯氨酸（Pro）含量和可溶性糖含量均高于白籽南瓜，结果表明黑籽南瓜耐盐性较强。

1.2.2.3 氧化胁迫作用

植物受到逆境胁迫时，体内会有大量的活性氧（reactive oxygen species，ROS）积累，破坏了活性氧产生和清除的平衡，进一步引发膜脂过氧化反应，而渗透物质能够减轻活性氧对植物细胞的伤害。植物体内活性氧代谢系统的平衡受影响，体内活性氧大量积累，使超氧化物歧化酶（SOD）、过氧化氢酶（CAT）、过氧化物酶（POD）、谷胱甘肽（GSH）等活性氧清除剂的活性受到破坏，含量降低，造成膜系统氧化损伤（Jiang and Zhang，2001）。盐胁迫使细胞叶绿体和线粒体电子传递中泄漏的电子增加，从而引起光合电子传递系统失活和光抑制（张军等，2009），体内激素平衡被破坏和干物质积累下降（刘延吉等，2008），产生活性氧物质，引起次生的氧化胁迫。活性氧导致蛋白质和核酸变性，甚至导致细胞死亡（Bethke and Jones，2001）。Allsopp 等（1992）研究表明，活性氧可以使脱氧核糖核酸（DNA）单链断裂积累并导致端粒缩短。逆境下活性氧代谢失调引起需氧生物受害，也是逆境损伤的重要原因之一。

1.2.2.4　光合作用下降

盐胁迫影响光合作用主要通过减少叶面积、叶绿素含量和气孔导度来实现，并可以在较轻程度上，降低光系统Ⅱ的效率（Netond et al.，2004）。杨秀莲等（2015）对 3 个桂花品种在不同 Nacl 梯度处理下的光合作用进行分析，结果表明，随着盐处理时间和浓度的增加，其盐害指数随之增大，而光化学效率和叶绿素含量随着处理时间的延长而下降。净光合速率的大小能直接反映植物的生长情况，盐胁迫导致净光合速率下降。陈松河等（2013）对花叶唐竹、小琴丝竹和刺黑竹进行不同盐胁迫处理后测定其光合作用相关指标，结果表明，低盐胁迫对小琴丝竹和刺黑竹的净光合作用、气孔导度和蒸腾作用有促进作用，而随着盐溶液处理浓度增加，净光合速率、气孔导度和蒸腾速率均呈下降的趋势，胞间二氧化碳浓度随盐胁迫浓度的变化不明显。盐分对植物生殖阶段的生长影响较大。不同植物或植物的不同发育阶段，其光合作用对盐胁迫的敏感度各不相同。导致光合作用降低的因子包括气孔因素限制和非气孔因素限制（许大全，1995；朱新广和张其德，1999）。逆境胁迫下，引起植物叶片光合效率降低的植物自生因素主要有气孔的部分关闭导致的气孔因素限制和叶肉细胞光合活性的下降导致的非气孔因素限制两类。李先婷等（2013）通过对啤酒大麦的研究表明，短时间的低盐胁迫使得啤酒大麦的净光合速率上升，而较高的盐胁迫显著抑制大麦的净光合速率、气孔导度、胞间二氧化碳浓度和蒸腾速率；大麦处理在高盐胁迫下，随着时间的延长，影响其光合特性的因素主要为非气孔因素限制。郑国旗等（2002）使用不同浓度处理枸杞后发现，在盐浓度为 0.08% ~0.6% 时，枸杞的光合作用下降主要受到气孔因素限制，而当盐浓度大于 0.6% 时，光合作用的限制因素主要为非气孔因素限制。总之，对盐胁迫下光合速率的降低是否是由气孔因素引起的，或是否是由非气孔因素所导致的，还是两者共同起作用，目前尚无统一的认识，这可能与试验材料的抗盐性、材料的发育阶段及盐胁迫的程度等有关。

1.2.2.5 抑制生长

盐胁迫对植物最显著和最普遍的影响就是抑制生长（余叔文和汤章成，1998）。研究表明，盐胁迫下，棉花叶片色暗发软、功能期变短，侧根少，生长势下降，出叶速度减慢，现蕾、开花、结铃数目减少（Jafri and Ahmad，1994；孙小芳等，1998）。盐胁迫下，马铃薯试管苗的苗高、生物量显著下降（王新伟，1998）。随着盐浓度的增加，小麦株高、叶片数、根长均有所下降（许兴等，2002）；春小麦根系比地上部分受危害更大（苗济文等，1995）。Tattini 等（1995）认为，盐胁迫破坏了分生组织和叶片内的营养平衡。Stoey 和 Walker（1999）认为，盐胁迫使根系下表皮的木栓化增强，从而抑制了根系对水分和无机离子的吸收，使植物生长发育受到抑制。

1.2.2.6 质膜透性改变

盐胁迫下，植物生长环境中的渗透势增加，细胞脱水，从而使得植物细胞的膜系统遭到破坏，位于生物膜上的酶活性及功能发生紊乱，代谢发生变化，导致质膜透性发生改变。李倩等（2009）指出，随着盐胁迫浓度的增加，细胞中外渗的物质增多，质膜透性增强，受到的伤害增大。

1.2.2.7 呼吸作用不稳

呼吸作用可以产生较多的能量来支持植物大部分生命活动，同时，它的中间产物又是合成多种重要有机物质的原料。植物受到盐胁迫时，通过合成有机渗透调节物质去适应或者抵抗盐胁迫，这个过程需要消耗大量的能量。因此，植物受到盐胁迫时，首先会引起呼吸强度增强，而后随着时间的延长呼吸作用减弱。

1.2.3 植物耐盐性机制

1.2.3.1 离子平衡

在盐胁迫环境中，植物获得耐盐能力的一个重要策略是建立新的离子平衡。植物通过对离子的选择性吸收、外排和区域化来维持细胞内生理代谢所要求的离子稳态。组织中的高 NaCl 浓度对植物的生长有影响（Glenn et al.，1999）。植物离子比率的变化可能导致 Na^+ 大量涌入，同时导致 K^+ 的吸收（Blumwald et al.，2000）。细胞内较高的 K^+/Na^+ 值的维持和离子运输的精确调控是植物耐盐的关键（Glenn et al.，1999）。这可以通过细胞 Na^+ 离子外排或液泡 Na^+ 离子的区域化来完成。目前，已经确定了三类低亲和性的 K^+ 通道（Carl et al.，1995），即 K^+ 内向整流通道（KIRC）、K^+ 外向整流通道（KORCs）和电压独立的阳离子通道（VIC）。刘遵春和刘用生（2006）指出，随着盐浓度的增加，用 NaCl 处理的沙枣叶片和根系中 Na^+ 浓度也迅速增加，K^+ 的含量略低于对照。Cl^- 是主要的毒害离子，随着土壤中 NaCl 浓度的增加，5 种落叶果地上部分和地下部分 Cl^- 浓度都呈现增加趋势，细胞壁上有 Na^+ 和 Ca^{2+} 竞争的离子位点，过多的 Na^+ 会抑制 Ca^{2+} 的吸收。NaCl 处理增加了叶片中 Na^+ 和 Cl^- 的浓度，降低了 Ca^{2+}、Mg^{2+} 和 K^+ 的浓度。

1.2.3.2　渗透平衡调节

在盐胁迫下，由于外界渗透势较低，盐分对植物细胞产生渗透胁迫。对此，耐盐植物组织细胞应答盐胁迫，积累和合成兼容性溶质的渗透调节物质。这些相对小的有机分子对代谢是没有毒性的，包括脯氨酸、甜菜碱、多元醇、糖醇和可溶性糖。这些渗透调节物质有稳定的蛋白质和细胞结构，可以提高细胞的渗透压（Yancey et al.，1982），降低细胞水势，以保障植物在逆境条件下的水分正常供应。甜菜碱和海藻糖主要稳定膜的蛋白质结构和高度有序的状态。甘露醇作为一种自由基清除剂，也稳定亚细胞结构（膜和蛋白）和缓冲应激下细胞的氧化还原电位。因此，这些有机渗透调节物质也被称为渗透保护剂（Bohnert and Jensen，1996；Chen and Murata，2002）。脯氨酸是渗透胁迫下易于积累的一种氨基酸，是盐生植物调节渗透压的一种溶质。除调渗功能以外，它还具有稳定细胞蛋白质结构、防止酶变性失活和保持氮含量的作用（王波和宋凤斌，2006）。植物体累积脯氨酸是植物适应逆境的自我调节方式之一（Santa-Cruz et al.，1999；林栖凤和李冠一，2000）。

1.2.3.3　活性氧在细胞内的消除机制

盐胁迫应激诱导产生的活性氧（ROS）包括超氧阴离子自由基、过氧化氢（H_2O_2）和羟自由基（·OH），这些活性氧会对不同细胞成分（包括膜脂质、蛋白质和核酸）产生氧化损伤并引起其损伤的转移（Halliwell and Gutteridge，1986）。氧化损伤的减少可以增强植物对盐胁迫的抗性。盐胁迫也能引起活性氧积累，活性氧对生物膜、蛋白质和核酸都具有危害作用，抗氧化系统酶——超氧化物歧化酶、过氧化物酶和过氧化氢酶可以清除活性氧，防止活性氧积累（苏芳莉等，2009）。植物对盐胁迫的响应之一就是这些保护酶活性的变化，研究表明，许多植物在盐胁迫下均表现为保护酶活性不同程度增强（刘会超和贾文庆，2006）。杨帆等（2008）研究构树对不同浓度盐胁迫的响应，发现其 POD 的活性在盐胁迫前期明显升高，SOD 和 CAT 活性在盐胁迫中后期的变化趋势由下降变为上升，而且盐浓度越高，酶的活性越强。石国亮和江萍（2009）研究发现，随着盐胁迫浓度的增加，锦鸡儿幼苗中的 SOD、POD 和 CAT 活性变化趋势为先上升后下降，在盐浓度为 300mmol/L 时活性达到最大值，可认为 300mmol/L 是锦鸡儿所能承受的临界浓度，超过这个浓度就对其构成了盐胁迫。

1.2.4 苜蓿耐盐性研究进展

1.2.4.1 苜蓿耐盐性评价研究

对苜蓿的耐盐性研究主要集中在不同品种的耐盐性筛选和苜蓿对盐胁迫的响应方面，多数人的研究集中在苜蓿的种子萌发时期和幼苗期。Al- Khatib 等（1992）研究表明，紫花苜蓿在发芽期、苗期对盐比较敏感，在生长后期相对不敏感，因此在早期阶段进行耐盐选择是最合适的。杜长城等（2008）对 5 个品种苜蓿进行耐盐性筛选试验，通过对萌芽率、株高、植株鲜重、植株干重指标进行测定并综合加权分析得出，不同品种在不同盐浓度处理下，耐盐性不同。刘卓等（2008）通过对 13 个品种苜蓿种子在不同盐溶液处理下的发芽率、苗高、根长的测定，计算出发芽势、耐盐极限量、耐盐半致死量，由结果可知，宁苜 1 号的耐盐能力最强，朝阳苜蓿的耐盐能力最弱。刘晶等（2013）对不同盐胁迫处理下的两种紫花苜蓿的研究表明，不同浓度的处理下，苜蓿的耐盐性强弱不同。在 100mmol/L、200mmol/L NaCl 胁迫下，农菁 1 号的耐盐性更强；而在 300mmol/L、400mmol/L NaCl 胁迫下，肇东的耐盐性更强。马春平和崔国文（2006）对 10 个品种紫花苜蓿种子用不同浓度盐溶液进行处理，测定种子发芽率、相对发芽率、幼苗重和幼苗高指标，发现选用 0.7% 或 1.0% 盐溶液处理，鉴定的结果较为合理。对 10 个品种的紫花苜蓿耐盐性的综合研究结果为，龙牧 801 和巨人 201 的耐盐性最强，新疆大叶和爱菲尼特的耐盐性最弱。有的学者对盐胁迫下苜蓿的耐盐性筛选指标进行了研究。杨智明等（2006）的研究表明，根系活力与耐盐性呈显著负相关，可以作为衡量耐盐性大小的指标，对北方常见的苜蓿进行耐盐性筛选，由结果可知，中苜一号的耐盐性最强，龙牧 801 的耐盐性最弱。刘香萍等（2006）对紫花苜蓿的耐盐性的初步研究表明，叶片质膜透性可作为鉴定品种耐盐性的可靠指标，对 6 个品种紫花苜蓿进行筛选可知，其耐盐性大小依次为中苜一号>敖汉>阿尔冈金>肇东>龙牧 801。李源等（2010）以中苜一号为对照，对俄罗斯的 18 个品种的紫花苜蓿种质的耐盐性运用标准差系数赋予权重法进行综合评价，共筛选出了 4 个耐盐性较强的苜蓿品种，分别为 M7、M9、M15、810，并对盐胁迫下的生理反应进行了探讨，表明可溶性糖、细胞膜透性、丙二醛（MDA）含量、水分饱和亏与叶水势可直接作为耐盐性评价的鉴定指标。有的学者对筛选耐盐性苜蓿的盐溶液梯度也有了一定的研究结果。王瑞峰和卢欣石（2011）对23个审定苜蓿品种萌发期的研究表明，1.25%的盐浓度为苜蓿种子萌发期的最佳鉴定盐浓度，通过测定发芽势、发芽率、活力指数、根+胚轴、苗高、根长指标，并对这些指标进行聚类分析可知，中苜三号的耐盐性最强，可作为选育苜蓿耐盐性新品种的基础材料。

从上面的研究可以看到，紫花苜蓿的耐盐性研究测定的指标为发芽率、发芽势、发芽指数、脯氨酸、丙二醛等，单个指标的测定结果不能说明苜蓿的耐盐性强弱，需要综合各个指标进行整体分析，对苜蓿的耐盐性进行综合排序。桂枝等（2008）对6个品种紫花苜蓿在不同浓度盐处理下测定其发芽率、游离脯氨酸含量和鲜草产量指标，结果表明，不同品种苜蓿在不同盐浓度下，不同指标的变化不同，在盐浓度为0.4%～0.6%时，6个品种的发芽率降低幅度最大；在盐浓度为0.2%～0.3%和0.5%～0.6%时，游离脯氨酸含量出现双峰；在盐浓度为0.2%时，大部分品种鲜草产量最高，但当盐浓度大于0.3%时，鲜草产量之间存在显著差异，所以在研究苜蓿耐盐性时应采用多指标进行综合评价。沙吾列·沙比汗等（2014）对12份苜蓿种质材料在苗期采用不同盐浓度处理后，对株高、分枝数、存活苗数、生物量干重指标进行测定，将12份苜蓿种质材料的耐盐性分为3类，通过聚类分析对12份苜蓿种质材料的耐盐性进行了综合评价。杨青川等（2001）对苜蓿的耐盐育种进行研究，发现采用较低盐浓度筛选，可以选择较多的植株；采用较高盐浓度筛选，可以更快地分离出耐盐的基因型，增强了群体的耐盐性。刘春华和张文淑（1993）对69个苜蓿品种的耐盐性进行研究，将69个苜蓿品种的耐盐性分为3个耐盐级别，分别有21个耐盐品种、40个中等耐盐品种、8个敏盐品种。田瑞娟等（2006）对9个苜蓿品种在不同盐浓度下测定其萌发率、生长量、脯氨酸含量，对这3个指标进行加权分析后，结果表明，劳博和游客的耐盐性最好，龙牧801和皇后的耐盐性最差。耿华珠等（1990）在50多个苜蓿品种的苗期耐盐性鉴定中，以存活率、株高、干重为指标，综合评价苜蓿耐盐性，结果表明，苜蓿品种间耐盐性差异不显著，而植株间有明显的差异。然而，Al-Khatib等（1994）研究了35个品种紫花苜蓿的耐盐性后发现，不同品种对NaCl胁迫反应不同，品种Cargo、CuF－101、Euev、Localsyria、Moapa69和Puniab耐盐性最强。杨青川等（2001）认为，苜蓿品种间耐盐性差异是显著的，可以在不同地区具有广泛遗传差异性的品种间筛选出较耐盐的品种。

提高植物耐盐性和培育耐盐品种是开发与利用盐碱地的有效途径。许多学者通过物理、化学诱变等方法来提高植物耐盐性。燕丽萍等（2009）利用转基因技术将耐盐基因转入野生型苜蓿中，从而创造了苜蓿的新品种，继而在新品种苜蓿中获得了耐盐的稳定株系。杨青川等（2001）的研究表明，通过低盐锻炼可以增强幼苗对盐的适应性。

1.2.4.2 苜蓿耐盐育种研究

不同苜蓿种质资源耐盐性的筛选和鉴定结果为苜蓿育种提供了科学依据。20世纪，育种学家在不了解作物在盐胁迫处理下表型和生理现象之间的相互关系的情况下，通过传统杂交育种获得了耐盐的新品种。Downes（1994）在220mmol/L NaCl胁迫下，经过两轮耐盐选择得到基因型杂交的耐盐苜蓿品种Alfalafa。我国苜蓿育种从中华人民共和国成立初期到现在，已经有了较大的进展，吉林农业畜牧所成功培育了高产的公农1号和公农2号新品种，内蒙古农业大学草原系成功培育了抗寒草原1号和草原2号新品种（于洪柱等，2010），黑龙江省畜牧研究所成功培育了抗寒龙牧801和龙牧803品种，甘肃农业大学成功培育了甘农1号和甘农2号品种。国外对紫花苜蓿的耐盐育种也有报道，如AZ-90NDC-ST（Johnson et al.，1991）、AZ-97MEC和AZ-97MEC-ST（Al-Doss and Smith，1998）、ZS-9491和ZS9592（Dobrenz et al.，1989）。

中国农业科学院畜牧研究所课题组以保定苜蓿、南皮苜蓿、RS苜蓿、秘鲁苜蓿为亲本材料，在含盐量为0.3%~0.5%的盐碱地上进行了四代混合选择，成功培育了中苜一号新品种（杨青川等，1999）。2008年，该课题组又经过三代轮回选择和一次混合选择，获得了耐盐性和产量增加的紫花苜蓿新材料（杨青川等，2008）。以育成的中苜一号为亲本材料，通过在盐碱地进行表型选择，经耐盐性高的植株杂交后，经过2次轮回选择和1次混合选择成功培育了中苜三号紫花苜蓿新品种。山东省农业可持续发展研究所经过多年努力，成功培育了适宜在黄河三角洲盐渍土壤种植的耐盐苜蓿新品种——鲁苜1号（贾春林等，2008）。传统杂交育种周期较长，为了在较短时间获得新的育成品种，近年来，随着生物技术的发展，通过转基因技术提高植株的抗逆性已成为新品种选育的一个重要途径。王瑛等（2007）将大麦中的*lea3*基因导入紫花苜蓿中，与野生型紫花苜蓿相比发现，转基因植株的耐盐性明显高于野生型对照。燕丽萍等（2009）发现在0.8% NaCl胁迫下，转*BADH*基因苜蓿T1代的酶活性和甜菜碱含量高于对照，分别增加了2~4倍和4~5倍，不同盐胁迫浓度下，转基因株系的脯氨酸含量、可溶性糖含量和抗氧化酶活性显著高于对照，电导率和丙二醛含量显著低于对照，结果表明，转基因苜蓿植株耐盐性高于对照。

1.2.4.3 苜蓿耐盐育种研究的研究目的和意义

紫花苜蓿是我国种植面积最大的人工牧草，号称“牧草之王”，具有建立绿色粮仓、增加植物蛋白质源、建立生物氮肥库、促进草畜产业持续发展的作用（韩清芳，2003），同时紫花苜蓿也是豆科植物中较为耐盐的饲料作物，能在轻度盐碱地上种植，是畜牧业生产中的重要饲草。但是紫花苜蓿品种的耐盐性差异较大，选择培育耐盐的紫花苜蓿品种，一方面可以改良盐碱地，提高盐碱地的利用率；另一方面可以增加优质蛋白质饲料的供应，在一定程度上也促进了盐碱地畜牧业的发展。

随着基因工程的发展，分子改良已经成为紫花苜蓿遗传育种的主要途径，分子标记辅助育种方法是进行紫花苜蓿分子育种的主要研究技术手段。开展 DNA 分子标记技术的前期工作是进行种质资源的鉴定，对植物适应高盐环境胁迫的能力进行评价，为今后的分子标记辅助育种的应用提供亲本材料和技术支撑。

1.3　苜蓿种植年限对其生产力及土壤质量的影响

随着我国畜牧业的大力发展和我国农业产业结构的不断调整与推进，牧草的作用已逐渐被广大农民接受和重视。加之国内外市场对优质牧草的大量需求，苜蓿产业得到迅速发展，大力发展牧草产业已经逐步成为提高农业综合效益的重要手段。此外，粮草轮作及农田种草养蓄也因其较显著的生态效益、经济效益和社会效益正逐步成为农业系统的重要组成部分。素有“牧草之王”和“饲料皇后”之美誉的紫花苜蓿是我国人工种植面积最大的草种（耿华珠等，1995）。它不仅抗旱、抗寒、耐盐碱，而且能够固氮改土、改善生态环境（曹致中，2002；王堃和陈默君，2002），广泛分布于我国华北、西北、黄淮海、东南部等地区（易鹏，2004），推动了种植业结构的调整，促进了饲料工业及高效牧业的发展，并且苜蓿的种植也已经成为我国西部地区退耕还林还草、加强生态建设的重要内容。

紫花苜蓿简称苜蓿，公元前 126 年从乌孙（今伊犁河南岸地区）引入紫花苜蓿种子后，先在长安种植，以后不断扩展开来（沈益新，2004）。据史料记载，苜蓿是世界上栽培利用历史最为悠久的优良牧草和饲料作物（张波，1989；耿华珠等，1995）。其分布范围广，种植面积大，适应能力强，具有抗寒、抗旱和一定的耐盐碱性，并因产草量高、营养丰富、饲用价值高而具有很高的经济效益，被世界公认为“牧草之王”。苜蓿对土壤要求不严，除重黏土、低湿土、强酸强碱土壤外，从粗沙土到轻黏土都能生长，并以排水良好、土壤深厚、富于钙质的土壤生长最好。苜蓿具有由发达的直根和大量的须根组成的庞大根系，可以在土壤中形成细小开放的通路，使水分保留在土壤浅层，久而久之改善土壤水分和养分的储藏，提高水分利用率，有效地控制坡地水土流失，加快植被自然演替进程，是我国干旱、半干旱地区生态环境建设中生态效益与经济效益兼顾的优良牧草（马克伟等，2000；Zhao et al.，2004；李裕元和邵明安，2005；李裕元等，2006；孙铁军等，2007）。苜蓿具有较强的培肥地力的作用，能改良土壤、防风固沙，在气温 0～55℃时都能正常生长（李毓堂，2002）。

宁夏地处干旱、半干旱、半湿润地带，属典型的内陆高原气候，水资源严重短缺，生态环境非常脆弱。苜蓿的种植解决了宁夏农业发展与生态环境保护的矛盾。苜蓿在播种当年即可以完全郁蔽地面，这对有效地控制土壤侵蚀、防治土壤退化起到了重要作用。依据苜蓿的生态适应性和宁夏的气候、环境及社会经济特点，在宁夏发展苜蓿产业，具有充分的自然条件和社会经济条件。然而，近年来由于田间管理不当等，有些地区的人工草地已出现不同程度的退化现象，人工草地的退化引起一些学者的关注（呼天明等，1995；王刚等，1995；苏德毕力格等，1998）。造成人工草地退化的原因是多方面的，如品种特性、肥力是否充足、通气透水性的好坏，以及利用年限是否合理等（李生鸿，1991）。苜蓿草地从播种后的第 2 年开始收获，一般高产阶段出现在第 3～第 5 年，但这一阶段也仅仅持续 2～3 年，第 6～第 7 年之后草地产草量即迅速下降，乃至基本丧失利用价值，并沦为牧荒坡（李裕元等，2006）。因此，如何延长苜蓿草地的有效使用寿命，是人工草地管理和苜蓿草地持续高效利用的核心内容。

1.3.1 苜蓿产业在国内外的发展现状

20 世纪至今，随着社会生产力的快速发展和科学技术的不断创新，欧美地区大多数国家越来越重视草业的发展，并将其誉为“绿色黄金”，乃至称其为“立国之本”（刘自学，2002）。作为世界上栽培历史最悠久、种植面积最大、利用价值最高的优质牧草，苜蓿产业已日渐兴起。受国外市场的拉动，我国苜蓿产业在 20 世纪末进入了探索性试验研究和经验累积阶段，在我国农业产业结构的战略性调整、西部大开发先导工程和退耕还林还草的实施及主要粮食市场价格低迷等因素的共同作用下，苜蓿产业在全国适宜种植苜蓿的区域开始发展，形成了政府扶持、企业介入、农民踊跃参加的大好局面。2001 年首届中国苜蓿发展大会的顺利召开，将我国苜蓿产业正式推向了发展的高潮阶段。尤其是苜蓿是蛋白质含量较高的优质豆科牧草，积极推动苜蓿产业发展在全面提升奶业上具有不可替代的功效（王明利，2010）。

据相关资料统计，20 世纪 70 年代初，全世界苜蓿的种植面积达到 3300 万 hm^2，其中，美国种植面积最大，为 1000 万 hm^2；其次为阿根廷和苏联，约为 750 万 hm^2；再次为加拿大，约为 250 万 hm^2（Michaud et al.，1988）。种植面积大于 100 万 hm^2 的国家还有法国、意大利和中国。1997 年数据统计显示，我国苜蓿面积约为 133

万 hm^2，居世界第六位，种植区域以西北、华北、东北地区为主，其中，西北地区种植面积为104.5万 hm^2。我国苜蓿干草平均生产水平为3750kg/hm^2，全国年产苜蓿干物质约为500万t，远未能满足国内畜牧业发展需求（韩清芳等，2005）。

实践证明，苜蓿产业在我国乃至国际市场都有巨大的发展潜力，但是我国的苜蓿产业化发展仍停留在起步阶段，产业化发展尚不全面，苜蓿产业也面临着许多亟待解决的问题。首先，优良苜蓿品种短缺、种子质量低劣、繁育体系不健全，以及种子生产田缺少专业化管理（韩清芳等，2005）等都是我国苜蓿种质资源出现的问题。2004年12月数据统计显示，我国经全国牧草品种审定委员会审定登记的苜蓿品种仅有50个，与美国300多个育成改良型品种相比，我国苜蓿品种极少并且难以满足当下苜蓿产业的发展。其次，还有一些技术层面的问题，如苜蓿栽培技术不成熟、苜蓿田间管理不当、苜蓿生产成本过高、苜蓿收获到储运生产链条中盲目投资、科学高效的技术体系尚未形成（戚志强等，2008）等都给企业和农户带来巨大的损失。因此，苜蓿产业化发展的首要任务是，在当前可能最优的生产条件下扩大规模，逐渐提高品种质量，强化市场占有率，在苜蓿的调制和加工过程中确保在苜蓿高产的基础上获得优质、高效的草产品（董志国，2008）。

1.3.2　苜蓿轮作倒茬的必要性

种植苜蓿既可以获得较好的经济效益，又可以改良土壤，其改良作用已得到许多研究的肯定（张晓琴和胡明贵，2004）。但苜蓿生长年限的延长，加之田间管理不善，会导致草地产草量迅速下降，土壤水分、养分等发生一系列变化，退化较为严重，甚至基本丧失利用价值，并沦为牧荒地（何有华，2002）。

实践证明，虽然苜蓿的寿命较长，能利用较多的年份，但达到一定的年限后苜蓿地也要轮作倒茬。首先，苜蓿地在利用过程中，由于年限和其他因素，其均匀度、密度和产量都会有所下降，直至失去利用价值。行庆华和庞海涛（2001）研究认为苜蓿种植一旦过了第4年，产量会以20%～30%的比例递减，高产田的比例更高。因此，利用年限不能超过5年，一般4年最佳。其次，长期种植出现产量降低等现象，除土壤营养被重复消耗、病菌滋生的原因外，苜蓿自身所分泌和释放的它感物质也是重要原因之一。邵华和彭少麟（2002）研究认为，许多植物存在着化学它感作用，产生一些抑制植物生长的物质，这些物质的过多积累对自身的生长发育有不利影响。例如，苜蓿在生长两年以上时，其根部会分泌一种物质，这种物质会对新生的紫花苜蓿幼苗产生毒害作用，使其不能正常生长发育甚至死亡；对其他植物也有毒害作用，即使将植株除去，留在土中的毒素依然可以存在很长时间。所以自身毒素是紫花苜蓿不能进行连茬的原因之一。最后，随着草地退化和利用年限的推移，各种杂草和病虫害会逐渐增加。通过轮作倒茬利用其他作物不同的生物学特性和栽培管理措施，改变杂草和病虫害的适生环境，可有效地消灭与控制杂草和病虫害。轮作倒茬可改善长期连续种植苜蓿所产生的问题，为保证整个生态系统的经济效益和生态效益的协调、统一与持续发展，为农地资源的合理、高效、持续利用提供科学的理论指导依据。

1.3.2.1 苜蓿种植年限对其产量及农艺性状的影响

牧草产量指单位面积上的苜蓿通过光合作用生产的地上部分各种器官的生物量的总和，标志着草地生产力的大小，也是衡量草地退化及其生产性能和经济性能的一项重要指标。牧草产量是一个综合因素影响的结果，不仅与植株密度、苜蓿的单株分枝数、土壤养分含量、刈割茬次有关，还与降水、苜蓿种植年限等有关。生长年龄对苜蓿生产力的影响一直是人们探讨的问题（Brun and Worcester，1975；Campbell et al.，1994；Sheaffer and Tanner，1988）。对苜蓿再生性的普遍研究认为，第一茬的产草量最高，3、4 年生为苜蓿生长的旺盛期（阎旭东等，2001；曹致中，2002）。

植物的根系是吸收水分和养分、转化和储藏营养物质的重要器官，也是实现草地水土保持、改良土壤等生态功能的基础。苜蓿属多年生的深根系植物，其根系发达，且多为直根型，由主根和侧根组成。其根系可以穿透犁底层、细碎土壤颗粒，从而疏松土壤，改善土壤的通气状况，加深活土层，固持土壤，防止水土流失（Maloy and Inglis，1978；杨吉华等，1997）。苜蓿根系一般在土壤中集中分布于 0～30cm 耕层。郭正刚等（2002）的研究结果表明，紫花苜蓿根系体积在土壤中的垂直分布表现为从表层到深层逐渐递减，这种分布特性与所研究地区的土壤含水量和结构相关，并认为根系集中分布在 0～30cm 土层，30～50cm 是侧根出现的集中段，而在 80cm 以下，几乎没有侧根出现。根系干重即根系干物质积累量，且根系分段干重随生长年限的增加先升高后降低，在 15 年时达到最大，这与苜蓿生长过程中的根系干物质积累有关。15 年后苜蓿出现衰退，根系腐烂、死亡等使得根系干重下降较快。

株高也是反映苜蓿生长发育状况及草地生产力的一项重要指标。Burton（1937）研究认为，株高与产量呈高度正相关，高植株通常有更高的相对产量潜力。孙启忠和桂荣（2000）认为，随着生长年限的延长，苜蓿的株高增加，但到一定年限株高呈下降趋势。此外，Volenec 等（1987）研究发现，与产量密切相关的茎粗、株高、单株分枝数、茎叶比等指标也是反映苜蓿退化状况的重要指标。

1.3.2.2 苜蓿种植年限对土壤物理性质的影响

土壤物理性质是影响作物生长发育的重要因素，是反映土壤肥力的重要指标。不同的土壤物理性质不仅决定土壤中的水、气、热和生物状况，而且影响土壤中营养元的有效性和供应能力，从而影响作物的生长发育，因此常被作为评价土壤质量的重要指标（Li and Shao，2006）。土壤物理性质包括土壤容重、土壤孔隙度、透水性等，与土壤中的生物种类、数量、活性有着密切的关系，尤其是土壤微生物和土壤酶活性。

土壤容重和土壤孔隙度是反映土壤结构的主要指标，其性状的优劣不仅影响土壤中的水、气、热状况，而且影响矿质养分的有效性和供应能力，并且通过影响作物根系的伸展，进而影响植物的生长发育。土壤容重与土壤质地、结构性、腐殖质含量、土壤松紧状况、耕作管理、降水及作物的生长状况有关，是表征土壤结构状况的重要指标，其值大小在一定程度上反映土壤的疏松状况。土壤容重小，表明土壤疏松多孔；土壤容重大则表明土壤紧实板结。土壤孔隙度通过影响土壤的通气、透水性及根系的穿插，进而对土壤中的水、气、肥、热及生物活性等具有不同程度的调节功能；土壤非毛管孔隙数量的多少，影响土壤对降水的储存能力，数量越多，质量越好，对降水的储存能力就越大。土壤的持水能力是土壤重要的水文性质，通常用田间持水量来表示。影响田间持水量的因素包括土壤质地、土壤容重、土水势，其中，土壤质地是影响田间持水量的主要因素。一般认为，田间持水量随土壤质地变细而增大。

王继和和刘虎俊（1999）通过对加拿大艾伯塔省盐渍化土地的研究发现，在艾伯塔省干旱地区，土地连续休耕 2 年即可发生盐渍化。通过种植高耗水作物、连续种植、种植耐盐牧草，可以减少土地裸露时间，消耗土壤储水，稳定或降低地下水位，通常 5 年生苜蓿就可有效地降低地下水位。朱汉等（1993）测定研究了不同植被下的土壤结构，发现多年生紫花苜蓿地土壤容重降低，土壤孔隙度、侧向和垂向饱和导水率均升高，表明种植紫花苜蓿能够有效地改善土壤结构，杨吉华等（1997）通过研究也得出了相同的结论。樊铭京和卢兆增（1999）通过对不同龄期紫花苜蓿的土壤结构进行分析，发现随着种植龄期的延长，土壤容重降低，土壤孔隙度增大。且与未种草的土壤相比，土壤空度均增加。

土壤水分是反映土壤肥力变化的重要指标。苜蓿地的土壤水分环境变化受许多环境因子的影响，呈现出非常复杂的变化。国内外研究表明，不同地区的研究结果差异较大，有的一致，有的不一致，甚至相反，同一地区的年际变化情况也不尽相同。从总体上看，某一地区的土壤水分动态的时空变化具有其内在的变化规律。首先，土壤水分季节性变化与当地气候的季节性变化，尤其是降水的季节性变化基本是一致的。同一地区不同年份降水多少及降水期的长短都有差别，从而造成年际土壤水分动态变化的差异。其次，苜蓿的种植年限也严重影响苜蓿地土壤含水量，苜蓿地土壤含水量随苜蓿种植年限的延长而呈直线减少的趋势（马树升和刘明香，1998）。

作物耗水是引起农田土壤水分季节变化、产生土壤水分季节性亏缺的主要因素（杨建军，2004）。植物根系生长的深度可以被近似地认为是植物对土壤水分的利用深度，随着苜蓿根系的生长，根系分布层以下土层的土壤水分由于毛细作用逐渐上移至根系分布层，被植物利用，表现为上层土壤含水量较高，下层土壤含水量较低，即多年连续种植会导致土壤干燥化，形成生物性土壤下伏干层。李玉山（2002）的研究结果表明，在黄土高原紫花苜蓿草地年蒸散量大于降水量，根系吸水层达 10m，多年连续种植会导致土壤干燥化，形成生物性土壤下伏干层，从而对陆地水分循环路径产生影响。杜世平等（1999）对旱地紫花苜蓿土壤水分及产量动态进行了研究，结果表明，随紫花苜蓿种植年限的延长，土壤深层水分亏缺严重，草地底层与中层对表层水分具有明显的补偿作用，6～8 年以后草地需及时翻耕。张兴昌和卢宗凡（1996）与张国盛等（2003）研究认为，紫花苜蓿大面积种植后的水分生态问题越来越严重。

1.3.2.3 苜蓿种植年限对土壤化学性质的影响

种植紫花苜蓿对土壤化学性状的影响，主要是通过土壤养分、土壤酸碱度及土壤可溶性盐含量等的变化来反映的。有些研究表明，紫花苜蓿的种植能够有效地提高土壤中的养分含量，降低土壤可溶性盐含量；有些研究则表明，紫花苜蓿的种植会降低土壤中的养分含量。但大部分的研究均表明，紫花苜蓿的种植能够有效地提高土壤的养分含量。

土壤酸碱度和全盐含量是土壤肥力的重要指标，它们会影响土壤中养分的转化和生物有效性的发挥，进而影响作物的生长。学者对土壤酸碱度进行了大量研究，有的研究表明，多年种植苜蓿不会对土壤酸碱度有大的影响；而有的研究则表明，种植苜蓿 2～6 年后，土壤 pH 有明显变化（张兴昌和卢宗凡，1996；张国盛等，2003）。另外，大量研究表明，种植苜蓿可以降低土壤全盐含量，且种植年限越长，下降越明显（马树升和刘明香，1998；何有华，2002；李海英等，2002；李瑞年等，2004）。

苜蓿为豆科牧草，其庞大根系着生的根瘤菌可以进行生物固氮，但苜蓿对土壤养分的利用也较其他作物强，与小麦相比，对氮、磷的吸收量均多 1 倍，对钾的吸收量多 2 倍（郭晔红等，2004）。研究表明，生荒地与建植一年的苜蓿地相比，苜蓿地速效氮、速效钾含量均有不同程度的增加。0 ~ 30cm 耕作层的有机质含量也相应稳定增加，但速效磷含量降低（耿华珠等，1995）。樊铭京和卢兆增（1999）把种紫花苜蓿的土壤与未种紫花苜蓿的土壤进行比较，前者速效养分均有较大的增加，且种草龄期越长，增加幅度越大。刘晓宏等（2000）研究了 13 年长期进行施肥和轮作的试验土壤，发现无论是否施肥，苜蓿的种植均使深层土壤的硝态氮出现不同程度的亏缺。苜蓿连作与其他作物种植系统相比，土壤剖面中铵态氮的含量增加；与其他作物轮作相比，苜蓿连作能够有效地提高土壤剖面的供氮能力。张春霞等（2004）分析研究了不同种植年限苜蓿地的土壤养分含量，发现有机质、全氮、碱解氮的变化趋势一致，10 年生苜蓿地的养分含量较 5 年生苜蓿地的养分含量高，15 年生苜蓿地的养分含量有所降低，而 23 年生苜蓿地因凋落物较多，故养分含量升高；速效磷含量表现为 23 年生苜蓿地高于其他年限。代全厚等（1998）对紫花苜蓿护埂功能进行了研究，结果显示，与对照相比，长有紫花苜蓿的地埂土壤养分含量较高，有机质比对照（空旷地埂）高出 0.84%，全氮、全磷和全钾比对照（空旷地埂）分别高出 0.047%、0.013% 和 0.081%。由此可以看出，种植苜蓿对土壤养分的影响较大，且随种植年限的延长，可以有效地提高土壤养分含量，只有达到一定的种植年限，才会出现养分亏缺。

1.3.2.4　苜蓿种植年限对土壤微生物的影响

土壤微生物是土壤中活的有机体，是最活跃的土壤肥力因子之一，是生态环境中的一个重要组成成分，它们同时承担着物质分解者和生产者的角色。陈华癸（1981）在《土壤微生物学》一书中指出，土壤中数量众多的微生物既是土壤形成过程的产物，也是土壤形成的推动者。土壤微生物的活性可以代表土壤代谢的旺盛度。一般以土壤微生物的呼吸作用（以 CO_2 的产量为强度指标）来衡量其活性（代全厚等，1998）。王晓凌和李凤民（2006）研究分析了半干旱黄土高原地区常规耕作农田、紫花苜蓿草地及紫花苜蓿-作物轮作农田中土壤有机碳、全氮、微生物数量与土壤轻组物质的变化规律。结果显示，紫花苜蓿-作物轮作农田的土壤轻组有机碳和氮含量均高于紫花苜蓿草地；土壤微生物量碳和氮，以及它们占土壤有机碳和土壤全氮的比高于常规耕作农田；土壤呼吸熵低于常规耕作农田和紫花苜蓿草地（吴金水等，2003）。蒋平安等（2006）分层测定不同种植年限的苜蓿草地土壤微生物数量、土壤微生物量氮、土壤微生物量碳、土壤基础呼吸强度和代谢熵，结果显示，不同年限草地土壤微生物数量的变化不同。土壤微生物量碳和氮指标显示，土壤质量为 4 年生>1 年生>2 年生苜蓿地。土壤基础呼吸强度和代谢熵指标显示，土壤质量为 4 年生>2 年生>1 年生苜蓿地（王晓凌和李凤民，2006）。随着苜蓿种植年限的增加，土壤有机质含量增加，pH 降低，土壤结构得到改善，有利于土壤微生物的生长。且相关研究表明，随生长年限的延长，土壤微生物的活动增强（蒋平安等，2006）。

1.3.2.5　苜蓿种植年限对其光合特性的影响

光合作用是地球上规模最大的把太阳能转变为可储存的化学能的过程，也是规模最大的将无机物合成为有机物和释放氧气的过程。植物的光合作用是植物生产力的根本源泉，是一切生长发育的基础，它几乎贯穿整个生命活动，如植物生长发育、组织分化、器官形成、开花结实，以及衰老和抗性等方面（上官周平和陈培元，1990）。作物生产的实质是光能驱动的一种生产体系，因此光合作用是决定作物生产力大小的关键因素之一。有研究表明，作物生物学产量的 90% ~ 95% 来自光合作用产物，只有 5% ~10% 来自根系吸收的营养成分。通过各种农事活动可直接或间接地改善植物的光合特性，从而实现植物的高产。植株的生长发育和产量品质的形成，最终取决于植株个体与群体的光合作用（王少先等，2005）。在自然条件下，影响光合作用的环境因子包括植物种类、品种、叶龄、叶位、冠层发育、光强、气温、土壤水分、空气湿度、矿质营养及 CO_2 浓度等（Brown and Radcliffe，1986）。近年来，就不同种植年限苜蓿的光合生理生态的研究也取得了许多的进展。

徐丽君等（2008）对科尔沁沙地 3 个紫花苜蓿品种（阿尔冈金、敖汉、Rangelander）光合作用的日变化特征的测定分析表明，生长年限短的苜蓿，其叶片净光合速率和蒸腾速率等光合性能指标较好。对叶片净光合速率和蒸腾速率影响最大的环境因子是气温，其次是水分亏缺和空气相对湿度。万素梅（2008）对黄土高原地区 3 ~26 年生苜蓿生产性能的测定分析表明，3 ~8 年生苜蓿构成生物产量的植物学性状最好，具有丰产潜能；苜蓿生长超过 8 年，构成生物产量的植物学性状衰退；生长至 18 年，草地衰败严重，构成生物产量的植物学性状最差。其中 6 年生苜蓿的叶片净光合速率最高，说明其生长旺盛，光合能力强，具有丰产潜能；4 ~8 年生苜蓿水分利用效率（water use efficiency，WUE）较高，但随着苜蓿生长年限的延长，水分利用效率降低。张丽妍等（2008）对 2 年生、3 年生、4 年生、6 年生紫花苜蓿的光合特性及其产量性状进行了研究，结果表明，光能利用效率除 2 年生苜蓿午后明显高于其他各生长年限苜蓿外，其余株龄间差异不明显。各生长年限苜蓿水分利用效率均为上午高于下午，平均水分利用效率随生长年限的增加而降低。生物产量以 2 年生苜蓿最高，且与 6 年生苜蓿差异达到极显著水平。

1.3.2.6 苜蓿种植年限对其品质的影响

苜蓿干草因其具有良好的适口性和较高的营养价值，一直被认为是一种优质饲料。苜蓿含有大量的粗蛋白质（crude protein，CP）、丰富的碳水化合物和多种矿物元素及维生素，素有“牧草之王”的美誉。农作物品质是收获器官组成特性的反映，作物的收获物均由碳水化合物、脂肪和蛋白质组成，它们都是由光合产物转化而成，但其组成比例不同，对作物品质产生影响。苜蓿以营养体为收获物，因此，苜蓿品质主要研究营养生长阶段植株的发育（许令妊等，1982）。随着生长发育进程的发展，苜蓿的营养成分和株体结构发生变化，主要表现为苜蓿的消化率和粗蛋白质含量降低，纤维素和木质素含量增加，株体比例［如叶/茎（LSR）］降低。这些变化导致苜蓿的营养价值随生育进程的发展而降低。苜蓿是一种高蛋白质的豆科牧草，优质苜蓿干草的蛋白质含量通常在18%以上（风干基础），高于几乎所有的禾本科牧草、籽实类能量饲料和秸秆。粗蛋白质含量的高低是反映苜蓿营养价值的重要指标之一。国内外大量研究表明，苜蓿初花期至开花期的粗蛋白质含量一般在17%～20%，高蛋白质苜蓿品种开花初期的粗蛋白质含量达22%以上，有的达28%以上，因此苜蓿具有蛋白质含量高的优点。但要获得较高的蛋白质产量，在苜蓿生产中不仅要选用高蛋白质品种，还要注意刈割时期及生长年龄。

1.3.3 苜蓿种植年限对其生产力及土壤质量影响研究的目的及意义

宁夏地处干旱、半干旱、半湿润地带，属典型的内陆高原气候，水资源严重短缺，生态环境非常脆弱。因此，宁夏面临着农业发展与生态环境保护的双重困难和两难矛盾。针对以上问题，应以植被快速恢复和土壤质量提升为核心，大力发展畜牧产业，建立草地农业系统，从而改善生态环境、增加农业系统的稳定性和提高生产效益，形成“农牧结合、草畜为主”的高效农牧复合技术体系。在宁夏，苜蓿种植以饲草生产兼顾培肥地力为目的，多以轮作形式在没有灌溉条件的瘠薄地种植，由于地力条件较差，加之管理粗放，苜蓿生长受到不同程度的抑制。近年来，随着畜牧业和退耕还草建设的深入发展，宁夏农田种草面积日益增长，生产中继续沿用传统的种植和管理制度，不仅直接影响苜蓿的产量、品质，而且影响苜蓿的种植效益。因此，农田灌溉条件下苜蓿适宜种植年限的确定是苜蓿产业发展中亟待解决的关键问题。

苜蓿对促进后茬作物增产效果明显，相应的土壤研究也表明，其具有改良土壤、培肥地力的功效。然而，这些研究和实践多是在水肥条件受限的情况下取得的，因而不能反映其生长状态下农田土壤理化性状的变化，更不能指导苜蓿的科学施肥。在立草为业、农田种草的新形势下研究农田灌溉条件下苜蓿种植年限对其生产力及土壤质量的影响，对其高产栽培和科学施肥具有重要的意义。

针对上述问题，在宁夏基本农田条件下开展苜蓿种植年限对其生产力及土壤质量影响的研究，可确立农田灌溉条件下苜蓿适宜的翻耕年限，探明生长年限对土壤理化性状的影响，为苜蓿高产栽培和合理轮作提供理论依据。

1.4 紫花苜蓿与羊草混播初期效应研究

宁夏最大面积的生态资源是草地，在南部黄土丘陵区和中部风沙干旱地区，草地对发展畜牧业、保持水土和维护生态平衡有着重要意义，但是长期的草地超载过牧、乱开滥垦，以及粗放经营的管理方式，致使草地资源破坏严重，生态环境急剧恶化，从而使畜牧业的发展受到制约。因此，加快多年生牧草人工草地的更新，扩大人工草地种植面积，有效地实现优质牧草的供给，提高饲草产量和增加多年生牧草优势种植区面积的任务迫在眉睫（王洪波和杨发林，2005）。在世界上大部分地区，豆科牧草与禾本科牧草混播人工草地因其显著提高饲草产量、改善牧草饲用品质、减少土壤侵蚀、减少病虫草害等优势备受青睐（王旭等，2007）。在中国黄土高原地区，影响植物生长和生态恢复的首要限制因子是水源，水源缺乏导致农作物生产受影响，因此土壤储水对增加和维持作物产量有着十分重要的作用。但是旱区生长的苜蓿对水分需求量大，在干旱环境中较深的根系大量消耗土壤更深层的水分，土壤干燥化加剧，形成深厚的土壤干层后在长时期内难以恢复，土壤与大气之间的水分循环利用被阻断。同时，草地严重退化，苜蓿产量下降，农牧业的持续发展受到限制。牧草套作混播可以有效地恢复苜蓿干土层水分，还可以提高土壤肥力，将退化苜蓿草地翻耕与禾本科牧草混播后，可以改善苜蓿地的退化问题。在中国黄土高原半干旱地区，应该调节苜蓿草地保持适度生产力，以维持土壤水分平衡，主要措施之一就是缩短苜蓿生长年限（刘沛松等，2010）。羊草是多年生草本牧草，叶量多、营养丰富、适口性好、生长周期长，各类牲畜一年四季均喜食，其花期前粗蛋白质含量一般占干物质的12%，分蘖期高达20%，矿物质、胡萝卜素含量丰富，其产量高，具有较大的增产潜力，且在寒冷干燥地区生长良好，根系茎叶发达，有很强的无性更新能力，耐土壤贫瘠能力强，适应性强，春季返青较早，秋季进入枯黄期较晚，能在理想的时期内为牲畜源源不断地提供青饲料。紫花苜蓿是众所周知的“牧草之王”，耐旱、根系发达，在保持水土和培肥土壤、改善生态环境方面有着明显的优势（李迫东，1978）。紫花苜蓿和羊草理论上是宁夏南部（简称宁南）山区比较适合生长的豆科和禾本科多年生优质牧草，两者混播是比较理想的草种组合。紫花苜蓿具有固氮能力，可提高土壤肥力，与羊草混播可以使羊草获得更多的含氮产物，缓冲两种牧草对土壤养分和氮素的激烈竞争，对氮素需求给予补充（韩清芳和贾志宽，2004）。如果人工草地牧草品种单一，则某些矿物质元素的大量消耗，会致使土壤肥力下降，草地产量高峰期维持年限较短，随后产量开始逐年下降，草地稳定性变差。因此，建立人工草地时应该根据牧草对空间资源和养分的利用情况，以不同牧草搭配，建立优质混播草地。简单的苜蓿与禾本科牧草混播比复杂的混播优越，将两个在分枝、高度、叶分布、根系分布、矿物质吸收或者其他形态、生理习性相反的种类结合在一起，可以比单一栽植时更有效地利用环境条件，从而可以增加产量（兰兴平和王峰，2004）。在播种方式方面，混播方式比单播方式更有利于资源利用率和生态系统健康，而单播或隔行混播对增加土壤有机碳要比同行混播更为有利，同时隔行混播草地的牧草产量要高于同行混播的草地，牧草产量最低的为单播草地（王宝善，1992）。

1.4.1　牧草混播对产量的影响研究进展

牧草地上产草量高低的稳定性是反映人工草地饲用价值大小的一个重要指标，以常见的多年生人工草地建植管理为例，无论从牧草产量还是从牧草品质来看，或是从牧草种群稳定性角度讲，多种品种混播处理的牧草品质最佳，其中又以豆科和禾本科混播为最理想的组合，多种牧草混播能较好地发挥各品种牧草的适应性和抗逆性优势，使其产草量稳定、高产，草地的生态稳定性更强，延长草地寿命（杨允非等，1995）。此外，混播牧草各种成分间的相互关系除了表现在牧草混播的种间生物学特性方面外，种的个体数量间的关系对结果的影响也至关重要，只有找到最适合的定植比例，才能得到最高的产量（韩建国等，1999）。可以通过牧草建植模式的改制（如不同地区应该进行定位试验），更加科学地确定适合当地牧草混播的各种理想定植比例。混播牧草比单播牧草产量高、饲料品质好的原因，是它们地上与地下部分在空间上的较为合理的配置和相互作用发挥了生物学效应（董世魁等，2004）。人工草地较天然群落有显著的增产作用，混播人工草地比单播人工草地又有明显的增产效应。郑伟等（2012）在《不同混播方式豆禾混播草地生产性能的综合评价》中介绍了连续 2 年对紫花苜蓿、鸭茅、无芒雀麦、红豆草、红三叶和猫尾草 6 种豆禾牧草进行的混播试验，在豆禾比分别为 1∶1、2∶3 和 3∶7 条件下，进行了混播草地生产性能的灰色关联度分析，结果表明，紫花苜蓿、红豆草、红三叶、鸭茅、无芒雀麦和猫尾草 6 种豆禾牧草混播组合种间相容性、群落稳定性及产量均较高，适宜长期持续利用；鸭茅、无芒雀麦、猫尾草、紫花苜蓿和红豆草5种混播组合产量虽高，但牧草品质较差，特别是叶茎比较低，适宜放养耐粗饲牲畜，其中，无芒雀麦与苜蓿以适宜的不同混播比例组合又比其他混播组合有很明显的增产现象。尚永成和马福（2000）以燕麦与毛苕子组成的复杂群体为研究对象，对不同混播比例处理的牧草生长变化情况进行测定，结果表明，牧草隔行混播比例为3：2种植时，青草鲜重产量最高，两种牧草平均株高均比单播对照组高，抗倒伏能力强。马春晖等（2001）的不同品种牧草混播研究表明，全年牧草产量变化状态基本趋于平稳，混播牧草地的利用时限明显延长，混播还增强了一些牧草对不良环境的抵抗能力。另外，不同类型及品种的牧草间生长期和生长速度有差异，一种牧草较早衰退时，混播群体内的另一种牧草可以弥补其产量，因此混播的年产量比单播稳定。张永亮和张丽娟（2006）的研究表明，牧草混播方式下增加无芒雀麦比例，有利于提高混播草地的产量的稳定性。多立安和赵树兰（2001）在禾豆混播草地的研究中，发现牧草的生长发育变化也存在着明显的互补性规律。齐都吉雅等（2012）的《不同种牧草混播对人工草地生物量及种间竞争的影响》对杂花苜蓿、缘毛雀麦单播及同行混播、隔行混播方式下的地上及地下生物量的变化与种间竞争关系进行了研究，结果表明，混播方式可以影响苜蓿人工草地的生物量产量，杂花苜蓿和缘毛雀麦隔行混播时产量最高，高于单播和同行混播的产量；并且混播方式影响着杂花苜蓿和缘毛雀麦的根系分布，隔行、同行混播缘毛雀麦的根系主要分布在0～10cm土层，与单播相比根系短缩，但是混播对杂花苜蓿的根系分布没有明显的影响。文石林等（2012）在湘南红壤丘陵区的“罗顿豆与3种多年生禾本科牧草的混播”试验中，以狗尾草、马唐、扁穗牛鞭草分别与罗顿豆进行混播试验，分别设置了1行罗顿豆和2行马唐互相隔行播种，2行罗顿豆和1行马唐互相隔行播种，其中隔2行罗顿豆种1行马唐是产草总量潜力较高的栽种模式，散栽一半罗顿豆和撒播一半的狗尾草处理是粗蛋白质产量潜力最高的栽种模式。相同处理下不同禾本科牧草总产量差异明显。与禾本科牧草单播相比，第二年相应混播处理均能提高牧草总产量和粗蛋白质产量。

Hodgson和Maxwell（1984）的研究表明，苦豌豆与大燕麦混播比例为1：1和2：1时，牧草可获得最高的产量，干物质量和粗蛋白质产量也不低。Burity等（1989）应用不同的方法估算出在干旱条件下，紫花苜蓿与禾本科一起混播生长时的平均固氮量大约为40kg N/（hm^2·a）。新西兰的Cook和Ratcliff（1984）报道，经改良的混播草地比未改良草地产草量一般可提高2倍左右。Charlton（1991）研究表明，白三叶混播草地的产草量相比单播白三叶，第一年高30%，第二年高50%。

1.4.2　牧草混播对土壤性质的影响研究进展

众所周知，不同的作物拥有不同深度的根系分布，庞大的根系可以从不同深度的土层中吸收水分和获取该植物生长所需的矿物质元素，其中，豆科牧草从土壤中吸收较多的 Ca、Mg、Cl 元素，而禾本科牧草吸收较多的 Pi、Si、Cl 元素（孙羲，2000）。赵雪（2012）的《不同土壤水分含量对羊草生长的影响》以野外试验地和校内试验地的羊草为研究对象，人工形成 5 个土壤水分梯度，研究了羊草各组成部分在不同土壤水分梯度下的生长规律。结果表明，野外试验地羊草对抗性环境适应性强，有耐盐碱、耐干旱胁迫等特性，与此同时，羊草也是喜水性草种，在土壤水分含量适度的情况下，其生长状况最好，土壤的干旱和水分胁迫都阻碍其生长。还有采用置换组合方法的例子，如王平等（2010）在《半干旱地区禾-豆混播草地生物固氮作用研究》中，对羊草与沙打旺、胡枝子、紫花苜蓿、苜蓿和山野豌豆进行两种比例的混播处理，同时以各个种的牧草单播地为对照进行试验，发现羊草与沙打旺、羊草与紫花苜蓿混播草地对土壤氮含量有影响，土壤氮含量显著高于单播羊草草地。陈宝书（1993）研究发现，苜蓿与老芒麦混播，老芒麦从苜蓿固氮产物中获得 23% 的第一年第一茬植株生长所需氮素，无芒雀麦获得 31%。与老芒麦混播的紫花苜蓿，其固氮作用比单播时增强 2.5 倍。混播牧草中豆科和禾本科能在土壤中积累大量的根系残留物。禾本科牧草具有大量须根，姚允寅等（1996）研究得出，其主要分布在表层 20cm 土层深度以内，豆科牧草根系入土深度可超过 2m。当豆禾两种牧草混播时，它们的根系在土层中的分布呈分层状态，相互交错，增加了单位体积内根系的数量，等这些根系死亡之后，又变成土壤腐殖质的来源，同时禾本科牧草的须根可以把土壤细分成微小的颗粒，加上豆科牧草根系从土壤深层吸收的钙质，结果土层就形成了水稳性的团粒结构。研究表明，豆科和禾本科牧草混播的草地中，土壤中大于 0.25mm 的水稳性的团粒结构比单播牧草地水稳性的团粒结构含量显著增多，在苜蓿和牛尾草混播处理中，第二年牛尾草的全氮产量无明显增加，但苜蓿的全氮产量剧增，使第二年草地的总全氮产量明显高出第一年总产量 2.0～3.5 倍，且第二年的固氮量明显高于第一年。Schipanski 和 Drinkwater（2012）研究认为，混播草地中，禾本科牧草的氮元素很大比例来自与其混播的豆科牧草，并指出当紫花苜蓿与鸛草和百脉根分别混播时，被转移的氮分别占苜蓿和百脉根固定氮的 17% 和 13%，在牧草混播中利用豆科牧草根瘤菌固定氮素并利用大气中的游离氮素，可提高土壤肥力，从而减少氮肥的施用量，使禾本科牧草蛋白质含量增加。

1.4.3 牧草混播的选种搭配研究进展

豆科牧草和禾本科牧草叶子在草层中的分布也不同。以草层平均高度为100cm为例，在距离地表30cm以内，禾本科牧草叶子占全部叶量的64%，而豆科牧草叶子仅占23%，加上这两类牧草不同的叶向，使得它们在草层中能够更好地利用空间和光照条件（苏加楷等，1993）。邓泽良（2004）认为，农作物混合种植的关键是将两种或两种以上不同植株株型、高度、叶型的作物搭配，组成一个合理平衡的复合群体，充分利用光能、风能、地力、时间和空间，创造相互有利的生长环境，减轻病虫草害的发生。混播组合应以优势互补为原则，即混播栽培应做到高矮、肥瘦、圆尖、深浅、早晚、阴阳的合理搭配，根系深和浅、生育期早和晚、喜阴和喜光的不同品种作物进行混作。宝音陶格涛（2001）的研究以草原2号苜蓿与老芒麦为对象，通过研究不同混播方式下种群的生长高度、茎叶比、叶面积指数及产草量的积累动态，得到以下结果，老芒麦与苜蓿以3：2比例混播，种群的茎叶比较其他几种播种方式下的种群茎叶比要小。单播苜蓿的叶面积指数最大，混播组合的叶面积指数居中，单播老芒麦的叶面积指数最小。塑造植物形态、生活史及植物群落结构和动态特征的主要动力之一是竞争，同时它也是决定生态系统结构和功能的生态过程。混播形成的复合群体中，主作物与副作物虽能够相互促进，然而，争光、争气、争肥、争水的矛盾依然存在，因此要通过合理的主作物、副作物的混播比例和适宜的种植密度进而形成理想的组合结构来解决相应矛盾。Harris 和 Lazenby（1974）用 Mcgilchrist 等提出的侵占能力计算方法，研究了几种禾本科植物在不同水分条件下的竞争力，结果表明，在湿润条件下几种植物竞争能力的顺序依次是杂花黑麦草、多年生黑麦草、苇状羊茅、雀稗和毛花雀稗，而在干旱条件下，苇状羊茅、雀稗和毛花雀稗的竞争力则明显有所增强。Daudet 和 Kiddy（1988）的研究表明，混播草地内各个物种之间的竞争主要表现为对空间和土壤资源的竞争，空间资源的竞争主要指地上茎叶对光能源的竞争，土壤资源的竞争则指根对主要矿物质元素和水资源的竞争。研究发现，决定植物竞争能力的是植物个体的总生物量、地上生物量、地下生物量、株高及叶面积等性状。Goodman（1988）研究表明，合理的混播方式可以协调作物间的竞争与互补关系，能够充分利用自然资源，改变种群结构，从而减轻病虫危害，将化肥及农药的用量降到最低，降低生产成本及减少对环境的污染，同时提高群体产量和整体经济效益。Newman 和 Rivera（1975）研究表明，箭筈豌豆和燕麦比例为65：35时，产量和蛋白质含量较高。

1.4.4 牧草混播对控制杂草的影响研究进展

在豆科与禾本科牧草混播草层中，豆科牧草衰退时其位置会被有抗性和长寿的禾本科牧草占据，或者是混播牧草草层中，当某一种牧草生长不好从草层中衰退时，在很大程度上有可能被另外发育好的牧草覆盖，从而防止杂草入侵（白雪芳和张宝琛，1995）。豆科牧草出苗慢且苗期生长缓慢，草地建植初期极易受到杂草入侵抑制，抓苗困难，禾本科牧草一般出苗较快、苗期生长迅速，豆禾合理混播后能较快地形成草层，使目标草种更充分地占据地上和地下空间，抑制杂草出苗和生长，这说明混播草地豆禾牧草组合具有相容性（王平等，2007）。在干旱地区，苜蓿与无芒雀麦混播，在利用当年，草层中豆科牧草多，而禾本科牧草少，而在以后各年中禾本科牧草逐年增多（王玉芬，2005）。杂草适应能力强、生长迅速、根系发达，具有极强耗费水肥的能力，可导致人工草地营养缺乏、生长缓慢、影响产量等，严重时甚至可导致草地退化。许多病原菌和害虫在杂草上越冬、繁殖，随后危害和感染人工草地牧草，造成人工草地牧草生长缓慢或死亡。杂草具有出苗早、生长快速的特点，容易在空间上占据优势，严重影响人工草地牧草的光合作用。杂草越多，在防除杂草上花费的人力、物力、财力也越多，大大增加了人工牧草草地管理成本。有的杂草种子容易引起人畜的不适，如鬼针草、苍耳的种子容易刺入人的衣服，不易拔掉，还可刺伤人畜的皮肤引发炎症；泽漆、苣荬菜的茎含有丰富的白色汁液，有毒，且碰断后一旦沾到衣服上很难清洗；蒺藜的种子容易刺伤人的皮肤；破布草的花粉可导致部分人过敏，可出现哮喘、鼻炎、类似荨麻疹等症状；有的杂草有毒，如紫茎泽兰、苍耳的种子，毛莨的茎被牲畜误食后容易引发中毒等（李孙荣，1999）。牧草混播有利于控制杂草。

1.4.5 牧草混播对牧草饲用价值的影响研究进展

豆科牧草常含有较高的蛋白质和钙等营养元素。而禾本科牧草含有较多的碳水化合物。两种牧草混播后营养成分提高且均匀，适口性好，提高了牧草的利用率。放牧时单纯的豆科牧草常引起牲畜胀病，混播牧草可以避免这种危害。白音仓（2011）对6个不同混播处理的草地的种群生物学特性、产草量、种间竞争等进行了观测研究，用单位面积草地所产的粗蛋白质的产量来推断出试验最佳组合。试验表明，播种当年混播没有起到增产作用，单播紫花苜蓿牧草产量及单位面积粗蛋白质产量最高。两年内混播间行 1：1 处理优越于其他混播处理。曹仲华等（2010）在西藏山南地区关于箭筈豌豆与春青稞的混播试验中，设置不同的豆禾混播比例，混播试验结果表明，混播可明显提高产草量和牧草品质，不同混播比例间的产草量及饲草粗蛋白质（CP）、粗脂肪（EE）、中性洗涤纤维（NDF）、酸性洗涤纤维（ADF）、钙（Ca）和磷（P）含量差异显著，随着箭筈豌豆混播比例的增加，饲草粗蛋白质、粗脂肪、Ca 和 P 的含量随之增加，而 NDF、ADF 含量降低。韩建国等（1999）进行的一年生燕麦豌豆混播试验表明，混播组合中随着豌豆播量的增加，粗蛋白质含量也随之增加。单一苜蓿青贮很难成功，青贮料品质较差，茎叶模糊，气味难闻。营养成分里的粗蛋白质在单播苜蓿中的含量最高，在单播老芒麦中的含量最低。混播组合的粗蛋白质含量介于这两者之间。单一无芒雀麦青贮能获得很好的青贮品质，青贮料茎叶完整，有较浓的芳香味和酸味。苜蓿与无芒雀麦混播后能够改善单一苜蓿青贮品质，但随着苜蓿混播比例的增加，青贮品质逐渐下降。无芒雀麦与苜蓿混播后，降低了青贮原料中粗蛋白质的含量，可能提高了可溶性碳水化合物含量，营养成分上互相取长补短，弥补各自的不足，较单一的苜蓿或无芒雀麦更适合乳酸菌发酵，从而使混播处理的饲料中乳酸占总酸的比例增加。但随着苜蓿在饲料中比例的增加，当其比例达到 70% 时，可能可溶性碳水化合物逐渐变少，缓冲能力上升，使青贮品质逐渐下降（刘念民和王晶，2001）。Marian（1989）的研究表明，箭筈豌豆或豌豆与燕麦混播相比燕麦单播，鲜草产量、粗蛋白质含量和可消化有机物质的值有所增加。Zemenchik 等（2002）研究了库拉三叶草和百脉根分别与早熟禾、无芒雀麦和鸭茅的混播，结果表明，与单播相比，豆禾混播能明显降低 ADF 和 NDF 的含量，提高牧草总蛋白质含量，库拉三叶草与早熟禾、库拉三叶草与无芒雀麦混播单位面积产草量分别比上述禾本科牧草单播时增加 49% 和 12%。百脉根与早熟禾、百脉根与无芒雀麦混播，单位面积产草量分别比单播增加 28% 和 20%。Tensely（2010）的研究表明，混播牧草与单播牧草相比含有较完全的营养成分，豆科牧草含有较高的蛋白质、钙和磷；而禾本科牧草含有较多的碳水化合物。Jones（1933）从北美半干旱地区箭筈豌豆与大麦或燕麦混播的试验中得出，混播可提高饲草产量及质量。混播处理茎叶比明显低于单播，其中燕麦抽穗期降低 0.56%，完熟期降低 2.55%，说明随着牧草生长期的延长，混播草地叶量明显增加，主要是箭筈豌豆的介入使茎叶比显著降低，牧草品质变优。豆科牧草与禾本科牧草混播的干草品质好，混播牧草能提高禾本科牧草的粗蛋白质含量。苏联的试验研究证实，草地羊茅与三叶草混播，其粗蛋白质含量比单播高 12.3%；苜蓿与窄穗鹅观草混播，粗蛋白质含量比单播高 8.6%；无芒雀麦与红豆草混播，粗蛋白质含量比单播高 11.2%（苏加义和赵红梅，2003）。

1.4.6　牧草混播的生态效应研究进展

混播人工草地的建植要根据当地的气候特点，选择适宜的草种或草种组合，因地制宜地进行草地开发、利用与管理，以满足草地畜牧业发展的需要，同时要兼顾保护当地的生态环境，以满足可持续发展的要求，生产优质、高产的牧草。大量研究表明，草本植物的防蚀作用优于乔木。因此，在半干旱黄土丘陵区应更加重视草本植物的作用。种草能有效地防治水土流失，草是生态平衡的“卫士”和原动力。在雨量丰富时，牧草的保土能力为作物的300～800倍，保水能力为作物的1000倍，$1hm^2$ 草地可蓄水96t，为森林蓄水量的2.1倍，草地可截水量为降水量的60%～90%甚至100%。在同样降雨条件下，种植牧草地区径流量比裸地减少95%；在28°的山坡地年总流失量方面，早熟禾草地为0.075t/hm^2，灌丛禾草地为1.2t/hm^2，玉米地为331 t/hm^2。我国雨季多集中在6～9月，牧草在这一时期生长旺盛，因而种草能大大减少水土流失（焦菊英等，2000）。李正民等（1996）的研究表明，种草可调节气温，一般草地相比裸地，夏天可降低气温2～6℃、降低土壤温度12～22℃，冬季可提高气温4～6℃。大片草地可提高空气湿度20%以上，小片草地可提高空气湿度10%左右，减少土壤水分蒸发60%～80%。草可以减缓土壤温度和气温的变化，使地球空间温湿度较平稳，无大的突变或恶性天气出现，即可减少或消除自然灾害。种草还可以净化空气，减少空气污染和噪声。草是人类“清洁工”，可吸收空气中的 CO_2 和灰尘，有的草可吸收与分解空气和土壤中的 SO_2、HCl、CO、HF 等有毒物质。刘元保等（1990）对不同降雨和坡度下的草地水土保持有效盖度（V）进行了分析，并建立了草地水土保持有效盖度与降雨（pi）及坡度（S）的关系式。在20°的坡面上采用人工降雨方法（雨强为3.25mm/min）对2年生沙打旺（盖度为90%）地、草地、裸露翻耕地加麦草覆盖（150t/km^2）及对照区裸露翻耕地进行了对比试验，2年生沙打旺地平均减少径流94.74%，减少侵蚀量为99%，效果最为明显。熊运阜等（1996）通过分析指出，草地与坡耕地相比，减蚀效果非常明显。同时根系也是草地实现水土保持、涵养水源、改良土壤等生态功能的基础。牧草根系的发育状况是草地实现其经济价值和生态价值的重要保证。但国内外就刈割对牧草生长的影响的研究多限于地上部分的系统研究，而对其地下部分的研究还很不够。

要有效地遏制生态环境恶化和天然草地退化、减轻天然草地载畜压力、恢复草地生产能力、改善生态条件，建植人工牧草地、发展集约经营的草场建设是发展绿色畜牧业的重要途径，这对调整农业结构、增加农民收入、促进农业良性循环及可持续发展具有重要意义。畜牧业发达的国家，人工草地面积通常占全部草地面积的10%～15%（张蕴薇，2002）。美国永久性人工草地为3150万hm^2，占天然草地面积的10%左右，此外，在1.8亿hm^2耕地中有7300万hm^2用在豆科牧草与农作物的轮作上，两者合计占全国草地面积的29%，主要分布在其东北部、中部湖区和湿润的南部。种植的牧草主要有紫花苜蓿、三叶草、梯牧草、胡枝子等（胡自治，1995）。欧洲的人工草地一部分是由天然草地改良而成的，人工草地占全部草地面积的50%以上，草地饲草占全部饲料生产的49%。其中，爱尔兰的饲草比例在87%，荷兰、卢森堡、比利时和丹麦为30%。英国、德国、爱尔兰的人工草地生产水平为干物质5000～8000kg/hm^2，荷兰和丹麦为10 000～12 000 kg/hm^2。西欧和北欧地区的人工草地以多年生黑麦草和白三叶为基本成分，此外还有红三叶、梯牧草、百脉根、草地早熟禾、鸭茅、无芒雀麦、羊茅等草种（朱俊凤等，1999）。

以上资料表明，国内外许多学者在禾本科和豆科牧草混播方面做了大量的研究，并且取得了较好的研究结果。豆禾混播草地不仅可以改善草地生态系统的氮素营养平衡、促进牧草蛋白质的形成，还能提高草地质量和产量，隔行混播可充分利用不同类型植物生态位的差异提高草地对不同元素的利用效率、对外来干扰的抵抗力及生态系统的稳定性，从资源高效利用和生态系统健康发展等方面考虑，混播方式比单播更有利，因此，研究分析特定环境条件下不同混播种类和混播比例豆禾混播草地生产性能就成为人工草地建设十分重要的技术内容，这对豆禾混播草地维系较高生产力及生态效益具有重要指导意义（张明华，1993）。但是目前大多数研究集中在禾本科牧草与豆科牧草间混作理论及技术体系的地上部分和外表现象方面，对混播牧草效益的生理指标的观测、地下根系竞争动态与环境变化的关系等领域研究还不够深入。例如，低矮禾本科单播牧草品种由于缺乏氮素而群体光能截获量较小，光能利用率较低，一些可捕获氮素的豆科植物单播时植株生长较好，其群体光能截获量较大，上层叶片繁茂，因而光合速率较高，但下层叶片的光照强度不足，光合速率有所下降，最终导致产量并未达到最大化。“混播提高土壤中的氮元素含量，牧草上下层均可保持较高的光合速率，最后得到较高的牧草产量”的这种设想并没有充足的论据。如果对该体系内地下部分种间相互作用与土壤养分吸收利用之间的关系及种间差异与根际过程调控等方面相关机理做进一步研究，将弥补该研究领域的空白。另外，禾本科与豆科牧草混播时牧草养分、时间和空间生态位的研究，生物他感作用的研究，种间养分竞争能力差异的生理生态基础研究，种间促进作用的基因型差异等方面的研究也都不够（肖怀远，1994）。草业是经营草地生态系统的事业，是一项具有较高公益性、高度综合性和负有环境建设重任的、相对独立的生物生态经济产业，了解人工草地种植过程中的关键方式方法是实现草地高产和高质的前提条件，也是进行人工草地可持续经营和高效管理的基础。从播种方式这个角度分析评价当前备受关注的人工草地生态系统关键影响因子问题具有重要意义，豆禾混播草地的生产性能是由多种因素相互作用而构成的一个复杂生物学性状，这种评价不仅要考虑牧草的产量，还要考虑草群稳定性的差异、种间是否存在竞争关系、地下根系生长性状及牧草的品质等诸多因素，如果仅以某些单个因素或生长性状的方差分析来评价其生产性能，进而判定豆禾混播方式的优劣，往往因独立了各个因素而忽视了它们对豆禾混播草地生产性能的综合影响，最后的结果结论一定程度上有失科学的全面性、严谨性，因而就结果分析而言不能忽略各个指标的相互作用的影响。混播改善退化人工草地的生产性能、生态效益方面的深入研究之路还很长，关于产量、对土壤理化性质的影响、牧草品质的变化这些指标的对比分析还有待深入挖掘，退化草地经混播后的效益提升效果的观测应是一个长期研究的过程。

1.5　两种引种灌木抗旱生理特性研究

我国是一个水资源短缺的国家，尤其在我国西北地区，水资源短缺、干旱问题尤为严重。随着西部大开发、退耕还草还林及植被修复政策的推进，选育能够适应干旱环境并改善土壤蓄水力的植物，已成为越来越多的人关注的话题。植物在逆境中的生存能力，如植物的抗旱性也成为学者研究的热点。植物的抗旱能力与其形态、生理生化及光合特性是衡量植物适应性的重要指标，是对逆境忍耐能力的具体权衡和评价（王福森等，2001）。

宁南山区位于宁夏回族自治区南部，北纬 35°14′~36°57′，东经 105°12′~106°58′，东西约为 145km，南北约为 190km，东部、西部、南部三面与甘肃省紧邻，北部与中卫市、同心县接壤。宁南山区包括原州区、隆德县、彭阳县、西吉县、泾源县及划属中卫市的海原县，总面积约为 16 783km^2，占整个宁夏回族自治区总面积的 32%，已有耕地面积约为 67.2 万 hm^2，总人口数约为 190 万人，其中，回族占人口总数的 48.5%，人均耕地面积为 0.35hm^2。

宁夏地处中国内陆，属温带大陆性干旱、半干旱气候。由于位于中国季风区的西缘，夏季受东南季风影响大、时间短，降水少，7 月最热，平均气温为 24℃；冬季受西北季风影响大、时间长，气温起伏变化大，1 月最冷，平均气温为-9℃，年平均气温为 5~8℃，年最高气温约为 30℃，极值可达 35℃左右；年最低气温约为-20℃，极值可达-30℃上下。多年平均降水量为 300~400mm，由南向北迅速递减，地面蒸发严重，为 800~1400mm，由南向北递增。宁夏地处黄土高原与内蒙古高原的过渡地带，地势南高北低。宁夏北部以干旱剥蚀、风蚀地貌为主，南部是黄土地貌，以流水侵蚀为主；海拔为1400～2955m，地形高低起伏。境内有较为高峻的山地和广泛分布的丘陵，也有由于地层断陷又经黄河冲积而形成的冲积平原，还有台地和沙丘。正因地表形态复杂多样，所以宁夏南部、北部、中部的经济发展和人文地理都有较大差别。在地貌类型上，宁南山区以流水侵蚀的黄土地貌为主，在气候类型上，属温带大陆性干旱、半干旱气候。当地生产和生活方式落后，人们对黄土丘陵地区长期垦殖，使这里的生态环境逐年恶化，破坏了植被的多样性及生物圈的平衡，水土流失严重，草地退化严重。根治途径在于开辟水源，大力植树种草恢复植被，保持水土。

宁南山区以山地为主，地势较高，气候寒冷，大部分地区农田依赖的水资源为降水，可以说降水是该区域地表水、地下水的唯一来源，86%的区域为干旱区，2000～2010年多年平均降水量基本维持在300～400mm，90%的耕地为旱作农田，干旱灾害频繁发生，有“十年九旱”之说。近些年来人口数量急剧增加，盲目地乱垦滥挖，导致生态环境日益恶化，降水量逐年下降。降水量的多少是影响当地农业生产及畜牧业发展的关键因素。

宁南山区因植被覆盖率低，水土流失严重，是自然灾害频繁发生的地区。全区水土流失面积约占全区总面积的48.3%，占土地退化面积的56.5%。植被在减弱地表径流对岩土侵蚀的强度方面有重要作用，植被覆盖越多，水土流失程度越小；反之，植被覆盖越少，水土流失越严重，呈明显的负相关性。宁夏地区属于干旱与半干旱、阴湿气候，各类草原植被覆盖率均较低，干草原覆盖率为30%～60%，约占12.5%；荒漠草原覆盖率为25%～40%，约占64%；草原化荒漠覆盖率为15%～30%，约占23.5%。宁南山区地方政府在退耕还林和还草方面做了很大努力，在部分地区从山腰以上已经做到了植被全部覆盖。但由于生产和生活方式的落后，乱采滥伐乱垦的现象仍然存在，甚至加重，草地退化现象仍在持续。

宁夏自2000年开始实施退耕还林还草试点工程后，以治理水土流失、改善生态环境为目标，合理搭配林草，实施退耕还林还草工程。其中，宁南山区成为宁夏退耕还林还草及生态修复的主体区域，约占全部退耕面积的90%。闫浩（2014）针对宁南山区植被恢复工程对土壤中微生物活性和群落结构的影响的研究表明，宁南山区常见的草地类型有3种，即天然草地、人工草地及撂荒地，天然草地主要以长芒草为优势种，盖度为50%，阿尔泰狗娃花和苇玲菜为伴生种；人工草地中以苜蓿为代表的豆科牧草是优势种，盖度为30%，伴生种为长芒草；撂荒地以长芒草为优势种，盖度约为35%，猪毛蒿为伴生种。天然草地上还有一些铁杆蒿、百里香及冰草等植物，但数量相对较少。无论是从天然草地、人工草地还是从撂荒地来看，草地物种多样性低，物种组成单一，结构简单，并不利于生物多样性的保护，也极大地降低了草地生态稳定性和其抵御病虫害的能力。在未来的草地生态恢复和建设中，急需丰富草地物种的选择与配置，切实改变草地建设中物种单一的现状，这是地方政府面临的一项紧迫任务，也是保证草地生态建设科学性、合理性的客观需求。

宁南山区草地生态建设物种单一的主要原因如下：①种质资源的缺乏；②该地区干旱及独特的自然环境并不利于一些物种的生存与生长；③地方政府引进的物种适应性和竞争力较弱。科技部门按照引种规范，科学性地引进和筛选优良物种，针对性较强；严格按照物种引进的方法和手段进行，能够保证引种的成功率，引进的物种经过筛选或驯化，会表现出良好的适应性和竞争力，也会极大地丰富草地生态建设中物种资源的选择。

1.5.1　干旱胁迫对植物的影响

水分是影响植物生存、生长的重要环境因子之一，它对植物的生长、生存和发育起着非常重要的作用（柴胜丰等，2015）。植物最常遭受的环境胁迫就是水分亏缺，当植物自身消耗的水分大于吸收的水分时，就会发生水分亏缺，而过度的水分亏缺现象称为干旱。植物对干旱胁迫的忍耐力与抵抗力称为植物的抗旱性，不同植物由于其叶片结构、根系状况、生理生化等特性的不同，忍受和抵御干旱的能力不同。中国西北、华北地区干旱缺水是影响农业生产、林业发展的关键因子。干旱胁迫的主要原因是植物原生质脱水。干旱时土壤可利用的有效水分亏缺，叶片蒸腾散失的水分得不到补偿，使得植物原生质脱水，细胞内水势不断下降，使得膨压降低，植株的生长与生理生化特性或多或少地受到抑制，可以从以下 3 个方面来描述干旱胁迫对植物的伤害。

1）生长受抑：最易直接观察到的干旱对植株影响的外观性状是萎蔫和生长受抑。萎蔫是由于细胞水势下降，膨压下降，出现叶片、幼茎下垂，植株颜色变黄的现象。通常萎蔫分为两种，即暂时萎蔫和永久萎蔫。两者的根本区别在于当植物发生永久萎蔫时，植物原生质发生了严重的脱水，引起生理生化代谢的紊乱。暂时萎蔫虽然也会给植物的生长、代谢及生命活动带来一定的影响，但这种影响是短暂的，只要水分得到及时补充，蒸腾速率下降，植株形态和生理过程随即就可复原。部分植株在其生命周期中对水分胁迫相当敏感，水分亏缺时分生组织细胞膨压降低，细胞分裂速度减慢或停止，细胞生长受到抑制，因而植株的形态及生命活动均受影响。

2）改变膜结构和透性：轻微干旱时，植物细胞会出现失水状况，原生质膜的透性增加，细胞质壁分离，当复水时，细胞质壁分离又复原，植物生长得到恢复；在重度干旱时，细胞失水，原生质膜的透性显著增加，发生溶质渗漏，细胞质壁分离，即使复水，细胞质壁分离也不会复原，导致细胞失水严重，植株因为体内散失的水分无法得到补充而慢慢失去活性、萎蔫，直至死亡。脱水破坏了原生质膜脂类分子的双层排列，导致细胞溶质渗漏。正常状态下的原生质膜脂类分子靠磷脂极性同水分子相互连接，保持原生质膜脂类分子的双层排列；当细胞严重脱水时，原生质膜脂类分子双层排列遭到破坏，发生紊乱，膜因结构紊乱收缩而出现空隙、龟裂和空腔，导致膜的透性增加，发生溶质渗漏。

3）破坏植物的正常代谢：研究表明，番茄叶片水势的高低影响其光合速率的变化。当叶片水势低于-0.7MPa 时，光合速率开始下降；当水势达到-1.4MPa 时，光合速率几乎为零。水分亏缺会使植株发生一系列的变化，主要反映在，使其气孔关闭，CO_2扩散的阻力增强；叶绿素合成速度减慢，光合酶活性降低，光合能力减弱等。而干旱对呼吸作用的影响相对较复杂，一般情况下，呼吸速率会随着水势的下降而缓慢降低。有时水分亏缺会使一些植物的呼吸速率在短时间内上升，而后又下降，这是开始时细胞内呼吸基质增多的缘故，但是当水分严重亏缺时，呼吸速率又会大大下降。干旱使得植物体内游离氨基酸含量增加，特别是脯氨酸的含量可增加数十倍甚至百倍之多（王忠，1999）。

1.5.2 植物耐旱机理

不同的植物对干旱的忍耐和抵抗方式不同，常见的抗旱植物有两种类型，即御旱型植物、耐旱性植物。御旱型植物有一系列防止水分散失的结构和代谢功能，或者具有庞大的根系来维持正常吸水。景天科酸代谢植物（如仙人掌）在夜间开放气孔，进行 CO_2的固定，白天则关闭，防止过多的水分散失。耐旱性植物大部分具有细胞体积较小、渗透势较低和束缚水含量较高等特点，可忍耐干旱逆境，甚至部分植物可忍耐极为干旱的环境。植物的耐旱能力主要表现在对其自身细胞渗透势的调节能力上。在干旱时，细胞可通过增加溶质来改变其渗透势，从而避免水分散失造成细胞脱水。一种绣状黑蕨能忍受 5 天相对湿度为 0 的干旱，胞质失水可达鲜重的 98%，而在重新湿润时又能复活（代朝霞等，2014）。植物成熟的种子、地衣、苔藓等耐旱能力也特别强。

抗旱性强的植物的根系与其茎叶相比，往往比较发达，深入土层较深，能更有效地利用土壤水分，因此根冠比常常作为选择抗旱品种的形态指标之一。叶片细胞体积小或者体积与表面积的比值较小时，有利于减少细胞吸水膨胀或失水收缩时产生的机械伤害。玉米在干旱时或者中午光强的情况下，叶片卷成筒状，以减少由蒸腾作用造成的水分散失。抗旱性强的植物通常吸水和保水能力强，既能抵抗过度脱水又能减轻脱水时的机械损伤。另外，植物往往通过气孔的开闭来适应干旱逆境，因为气孔一般会随着温度的上升而增大，随水分的减少而关闭，对外界环境因子的变化比较敏感，调节幅度也较大，可由持续开放到持续关闭，而且不同植物的气孔运动形式也不同，因此植物的这种机制对植物控水极为有利，在植物的抗旱性中有重要作用。气孔的保卫细胞可作为防御水分胁迫的第一道防线，它可以通过调节气孔的孔径来防止不必要的水分蒸腾散失，保持较高的光合速率，保证植物的正常生命活动。

1.5.3　国内外植物抗旱性生理生化指标的研究现状

1.5.3.1　水分状况指标

水分是植物体赖以生存的重要条件之一。耐旱植物由于长期处于较为干旱的环境，植株必须通过增强吸水力，从土壤中获取更多的水分，以维持体内水分的动态平衡，满足体内代谢活动所需要的水分（周宜君等，2001）。与此同时，植物通过高的原生质黏滞性，来增强自身的抗热性；通过强的原生质弹性，提高自身的抗脱水能力。因此，典型的旱生型植物一般都具有原生质的黏滞性高、透性大、弹性强、抗脱水能力强、束缚水与自由水比值高、抗热性强、蒸腾强度小等特征（王康富和蒋瑾，1991）。树木在干旱胁迫条件下，首先会调节自身水分状况来维持一定的细胞膨压，当水分状况产生变化后，就会导致其他一系列生理生化反应的发生，从而影响树木正常的生命活动。因此，植物体内的水分状况很大程度上决定植物的生命活动（王沙生等，1996）。水分生理指标也成为测定植物抗旱性最基本的指标。高海峰（1988）对中国柽柳属植物的水分状况进行了研究，结果表明，柽柳通过水势、相对含水量、持水力等一系列水分生理指标的调节来抵抗水分胁迫，柽柳抗旱性能越强，水势越低，持水力越强。傅瑞树（2001）对苏铁的研究也表明，随着干旱胁迫的加剧，苏铁叶片自然含水量、水势下降，而自然饱和亏增加。在干旱胁迫条件下，苏铁叶片通过降低水势、增加自然饱和亏，来增加对水分的吸收，满足自身的需要，以适应干旱环境。在轻度胁迫条件下，苏铁叶片自然饱和亏增加 12.50%，自然含水量、水势分别下降 8.92%、6.14%；在中度胁迫条件下，叶片自然饱和亏增加 45.53%，自然含水量、水势分别下降 26.06%、30.70%；在重度胁迫条件下，叶片自然饱和亏增加 78.56%，自然含水量、水势分别下降 50.94%、73.68%。何海燕等（2003）对油松等几个树种的抗旱性水分生理进行了研究，并依据水分生理指标对几个常见树种进行了聚类分析和抗旱性排序，结果表明，10 个水分生理指标可以划分为 3

类，水分存在状态因子包括自由水量、束缚水量、束/自比；水分含量因子包括水势、组织含水量、恒重时间；水分亏缺因子包括相对含水量和水分饱和亏。

任何活体植物都含有一定数量的水分，但含水量因植物种类、所处环境条件、年份等的不同而具有很大的差异。反映植物水分状况的重要指标之一是叶片相对含水量，叶片相对含水量是研究植物水分关系的重要指标。王福森等（2001）对6种杨树新品种抗旱性能的研究表明，6种杨树在正常生长和干旱胁迫下，叶片相对含水量差异达到显著（$P<0.05$）与极显著水平（$P<0.01$），且认为植物体叶片相对含水量是抗旱能力的重要指标。姚砚武等（2001）认为在干旱条件下，相对含水量高的林木，其生理功能旺盛，对干旱的适应能力强。当土壤发生生理干旱时，必然引起植物体内相对含水量的亏缺和自由水量的降低，随着失水时间的延长，叶片相对含水量呈现逐渐降低的趋势，水分饱和亏逐渐增加，叶片表现出不同程度的萎蔫状况（Noggle，1976）。许多学者将水分饱和亏作为评价植物抗旱性的指标。冯玉龙等（1998）认为，长白落叶松和樟子松离体叶的相对含水量随叶片失水时间的延长而降低，不同的树种变化幅度不同，并指出相对含水量的变化不能直接用来说明植物的抗旱能力，但可以初步判断树木的受旱程度，了解抗旱性能，不同树木的水分状况与树木受害程度并不呈正相关，相同的水分饱和亏下，不同树木受害程度并不相同。

1.5.3.2 蒸腾、光合作用及相关参数

迄今为止，国内外大量的研究表明，植物在干旱胁迫条件下，光合作用会受到不同程度的抑制，净光合速率下降，光合能力降低。Barlow等（1983）认为，水分胁迫抑制植物光合作用的根本原因是气孔的关闭；而Boyer（1976）则认为，水分胁迫导致光合能力下降的原因是其抑制了叶肉细胞或叶绿体的光合活性。也有学者认为，水分胁迫下光合作用减弱的原因主要包括气孔因素与非气孔因素两类。当植物受到水分胁迫时，气孔的孔径发生变化，阻力增加，导致气孔关闭，光系统Ⅱ中叶绿体进行光合作用时CO_2的供应阻断，光合作用下降；在强光直射下，部分叶片由于得不到外界CO_2的补充，自身的温度升高，供应链阻断，光合作用受到抑制，甚至部分叶片会出现灼伤现象，此现象被称为光合器官的光破坏作用（王万里，1981；汤章城，1983）。唐劲驰等（2014）的研究结果表明，不同的土壤水分处理对茶树的净光合速率（Pn）、蒸腾速率（Tr）及水分利用效率（WUE）等生理指标均产生明显影响，Pn、Tr均下降，WUE下降的幅度小于Pn，并指出光合作用的强弱对植物的生长发育及抗逆性有重要作用，光合作用参数可作为判断植物抗逆性强弱的指标之一。不同的植物对不同的水分胁迫响应不同，光合能力也不同，但普遍认为，维持光合速率的能力越强，植物的抗旱性越强。

植物在一定时间内单位叶面积蒸腾的水量称为蒸腾速率。水分胁迫直接影响植物的蒸腾作用，影响植物的生存与生长（赵哈林等，2003）。大部分研究表明，随干旱胁迫程度的增加，蒸腾速率下降。郭卫华等（2007）就沙棘和中间锦鸡儿两种灌木在水分胁迫下的蒸腾速率进行了比较，结果表明，同等水分处理下，沙棘单叶水平的蒸腾速率低于中间锦鸡儿，随着干旱胁迫程度的增加，沙棘与中间锦鸡儿的蒸腾速率下降，不同的供水条件下，两种植物白天的蒸腾速率差异显著。郭连生和田有亮（1994）研究了四种针叶幼树光合速率、蒸腾速率与土壤含水量的关系，结果表明，随着土壤含水量的下降，其光合速率、蒸腾速率均呈现减小趋势。在水分亏缺条件下，蒸腾速率越小，植物的耐旱性越强。水分利用效率是测定植物抗旱性能的重要组成部分，取决于植株的净光合速率与蒸腾速率的比值，属于理论值。根据对水分的利用方式通常分为节水型和耗水型两类植物，节水型适应干旱时间较长，耗水型只能忍受较短时间内的适度干旱，前者与其抗旱性能相关联，因具有较高的水分利用效率，所以其生长速率较慢；后者能迅速消耗土壤中的可利用水分，具有气孔导度大、生长速率快等特点（Kramer and Kozlowski，1979；Lange et al.，1982；Dickmann et al.，1992）。胡新生和王世绩（1998）的研究表明，当植物处在一定的水分胁迫范围内时，叶片气孔导度减小、蒸腾速率下降、净光合速率也下降，而水分利用效率却升高。水分利用效率的大小决定了植物的节水能力和耐旱能力。徐莲珍（2008）的研究表明，刺槐的水分利用效率随着胁迫强度的增加而增加，元宝枫水分利用效率日变化呈单峰曲线。许多研究认为，并非在水分充足时水分利用效率最高，与光合作用相比，蒸腾作用对水分胁迫的响应更敏感，使水分利用效率提高（山仑和徐萌，1991；戴俊英等，1995；吴林等，1996）。

光合色素包括叶绿素 a、叶绿素 b 及类胡萝卜素等多种色素，是进行光合作用不可缺少的色素，也是捕捉光能的主要色素，并参与光合作用过程中光能的吸收、传递和转化活动，其含量的多少直接影响植物的正常生长、光合能力和抗逆性的强弱。吴林等（1996）关于沙棘在淹水和干旱两种逆境条件下的研究表明，叶片中叶绿素 a、叶绿素 b、类胡萝卜素含量的变化呈相似的趋势，在淹水处理条件下，各光合色素含量的下降速度较快。干旱处理 7 天时，叶片光合色素含量变化不大，胁迫后期光合色素含量变化较大。刘芳等（2014）对乌兰布和沙漠地区 9 种灌木的抗旱性的研究表明，各灌木随土壤水分的降低，叶片中叶绿素含量降低，9 种灌木中沙拐枣叶片中叶绿素含量最高。植物能长期处于土壤干旱的环境下，并维持较多的光合色素，表明该植物对干旱的适应能力较强（周海燕，1999；卜庆雁和周晏起，2001），能在适度干旱胁迫下保持叶绿素含量的稳定或者提高，有助于植物适应一定的逆境环境。

1.5.3.3 膜系统保护酶活性

研究指出，当植株处于各种逆境胁迫时，细胞内自由基产生和清除之间的动态平衡遭到破坏，出现自由基累积现象，在细胞缺乏保护机制时，它们可能对细胞结构和功能产生一定程度的伤害（戴俊英等，1995）。植物体内保护酶系统与保护性物质对细胞膜系统少受或免受自由基伤害起着关键作用，植物体内过氧化物与H_2O_2反应生成一种重要的潜在氧化剂——羟基，它攻击细胞大分子，使 DNA 产生损伤，影响蛋白质合成、稳定与运输，进而导致植物代谢功能失效和细胞死亡，然而当过氧化氢酶（CAT）、超氧化物歧化酶（SOD）及不同的过氧化物酶（POD）同时存在时，会中断过氧化物与 H_2O_2 的反应，从而起到一定的保护作用。植物细胞中的保护酶系统的存在和活力的增强，有助于细胞免于伤害，或者使植物抗性加强（武宝玕和格林·托德，1985）。文建雷等（2000）认为，杜仲枝条保护酶活性随着水分胁迫加剧而降低，随着胁迫时间的延长，SOD 活性明显升高，后又逐渐降低，减轻了干旱对植物的伤害。赵天宏等（2003）对玉米采用灰色关联度法进行抗旱研究，结果表明，SOD、POD 及 CAT 与玉米的产量有较大的关联，认为这些指标可以用于抗旱品种的选育及鉴定。研究也表明，不同品种由于对水分的利用效率不同，其体内的保护酶系统如 SOD、POD 和 CAT 活性的变化也有所不同（武宝玕和格林·托德，1985；王建华等，1989；唐连顺等，1992）。干旱条件下，不同品种因对水分变化的敏感性不同，体内氧化反应保护酶活性也有差异。一般来说，水分胁迫下，不抗旱品种的 SOD 活性低于抗旱品种，SOD 活性在适度干旱胁迫范围内，随干旱胁迫的增加而上升，超过一定限度，活性下降（王宝山，1986）。但 Bartoli 等（1999）对番茄进行研究，发现不同的水分胁迫下，SOD 的活性并未受到显著影响。刘家琼和周湘红（1993）对几种固沙植物在水分胁迫条件下的保护酶活性的研究表明，沙冬青 CAT 活性在无灌溉条件下高于灌溉条件下，表明水分胁迫增加时，植物体内的 CAT 活性升高。李广敏等（2001）、陈立松和刘星辉（1997）对作物的抗旱性进行研究得出，干旱胁迫下 CAT、SOD 活性与植物的抗旱性呈正相关，与 CAT 活性具有相似的变化趋势，POD 活性的变化较复杂。目前关于植物在干旱胁迫下 POD 活性的变化还没有达成统一认识，但总的趋势是认为干旱条件下，随着干旱胁迫时间延长，干旱程度增加，抗旱品种叶片 POD 活性上升或者维持较高水平，抗旱性较弱或者不抗旱品种的 POD 活性降低（王宇超，2013），韩德梁等（2005）甚至认为在干旱胁迫下离体苜蓿叶片 POD 活性总体下降。

1.5.3.4 渗透调节物质的积累

渗透调节是指高等植物对外界盐渍或土壤、大气干旱等逆境条件产生反应，而导致细胞内溶质的积累，被视为植物适应干旱、高温和盐渍等胁迫，维持生存和自我保护的生理途径的重要环节。研究表明，脯氨酸是植物有机溶质中理想的渗透调节物质，并与植物的抗逆性有关（赵哈林等，2003）。当植物处于干旱胁迫时，可以使蛋白质水解、氨基酸积累，刺激部分氨基酸及其化合物的合成，如谷氨酸（GLU）合成脯氨酸（Pro）及其化合物（Riazi et al.，1985）。甚至植物在轻度干旱时脯氨酸就有积累的迹象。这是因为脯氨酸是植物体内良好的渗透调节物质，是水溶性最强的氨基酸，亲水性能好，具有较强的水合能力（李慧卿和马文元，1998）。王霞等（1999）对柽柳在干旱胁迫下的可溶性物质的变化的研究表明，在整个胁迫过程中，脯氨酸含量在轻微水分胁迫下成梯度增加，前期较小，中后期最大，末期下降迅速。在不同的干旱胁迫条件下，不同的植物在不同生长期，其脯氨酸的积累也不同，脯氨酸的增加可以调节细胞的渗透势（徐世建等，2000）。在植物体内，脯氨酸大多以游离状态存在，当植物受到逆境胁迫时，变化幅度较大，变化比较敏感，使细胞与环境渗透达到动态平衡，防止过多的水分散失，避免影响体内部分蛋白质的稳定性（张道远等，2003）。因此有学者提出，脯氨酸可作为研究植物的抗旱性和鉴定优良品种的重要指标。杜金友等（2003）对8个玉米自交系品种在干旱胁迫条件下的生理变化的研究表明，玉米自交系的脯氨酸含量随干旱胁迫而增加，电导率增大，脯氨酸含量、电导率在不同品种间差异较大，指出脯氨酸可作为筛选玉米抗旱品种的指标之一。有些研究则认为，脯氨酸含量的多少并不能作为植物抗旱性的关键指标，认为逆境下脯氨酸含量的积累是植物受伤害的结果，不宜作为抗性筛选的指标（Hsiao，1973）。活细胞在干旱胁迫下，脯氨酸的增加可起渗透调节作用，稳定蛋白质从而维持细胞的正常代谢；若细胞生命力弱，甚至趋于死亡，则脯氨酸的增加对植物自身而言是生理伤害，即脯氨酸积累对有生命力的细胞才起渗透调节作用（朱志梅和杨持，2003）。

1.5.3.5　丙二醛（MDA）的含量

植物处于逆境胁迫时，细胞内氧自由基产生和清除的平衡会遭到破坏，不断累积的氧自由基首先攻击膜系统，膜脂脂肪酸中的不饱和键被过氧化，最终形成MDA。逆境条件下，植物细胞膜受到伤害时，细胞膜膜脂过氧化作用增强。当质膜发生过氧化时，MDA是主要产物，其含量的高低反映着质膜过氧化的强弱和受伤害程度，含量越高，质膜过氧化越严重，受伤程度越大。通常情况，在干旱胁迫下，MDA的含量增加。石进校等（2002）对淫羊藿的研究表明，栽培一年的植株较新栽培的植株MDA含量高，耐旱力强；随着干旱程度的增加，MDA含量逐渐上升。龚吉蕊等（2002）的试验结果表明，固定沙丘油蒿体内MDA的含量高于灌溉地，干旱导致油蒿体内氧自由基积累，质膜受到一定程度的伤害。郭振飞等（1997）对两种不同耐旱水稻的研究表明，随着干旱胁迫时间的延长，两种水稻MDA含量均上升，但不耐旱水稻MDA含量比耐旱水稻上升的速度快。曾福礼等（1997）对小麦干旱胁迫进行分析后发现，随着干旱时间的延长，过氧化产物MDA的含量增加，膜脂过氧化程度加深。王邦锡等（1992）研究发现，当黄瓜叶片用不同渗透势的PEG溶液漂浮处理时，膜的透性增强，MDA的生成却在减少。

不同的研究内容选取的研究植物不同，且不同的植物抗旱性不同，因此抗旱性指标的选取也不同，以上只列出了一些常用的抗旱性判别指标。除了上述指标之外，部分研究中还列出了一些与植物抗旱性有关的其他生理生化特性及指标，如叶片的解剖结构、细胞膜透性、根系变化特征等。通常通过测定电导率的大小来判断细胞膜透性的强弱，植物在水分胁迫下必然造成或轻或重的膜伤害，细胞的调控力降低，内含物失去控制，质膜透性增强，这时可通过测定电导率的大小来反映细胞膜的受伤程度，从而评价植物的耐脱水性能，以此来判定植物抗旱能力的强弱（魏鹏，2003）。

1.5.4 两种灌木的研究现状

1.5.4.1 华北驼绒藜研究概述

华北驼绒藜［*Ceratoides arborescens*（Losinsk.）Tsien et C. G. Ma］是藜科（Chenopodiaceae）驼绒藜属（*Ceratoides*）多年生旱生半灌木。株高1～2m，分枝多集中于上部，较长，通常长35～80cm。叶较长，柄短；叶片呈披针形或矩圆状披针形，向上渐狭，先端急尖或钝，基部呈圆楔形或圆形，通常具明显的羽状叶脉。雄花序细长而柔软，长可达8cm。果实狭倒卵形，被毛。花果期为7～9月。在我国主要分布于吉林、内蒙古、河北、甘肃和山西等干旱、半干旱地区。世界分布相对较广，在整个亚欧大陆的干旱、半干旱地区均有分布。驼绒藜属植物属旱生、超旱生植物，在干草原及草原化荒漠亚带可形成大面积的驼绒藜群落。该属植物枝叶繁茂，营养丰富，为优良饲草；而且根系发达，固土能力强，还具有良好的防风固沙、保持水土的作用，在干草原、荒漠草原和荒漠地区有重要的经济和生态利用价值，是改良天然草地最有前途的旱生植物之一（孙浩峰，1998；索亚林等，2003）。

目前，国外关于华北驼绒藜的研究以生产性能和应用价值的评价为主，国内研究主要集中在开花生物学特性，种子发育期各器官间碳水化合物的再分配，种群遗传多样性和遗传分化，种子活力、生理与生物学特性，以及萌发特性等方面，但关于抗逆性机理的研究极少，并且缺乏系统性研究。易津等（1994）对不同储藏条件、不同来源华北驼绒藜种子寿命和活力进行研究，结果表明，华北驼绒藜种子在0～5℃低温、密闭、干燥条件下储存时，寿命最长，活力下降缓慢。王明霞等（2003）通过人工劣变处理对华北驼绒藜种子活力进行研究，结果表明，高温高湿及20%的甲醇都不同程度地降低了种子活力，随着种子老化程度的加深，体内呼吸酶活性、发芽指数、发芽率、活力指数均降低，种子劣变与电导率、MDA的含量无明显的相关性，可通过TTC法检验种子活力的大小。张微微等（2016）通过不同频度的刈割处理对休眠期驼绒藜根际土壤特性进行的研究表明，连年刈割和隔年刈割显著影响根际土壤含水量、酶活性及细菌等的组成，对微生物总量影响不明显。方浩（2012）对华北驼绒藜从生理特性和远缘杂交方面进行了研究，结果表明，净光合速率呈曲线变化，在每天的10：00～11：00出现一个最高点，且子代发芽率低于亲本。王学敏等（2003）研究了不同的管理措施对华北驼绒藜生长及种子产量、质量的影响，结果表明适宜的田间管理措施提高了植物的株高、枝条数、种子产量及质量，而浇水和喷施钾肥对其生长和种子产量与质量无显著影响。索亚林等（2003）对华北驼绒黎的饲用价值进行了论述，并指出华北驼绒藜在生态环境建设和草原植被恢复中具有重要意义。卢立娜等（2009）对华北驼绒藜开花生物学特性进行研究，得出华北驼绒藜在长期的进化过程中，形成了同株雌、雄花花期不遇的生殖策略，减少了同株授粉的比例，提高了自身结实率。杨高峰等（2013）对华北驼绒藜种子发育期各器官间碳水化合物的再分配进行了研究，说明了华北驼绒藜种子发育期间，各个器官间可溶性糖、淀粉的含量，以及蔗糖酶的活性等方面物质分配的不同及变化。刘锦等（2007）对华北驼绒藜花粉萌发特性及不同授粉方式对其结实率的影响进行了研究，初步认为，同株授粉结实率低的原因可能出自授精或胚胎发育过程，有待进一步研究。目前，华北驼绒藜野生群落严重退化，植被密度减少，可能存在大量自花授粉，是造成群落退化的原因之一（王普昶，2009）。

1.5.4.2　四翅滨藜研究概述

四翅滨藜（*Atriplex canescens*）为藜科（Chenopodiaceae）滨藜属（*Atriplex* L.）常绿灌木，株高1～2m，枝条密集，树干为灰黄色，嫩枝为灰绿色。叶互生，成条形和披针形，全绿，长1.5～6.8cm；叶正面为绿色，带有白色粉粒，叶背面为灰绿色，粉粒较多。分枝较多，无明显主茎，当年生嫩枝为绿色或绿红色，木质化枝为白色或灰白色。表面有裂纹。花为单性或两性，雌雄异株，雄花为红色至黄色，呈密集穗状，雌花腋生，花期为5～7月，属于自由授粉植物。

胞果有不规则的果翅2~4枚，果翅为膜质，种子包含在成熟的果翅里，呈卵形，7月中下旬开始挂果，9月下旬成熟，于整个冬季附在植株上，种子有后熟作用。四翅滨藜适应性较广，从黏土到沙土甚至含碱石灰的土壤均能适应，主要分布于美国北部沙漠盐碱地，海拔为915~2440m、年降水量为152.5~355.8mm的地区。四翅滨藜营养成分丰富，其枝叶含粗蛋白质12%以上，枝、叶无氮浸出物含量分别达24.65%和38.97%。四翅滨藜的繁殖常见的有种子播种育苗、硬枝及嫩枝扦插繁殖。四翅滨藜是美国科罗拉多州立大学农业试验站、农业部林业局山际林业和牧场试验站水土保持局等多个单位通过25年努力选育出的对改良荒漠、半荒漠旱地牧场极有价值的优秀改良饲料植物，被广泛用于牧场改良和水土保持，现已引起世界各国的广泛关注。该品系在我国内蒙古、新疆、甘肃、青海及沿海盐碱荒滩地区进行了引种、栽培及推广。区域性栽培试验表明，其在西北地区具有很强的适应性和生命力。

王新英等（2012）采用盆栽沙培的试验，研究四翅滨藜主要渗透调节物质对NaCl浓度和盐胁迫时间的响应。结果表明，随着胁迫时间的延长，叶中脯氨酸含量下降，NaCl胁迫<40天时，脯氨酸含量增加幅度相对较小，NaCl胁迫>40天时大幅增加。李小燕和丁丽萍（2008）对四翅滨藜在自然越冬状态下的抗寒性生理进行研究，得出越冬期间四翅滨藜总含水量逐渐降低；10~12月相对电导率和MDA含量缓慢上升，而后上升幅度加大；在越冬期间游离脯氨酸含量较高，叶绿素a和叶绿素b在整个越冬期间相对比较稳定，可以作为评价其抗寒性的生理指标参数。齐统祥（2013）通过穴盘育苗详细研究了四翅滨藜的育苗方法。王小明等（2006）采用不同的插穗长度、取穗部位及扦插基质对四翅滨藜嫩枝扦插成活率进行了研究，结果表明，以插穗长度为8~10cm，取中上部位的当年生嫩枝进行插穗，育苗基质配比为大田土：泥炭：沙子= 7：3：4的四翅滨藜嫩枝扦插育苗成活率较高。徐秀梅等（2004）进行了四翅滨藜抗旱性试验：采用PEG和盆栽试验，从光合生理指标、水分状况、MDA含量等方面进行了研究，得出四翅滨藜幼苗在干旱胁迫下，保水能力强，束缚水含量较高，抗旱性较强。张新华等（2004）用不同浓度的NaCl溶液对盆栽四翅滨藜的幼苗进行的浇灌试验表明，四翅滨藜是优良的耐盐碱品种。李小燕和丁丽萍（2010）对四翅滨藜的营养价值进行了综合评价，得出其叶片营养价值丰富，在18种饲料作物中位于第4位，在常规饲料中，适口性好，营养价值处于中上水平。

1.5.5 两种引种灌木抗旱生理特性研究的目的和意义

宁南山区属于典型的干旱、半干旱地区，是植被单一、水土流失严重、草地退化严重、生态环境最脆弱的地区之一（程序和毛留喜，2003）。该地区独特的自然条件，尤其是水分条件的限制，使该地区的生态修复与治理难度相当大（张雷明和上官周平，2002）。因此部分学者认为，引进一些对水分利用效率较高的植被是改善该地区草地生态环境最有效的途径，但是研究发现，大面积种植沙打旺与苜蓿，随着种植年份的增加，在土壤中会形成干层（杜世平等，1999；王志强等，2003），这对该地区草地恢复、生态治理极为不利。随着该地区退耕还草（林）政策力度的加大，以及生态治理与修复力度的加强，从草地生态恢复、生态环境治理的角度引进一些适应性较强的耐旱物种、抗旱物种迫在眉睫。

在干旱、半干旱地区，植被的分布由于水分条件的制约在景观上也呈现出独有的特性（Klausmeier，1999；魏天兴等，2001），植被对土壤水分吸收作用的强弱在一定程度上也影响植被分布。从土壤水分平衡的角度考虑，在干旱、半干旱地区土壤水分的多少需要与植被所需水分相吻合，否则植被会衰退，也会间接影响气候的变化（曾庆存等，1994；高琼等，1996）。对于水分受到限制的条件下植被与土壤水分的相互关系，以往的研究大部分偏重于从机理上阐述，而对干旱、半干旱地区如何有针对性地引进一些较适合的耐旱、抗旱性物种，达到草地修复、草地物种多样性增加的目的，涉及具体植物的研究较少。针对宁南山区草地物种单一、生态建设中水分流失严重和种质资源匮乏等现状，选择引进抗逆性较强的灌木，从其生长、根系、生理生化、光合特性及营养成分等方面展开研究，分析植物在不同水分梯度下的耐旱能力，综合比较植物抗旱性的强弱，并在大田推广，可为抗旱品种的选育、草地物种多样性的改善、草地生态恢复与资源环境的改善提供理论依据。

第 2 章　优新耐盐牧草的引进和筛选

针对西部地区沙化、盐渍化等生态问题，牧草育种主要从抗旱性、耐盐性等方面入手。抗旱性是牧草育种，尤其是我国西部地区生态研究最重要的方向。我国是世界上主要的干旱国家之一，干旱、半干旱面积占国土面积的52.5%，近年来环境恶化、气候转暖、水资源缺乏导致各地旱情频频发生，特别是我国北方旱情对农业的影响已相当严峻，牧草品种抗旱性方面的研究是牧草产业化的首要问题。

在探讨牧草的耐盐性方面，应该考虑的一个重要因素是耐盐性随个体发育阶段变化的变化。目前，国内外对牧草耐盐性的研究主要集中在发芽期、幼苗期。徐恒刚（1988）认为一个草种能否适应一个地区的盐渍环境是由多种因素所决定的，室内试验并不能完全取代田间试验，要确定一个品种或一个种的耐盐性，必须测定其出苗期、苗期和成熟期的耐盐性，否则无法全面评定这个种或品种的耐盐性。牧草成熟期的耐盐性测定，需根据牧草生长的状况划分若干样方，测定样方内株高、产草量和样方内土壤含盐量、pH，对测定结果进行相关、回归分析并建立 Logistic 方程，得出牧草成熟期的耐盐性。同时，在有限条件下，应力争从更深层次进行抗逆机理的研究探索，如对羊草盐碱胁迫耐受相关基因群进行田间验证等。

针对我国干旱面积较大、牧草品种单一、老品种产量低、质量差、病虫害发生严重等现状，定向地筛选或培育适应性强、抗旱性强、耐盐性好而又高产的牧草品种，实为当务之急。应通过不同区域的栽培试验，选择不同品种的适宜栽培区，对不同牧草品种生产能力、营养含量及适宜性等方面提出科学合理的评价，以便在生产实践中使用或参考借鉴。

在牧草栽培方面，不同的栽培改良措施主要是通过影响草原表层土壤的通透性、保水性来影响地上部分植物的生长，如农艺措施松土、灌溉等能降低土壤容重，提高土壤空气含量，增加土壤水分；生物措施补播牧草、施枯草等能减少地表蒸发及增加土壤有机质，使土壤团粒结构发生变化，提高土壤的储水、保水能力，为植物的定居、生长和繁殖创造良好的环境。经过改良，从地上到地下的整个生态系统都可发生明显的变化。根据陈自胜和徐安凯（2000）的研究，在土壤板结、植被稀疏、产量低的盐碱化草场上松土一年后，草场土壤含水率提高了 0.7% ~3.6%，土壤孔隙度增加了 3.22% ~4.15%，土壤容重减少了 0.08 ~0.11g/cm³，加速了土壤有机质的分解，提高了土壤的营养状况，速效氮、速效钾及速效磷含量分别增加了 46.97mg/kg、1.29mg/kg 及 51.12mg/kg，从而提高了牧草产量，松土后 1 ~2 年增产 10%，第 3 ~第 5 年分别增产 21.4%、47.2% 和 78.2%。

通过对盐碱地等退化土地人工草地丰产栽培技术示范区的建设，充分利用示范区示范和引导带动功能，统筹“项目、基地、人才、平台和示范”，创新草业科技成果转化的运行机制，加强草业高层次人才培养和基层技术人员、农民的技术培训，加快推广牧草先进生产技术，加速成果转化，带动周边地区草业快速发展，提高宁夏牧草产草量和品质，增加农民和企业收入，形成以草促牧、农牧结合的现代化农业生产模式，实现生态环境建设与经济发展的有机结合，对发展草地农业、改善生态环境、加快宁夏草产业发展、构建和谐社会具有重要意义。

2.1 不同耐盐牧草品种生育期农艺性状变化

2.1.1 不同耐盐牧草品种生长季内的株高

利用鉴定评价技术重点对豆科牧草苜蓿、草木樨、红豆草和禾本科牧草高羊茅、无芒雀麦、扁穗冰草等的品质、耐旱性、丰产性进行鉴定评价，筛选适合荒漠草原区种植的耐旱、耐瘠、高产、优质牧草品种。

品种：紫花苜蓿（金皇后、中苜一号）、草木樨、红豆草、高羊茅、扁穗冰草、无芒雀麦、白三叶、黑麦草、高丹草、湖南稷子 11 个牧草品种。小区示意图如图 2-1 所示。由于高丹草是高杆牧草，所以种植在试验区旁边，种植了三个小区。

(5)	(4)	(1)	(6)	(7)	(9)	(2)	(8)	(3)
金皇后	湖南稷子	无芒雀麦	中苜一号	草木樨	白三叶	扁穗冰草	红豆草	黑麦草
(2)	(1)	(9)	(7)	(3)	(4)	(5)	(6)	(8)
扁穗冰草	高羊茅	白三叶	草木樨	黑麦草	湖南稷子	金皇后	中苜一号	红豆草
(8)	(9)	(4)	(5)	(6)	(3)	(7)	(2)	(1)
红豆草	白三叶	湖南稷子	金皇后	中苜一号	黑麦草	草木樨	扁穗冰草	高羊茅

图 2-1 牧草品种的小区示意图

试验采用随机区组设计（图 2-1），9 个处理，3 次重复，共 27 个小区，小区面积为 9m×16m，行距为 30cm。播种时间为 2012 年 5 月 17 日，各小区统一进行田间管理，出苗后及时中耕锄草、防治病虫害。其中第一条的第3个小区 2012 年补种无芒雀麦，湖南稷子和黑麦草是一年生禾本科，故 2013 年补种金皇后。

株高是反映牧草生长状况与评价产量的重要指标之一。由图 2-2 可知，不同耐盐牧草品种在生长季内的株高差异较大。2012 年 7 月的株高主要分布在 12.43 ~ 25.54cm，2013 年 7 月的株高主要分布在 20.50 ~ 40.46cm；2012 年 8 月的株高主要分布在 17.31 ~ 67.16cm，2013 年 8 月的株高主要分布在 28.30 ~ 52.38cm；2012 年 9 月的株高主要分布在 28.15 ~ 55.3cm，2013 年 9 月的株高主要分布在 34.33 ~ 61.57cm；2012 年在牧草生长季节内高丹草的株高最高，白三叶的株高最低，两者差值在 60.4 ~ 142.09cm；2013 年在牧草生长季内，红豆草的株高最高，白三叶的株高最低，两者的差值在 68.01 ~ 89.31cm。较高的株高，是增加产量的前提之一，可以看出，高丹草和红豆草的生产性能较好，白三叶的生产性能较差。此外，同一牧草高羊茅 2013 年的株高大于 2012 年的株高，说明牧草的种植能够改善土壤环境，进而为植物提供生长所需要的营养。

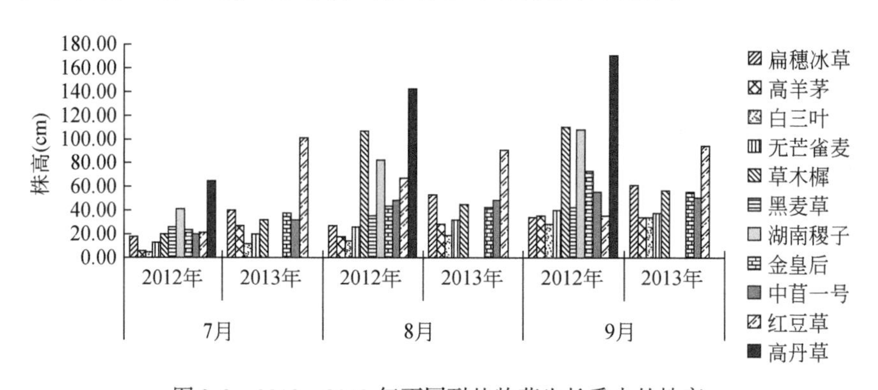

图 2-2　2012 ~ 2013 年不同耐盐牧草生长季内的株高

2.1.2　不同耐盐牧草品种不同时期的叶面积

由图 2-3 可以看出，不同耐盐牧草品种的叶面积差异较大。2012 年 6 月无芒雀麦的叶面积最大，达到 10.87cm²；2013 年 6 月高羊茅的叶面积最大，达到 24.87cm²；2012 ~ 2013 年草木樨的叶面积均最小；除白三叶外，其余品种的叶面积均为 2013 年大于 2012 年；2012 年 10 月高羊茅的叶面积最大，达到 17.83cm²，红豆草的叶面积最小，只有 0.42cm²，两者相差 17.41cm²。

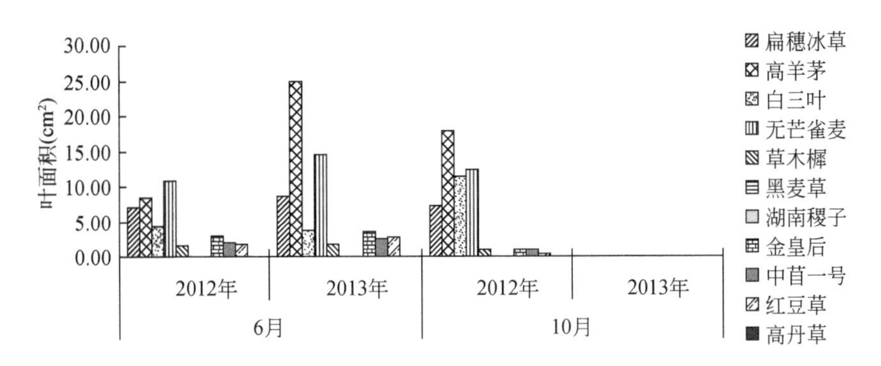

图 2-3　2012～2013 年不同耐盐牧草品种不同时期的叶面积

2.1.3　不同耐盐牧草的生物量

由表 2-1 可以看出，不同品种间的生物量（草产量）差异性极显著（$P<0.01$）。2012 年不同耐盐牧草品种鲜草产量和干草产量最高的均为高丹草，鲜草产量和干草产量分别为 2167.75kg/亩①和 920.46kg/亩，鲜干比为 2.36；鲜草产量最低的是白三叶，产草量只有 133.4kg/亩，是产量最高者的将近 1/16；干草产量最低的是白三叶，只有 86.71kg/亩；2013 年不同耐盐牧草品种鲜草产量和干草产量最高的均为无芒雀麦，其鲜草产量和干草产量分别为 2147.74kg/亩和 413.54kg/亩，鲜干比为 5.19，而扁穗冰草的鲜草产量和干草产量均最低，分别为 340.17kg/亩和 93.38kg/亩。此外，除草木樨外，其他耐盐牧草品种 2013 年的产草量均高于 2012 年的产草量。

表 2-1　2012～2013 年不同耐盐牧草品种的亩产鲜重及亩产干重

（单位：kg）

品种	1m² 鲜重		亩产鲜重		1m² 干重		亩产干重	
	2012 年	2013 年	2012 年	2013 年	2012 年	2013 年	2012 年	2013 年
扁穗冰草	0.28	0.51	186.76Jj	340.17Gg	0.13	0.14	86.71Jj	93.38Hh
高羊茅	0.33	0.85	220.11Ii	566.95Ee	0.21	0.37	140.07Hh	246.79Dd
无芒雀麦	0.72	3.22	480.24Gg	2147.74Aa	0.20	0.62	133.40Ii	413.54Aa
白三叶	0.20	0.73	133.40Kk	486.91Ff	0.13	0.28	86.71Jj	186.76Ff
草木樨	2.51	1.41	1674.17Bb	940.47Cc	0.56	0.31	373.52Cc	206.77Ee
黑麦草	0.64		426.88Hh		0.24		160.08Ff	

① 1 亩≈666.67m²。

续表

品种	1m²鲜重		亩产鲜重		1m²干重		亩产干重	
	2012 年	2013 年	2012 年	2013 年	2012 年	2013 年	2012 年	2013 年
湖南稷子	2.34		1560.78Cc		0.61		406.87Bb	
金皇后	1.19	1.23	793.73Dd	820.41dD	0.29	0.31	193.43Dd	206.77Gg
中苜一号	1.04	1.62	693.68Ee	1080.54Bb	0.31	0.47	206.77Ee	313.49Cc
红豆草	0.98	1.23	653.66Ff	820.41Dd	0.23	0.61	153.41Gg	406.87Bb
高丹草	3.25		2167.75Aa		1.38		920.46Aa	

注：大写字母不同表示在 0.01 水平上存在极显著差异，小写字母不同表示在 0.05 水平上存在显著差异。下同

2.2 牧草筛选种植区土壤含水量的时空变化

2.2.1 不同耐盐牧草品种土壤含水量季节性变化

由表 2-2 可以看出，不同耐盐牧草品种 0～60cm 土层土壤含水量的季节性差异不大，分布在 7.00%～19.83%。2012 年 6 月土壤含水量最高的为白三叶，8 月最高的为高丹草，均达到 13.00% 以上；7 月以湖南稷子的含水量最高，为 12.77%；9 月以金皇后的土壤含水量最高，达到 11.92%；除 7 月外，6 月、8 月、9 月土壤含水量最低的均为扁穗冰草，与含水量最大者相差 3.01%～4.11%。2013 年 6 月高羊茅的含水量最高，达到 19.83%，金皇后的土壤含水量最低，为 7.17%，两者之间相差 12.66%；7 月和 9 月均为金皇后的含水量最高，与含水量最低的品种分别相差 1.68% 和 5.16%；8 月中苜一号的土壤含水量最高，为 15.11%，无芒雀麦的土壤含水量最低，为 12.41%，两者相差 2.70%。此外，土壤含水量在生长季节内随月份的递增大体呈先增后降的变化趋势，这是由于 7～8 月苜蓿处于生长旺盛期，土壤含水量下降，9 月由于苜蓿生长开始衰退，土壤含水量较 7 月、8 月略有回升。2012 年 7 月的含水量均低于其他时期，其原因有待进一步分析。

表 2-2　2012～2013 年不同耐盐牧草品种 0～60cm 土层土壤含水量的季节性变化

（单位：%）

品种	土壤平均含水量							
	2012 年 6 月	2013 年 6 月	2012 年 7 月	2013 年 7 月	2012 年 8 月	2013 年 8 月	2012 年 9 月	2013 年 9 月
扁穗冰草	9.81	8.24	5.44	11.84	10.05	12.76	8.91	9.03
高羊茅	11.96	19.83	7.34	11.36	10.22	13.45	8.98	10.07
无芒雀麦	11.32	9.84	10.08	11.68	12.70	12.41	10.85	13.49

续表

品种	土壤平均含水量							
	2012 年 6 月	2013 年 6 月	2012 年 7 月	2013 年 7 月	2012 年 8 月	2013 年 8 月	2012 年 9 月	2013 年 9 月
白三叶	13.92	9.83	11.83	12.45	12.99	12.95	10.55	12.96
草木樨	11.45	9.34	11.80	11.07	12.65	13.25	10.36	13.47
黑麦草	10.62		8.44		12.30		11.12	
湖南稷子	10.97		12.77		13.09		11.29	
金皇后	11.53	7.17	7.24	12.51	13.54	14.55	11.92	14.19
中苜一号	11.54	9.58	5.24	10.83	10.59	15.11	9.20	12.28
红豆草	12.61	9.62	7.80	10.91	12.19	13.90	10.81	11.90
高丹草	13.56		7.73		13.65		11.76	

2.2.2 不同耐盐牧草品种土壤含水量的垂直变化

由图 2-4 可以看出，0 ~ 60cm 土层内不同耐盐牧草品种土壤含水量除扁穗冰草、无芒雀麦、草木樨随土层深度的增加呈递增趋势，金皇后呈先降后升的趋势外，其他各品种的变化趋势大体相似，即随土层深度的增加，土壤含水量呈先增加后降低的变化趋势。不同耐盐牧草品种各层土壤含水量高低顺序为 20 ~ 40cm>40 ~ 60cm>0 ~ 20cm。2012 年无芒雀麦在 20 ~ 60cm 土层内的土壤含水量均高于其他品种，且随土层深度的增加，土壤含水量增加；0 ~ 20cm 和 40 ~ 60cm 土层，中苜一号的土壤含水量均最低，20 ~ 40cm 土层扁穗冰草的土壤含水量最低，为 8.35%。2013 年在0 ~ 40cm土层，中苜一号的土壤含水量最高；40 ~ 60cm 土层，金皇后的土壤含水量最高，达到 14.68%，扁穗冰草的土壤含水量最低，为 9.40%。2012 年和 2013 年不同耐盐牧草品种在 20 ~ 40cm 土层的土壤含水量变化相对较稳定，变幅在 10% ~ 12.7% （图 2-5）。

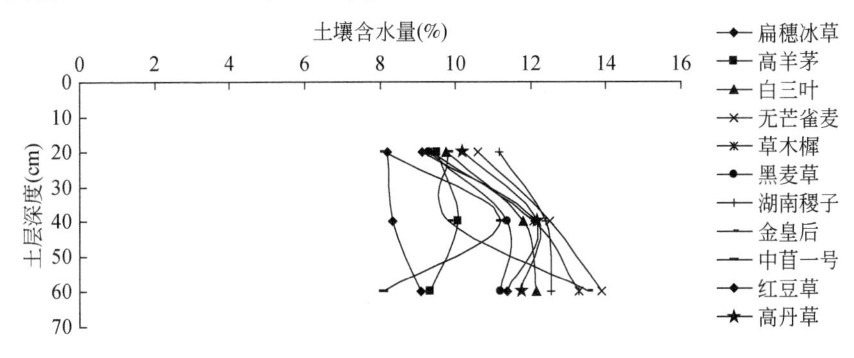

图 2-4　2012 年不同耐盐牧草品种 0 ~ 60cm 土层土壤含水量的垂直变化

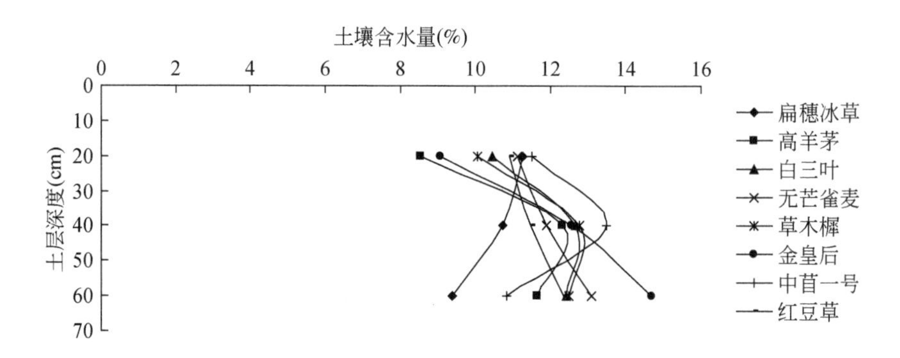

图 2-5　2013 年不同耐盐牧草品种 0 ~ 60cm 土层土壤含水量的垂直变化

2.3　耐盐适生牧草筛选种植区土壤理化性质变化

2.3.1　耐盐适生牧草筛选种植区土壤 pH 和全盐含量

由图 2-6（a）可以看出，随着种植时间的增加，耐盐适生牧草筛选种植区土壤 pH 呈明显的下降趋势，无芒雀麦土壤 pH 相对其他品种较高；除金皇后、草木樨及红豆草外，其他品种土壤全盐含量均随着种植时间的延长呈下降趋势。2012 年扁穗冰草的全盐含量最高，草木樨的全盐含量最低［图 2-6（b)］；2013 年金皇后的全盐含量最高，高羊茅的全盐含量最低。可以看出，随着种植时间的延长，其土壤 pH 和全盐含量大体呈下降的趋势。

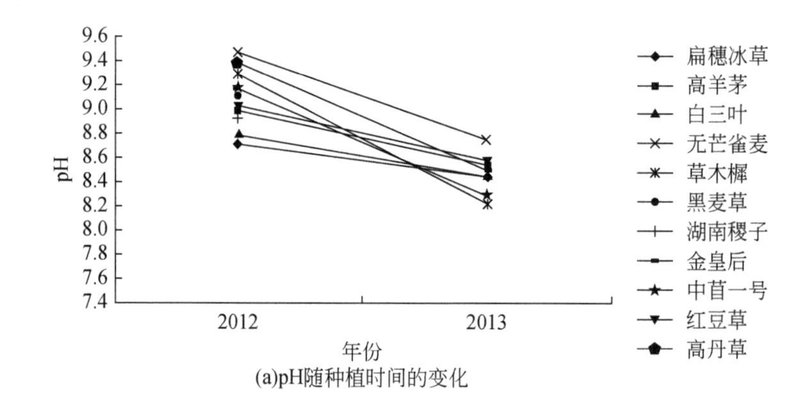

(a)pH随种植时间的变化

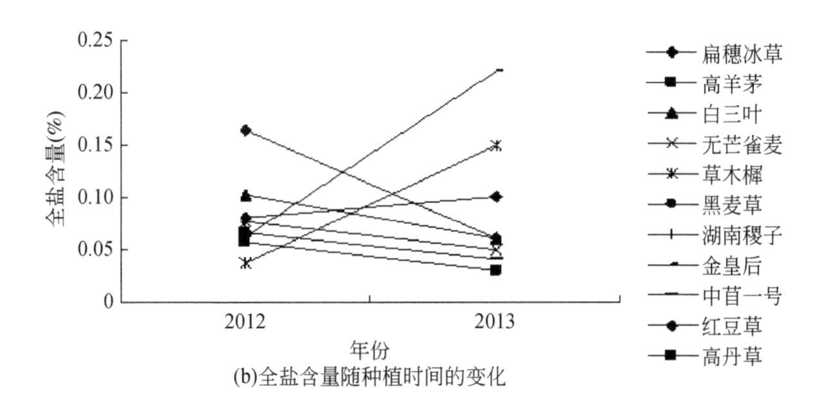

(b)全盐含量随种植时间的变化

图 2-6　2012 ~ 2013 年不同耐盐牧草品种 pH 和全盐含量随种植时间的变化

2.3.2　不同耐盐牧草土壤碱化度的比较

未种植牧草的土壤为对照，土壤碱化度为 7.11%。由表 2-3 可以看出，不同耐盐牧草品种间土壤碱化度的差异达到极显著水平。其中，红豆草、高羊茅和金皇后种植之后的碱化度均低于 5%，且与对照相比下降了 2.14% ~ 3.35%。而湖南稷子、中苜一号、高丹草种植之后的碱化度均高于对照，比对照高 0.71% ~ 3.39%。

表 2-3　不同耐盐牧草种植后土壤碱化度的比较　　（单位:%）

品种	碱化度
扁穗冰草	5.38Ii
高羊茅	4.92Kk
无芒雀麦	5.44Hh
白三叶	5.68Gg
草木樨	6.67Ee
黑麦草	5.70Ff
湖南稷子	7.82Cc
金皇后	4.97Jj
中苜一号	10.50Aa
红豆草	3.76Ll
高丹草	8.86Bb

2.3.3 不同耐盐牧草品种不同时期碱解氮、速效钾、速效磷的含量

由表2-4 可以看出，2012～2013 年不同耐盐牧草品种草地0～20cm 土层碱解氮、速效钾及速效磷含量差异较大。2012 年不同耐盐牧草品种草地的碱解氮含量黑麦草最高，达到40.08mg/kg，白三叶的含量最低，为10.15mg/kg；土壤速效钾含量大体分布在130～155mg/kg，无芒雀麦的速效钾含量最高，达到385.00mg/kg；土壤速效磷含量高羊茅和红豆草最大，达到363.85mg/kg，扁穗冰草和中苜一号的速效磷含量最低，只有45.07mg/kg。2013 年金皇后的碱解氮含量最高，达到33.60mg/kg，无芒雀麦的含量最低，只有9.80mg/kg；速效钾的含量整体分布在55～145mg/kg，无芒雀麦的含量最高，达到145.00mg/kg；速效磷以高羊茅的含量最高，为352.87mg/kg。除速效磷外，不同耐盐牧草品种草地碱解氮和速效钾的含量多为2012 年高于2013 年。

表 2-4　2012～2013 年不同耐盐牧草品种 0～20cm 碱解氮、速效钾及速效磷

（单位：mg/kg）

品种	碱解氮		速效钾		速效磷	
	2012 年	2013 年	2012 年	2013 年	2012 年	2013 年
扁穗冰草	21.88	15.75	190.00	75.00	45.07	183.01
高羊茅	13.65	12.95	145.00	75.00	363.85	352.87
无芒雀麦	25.20	9.80	385.00	55.00	115.54	122.81
白三叶	10.15	13.65	130.00	145.00	162.16	177.20
草木樨	17.15	14.35	155.00	70.00	149.32	287.50
黑麦草	40.08		117.50		198.99	
湖南稷子	12.08		145.00		257.77	
金皇后	25.73	33.60	135.00	65.00	172.97	191.90
中苜一号	15.23	15.40	155.00	60.00	45.07	225.17
红豆草	31.33	10.15	155.00	75.00	363.85	184.63
高丹草	14.00		150.00		115.54	

2.4 耐盐适生牧草的筛选种植区土壤微生物变化

从表 2-5 可知，不同牧草品种 0 ~ 20cm 土壤土层中细菌的数量远高于放线菌和真菌的数量，土壤微生物区系以细菌占绝对优势，是土壤微生物的主体，其次是放线菌，真菌数量最少。不同牧草品种 0 ~ 20cm 土层细菌数量在 2012 年以湖南稷子的数量最多，达到 0.03×10^7 cfu/g；在 2013 年红豆草的数量最多，为 2.13×10^7 cfu/g，白三叶的细菌数量最少，只有 0.40×10^7 cfu/g。放线菌数量在 2012 年主要集中在 0.30×10^5 ~ 1.0×10^5 cfu/g，湖南稷子的数量最多，为 1.38×10^5 cfu/g，其数量是最少者的 4 倍；2013 年放线菌的数量主要集中在 2.00×10^5 ~ 4.2×10^5 cfu/g，中苜一号的数量最多，为 4.16×10^5 cfu/g。真菌数量在 2012 年以高羊茅的数量最多，为 0.29×10^3 cfu/g，黑麦草的数量最少，只有 0.09×10^3 cfu/g；2013 年红豆草的真菌数量最多，为 1.88×10^5 cfu/g，白三叶的数量最少，只有 0.38×10^5 cfu/g。此外，绝大多数牧草 2013 年的真菌、细菌及放线菌的数量大于 2012 年的数量，说明牧草的种植能够提高土壤微生物的活性。

表 2-5　2012 ~ 2013 年不同牧草品种 0 ~ 20cm 土壤真菌、细菌及放线菌的数量

品种	真菌（10^3 cfu/g）		细菌（10^7 cfu/g）		放线菌（10^5 cfu/g）	
	2012 年	2013 年	2012 年	2013 年	2012 年	2013 年
扁穗冰草	0.20	1.48	0.02	1.48	1.31	3.57
高羊茅	0.29	1.18	0.01	1.77	0.37	3.96
无芒雀麦	0.14	1.55	0.01	0.79	0.49	2.64
白三叶	0.14	0.38	0.01	0.40	0.70	2.11
草木樨	0.15	1.59	0.02	0.67	0.83	0.58
黑麦草	0.09		0.01		0.34	4.09
湖南稷子	0.23		0.03		1.38	
金皇后	0.21	1.77	0.01	1.03	0.65	
中苜一号	0.12	1.73	0.01	0.98	0.40	4.16
红豆草	0.11	1.88	0.01	2.13	0.38	2.53
高丹草	0.20		0.01		0.88	0.44

2.5 耐盐适生牧草生理特性变化

由表2-6可知，耐盐牧草在盐碱地经脱硫废弃物改良后，不同牧草品种间的蒸腾速率、光合速率、气孔导度的差异较大。除蒸腾速率2012年大于2013年，光合速率和气孔导度均为2013年大于2012年。2012年中苜一号蒸腾速率最大，为6.26mmol/(m^2·s)，2013年无芒雀麦最大，为5.66mmol/(m^2·s)；2012年白三叶的光合速率最大，为7.7mmol/(m^2·s)，2013年草木樨最大，达到23.52mmol/(m^2·s)，与最小值相差13.60mmol/(m^2·s)；金皇后的气孔导度在2012年和2013年均大于其他品种。

表2-6　2012～2013年不同牧草品种的蒸腾速率、光合速率、气孔导度

[单位：mmol/(m^2·s)]

品种	蒸腾速率		光合速率		气孔导度	
	2012年	2013年	2012年	2013年	2012年	2013年
扁穗冰草	5.38	4.56	4.06	9.92	216.89	2198.93
高羊茅	5.08	4.72	4.24	10.46	193.83	2219.56
无芒雀麦	5.96	5.66	4.99	14.19	256.41	3920.61
白三叶	5.67	4.13	7.70	11.17	246.67	2006.00
草木樨	5.93	4.90	6.41	23.52	254.96	3955.37
黑麦草	5.34		4.20		207.96	
湖南稷子	5.15		6.16		202.74	
金皇后	6.16	5.63	6.51	16.02	279.48	5311.74
中苜一号	6.26	5.51	5.88	12.90	277.91	4029.52
红豆草	5.68	5.60	4.45	14.59	238.81	3476.26
高丹草	4.82		4.31		171.96	

由表2-7可知，不同牧草品种间的叶绿素含量差异显著（$P<0.05$）。2012年红豆草的叶绿素含量最高，达到44.07g/L，白三叶和高羊茅的叶绿素含量最低；2013年金皇后的叶绿素含量最高，达到53.68g/L，且与其他品种间存在显著性差异，高羊茅的叶绿素含量最低，只有33.25g/L。

表 2-7　2012～2013 年不同牧草品种不同时期叶绿素含量的变化

（单位：g/L）

品种	叶绿素含量							
	2012 年 8 月	2013 年 8 月	2012 年 9 月	2013 年 9 月	2012 年 10 月	2013 年 10 月	2012 年	2013 年
扁穗冰草	13.50	30.34	23.40	41.12	21.00		19.30CD	35.73CD
高羊茅	18.40	30.76	15.30	35.74	16.00		16.57D	33.25D
无芒雀麦	52.50	29.10	38.30	47.16	36.20		42.33AB	38.13BCD
白三叶	18.40	20.56	14.30	47.24	12.50		15.07D	33.90D
草木樨	29.20	48.76	36.40	52.24	36.70		34.10AB	50.50AB
黑麦草								
湖南稷子								
金皇后	31.50	49.28	39.20	58.08	14.00		28.23BCD	53.68A
中苜一号	19.00	39.28	42.60	51.24	36.70		32.77ABC	45.26ABCD
红豆草	47.20	38.68	48.90	58.74	36.10		44.07A	48.71ABC
高丹草								

2.6　耐盐适生牧草品质变化

2.6.1　耐盐牧草在脱硫废弃物改良后的牧草品质

由表 2-8 可知，不同牧草品种间的粗灰分、粗蛋白质、粗脂肪及粗纤维的差异较大。无芒雀麦的粗灰分在 2012 年达到最大值，为 13.62%，高丹草最小，只有 6.66%，两者相差 6.96%；2013 年高羊茅粗灰分值最大，为 12.01%，红豆草最小，为 5.70%，两者相差 6.31%。2012 年草木樨、2013 年无芒雀麦的粗蛋白质含量大于其他品种。2012 年扁穗冰草的粗脂肪含量最高，为 4.07%，无芒雀麦的含量最低，只有 1.09%；2013 年白三叶的粗脂肪含量最高，为 2.89%，红豆草的含量最低，为 0.97%。2012 年中苜一号粗纤维含量最高，达到 36.29%，2013 年红豆草的含量最高，达到 44.60%。

表 2-8　2012～2013 年不同牧草品种的品质　（单位：%）

品种	粗灰分		粗蛋白质		粗脂肪		粗纤维	
	2012 年	2013 年	2012 年	2013 年	2012 年	2013 年	2012 年	2013 年
扁穗冰草	8.98	9.19	15.02	9.11	4.07	2.20	25.48	32.32

续表

品种	粗灰分		粗蛋白质		粗脂肪		粗纤维	
	2012 年	2013 年	2012 年	2013 年	2012 年	2013 年	2012 年	2013 年
高羊茅	9.09	12.01	6.27	6.71	2.12	1.93	22.36	26.80
无芒雀麦	13.62	11.18	13.57	19.17	1.09	2.05	20.93	18.57
白三叶	11.88	11.11	9.01	7.14	3.65	2.89	27.14	33.50
草木樨	9.19	8.94	19.64	16.86	2.64	1.77	19.80	28.11
黑麦草	8.25		9.75		2.74		34.87	
湖南稷子	7.75		3.75		2.36		31.84	
金皇后	8.75	8.62	17.39	15.75	1.62	1.58	30.97	31.88
中苜一号	7.44	8.41	14.57	16.31	1.20	1.64	36.29	31.55
红豆草	8.31	5.70	13.60	7.24	2.17	0.97	22.59	44.60
高丹草	6.66		5.85		1.29		32.99	

2.6.2 全盐含量与牧草产量及品质的相关性分析

由表 2-9 可以看出，不同牧草品种的全盐含量与碱化度呈正相关，且大多相关性极显著。全盐含量与牧草产量、粗纤维基本呈负相关，与扁穗冰草、无芒雀麦、湖南稷子产量的相关性极显著，与红豆草产量的相关性显著；与扁穗冰草、高羊茅、白三叶、湖南稷子、金皇后粗纤维的相关性极显著，与无芒雀麦粗纤维的相关性显著。全盐含量与粗灰分、粗蛋白质、粗脂肪大体呈正相关，且不同品种间的相关程度各异。

表 2-9 不同牧草品种全盐含量与牧草产量及品质的相关性

品种	碱化度	牧草产量	粗灰分	粗蛋白质	粗脂肪	粗纤维
扁穗冰草	0.48	-0.81**	-0.21	0.94**	0.97**	-0.99**
高羊茅	0.75**	-0.01	-0.34	0.11	0.79**	-0.79**
无芒雀麦	0.71**	-0.78**	-0.97	-0.69*	0.77**	0.69*
白三叶	0.87**	-0.40	0.09	0.94**	0.97**	-0.97**
草木樨	0.86**	-0.05	0.62**	0.96**	-0.78**	-0.38
黑麦草	0.50	-0.55	0.11	0.04	-0.38	-0.27
湖南稷子	0.04	-0.78**	0.27*	0.64	0.14**	-0.91**
金皇后	0.72**	-0.32	-0.52**	-0.85**	-0.85	0.85**

续表

品种	碱化度	牧草产量	粗灰分	粗蛋白质	粗脂肪	粗纤维
中苜一号	0.72**	−0.14	−0.62**	−0.74**	0.18	−0.41
红豆草	0.64**	−0.70*	−0.46**	0.61*	0.53	−0.99
高丹草	0.44	−0.25	0.94	0.15	0.89**	−0.31

* 和 ** 分别表示 $P<0.05$（显著）和 $P<0.01$（极显著）。下同

2.6.3 碱化度与牧草产量及品质的相关性分析

由表 2-10 可以看出，不同耐盐牧草的碱化度与土壤全盐含量呈正相关，且除扁穗冰草、黑麦草、湖南稷子、高丹草外，与各品种的相关性极显著；与粗灰分大体呈正相关，且达到极显著水平；与牧草产量、粗蛋白质、粗脂肪、粗纤维大体呈负相关，相关程度因品种差异也有不同表现。

表 2-10　不同牧草品种的碱化度与牧草产量及品质的相关性

品种	全盐	牧草产量	粗灰分	粗蛋白质	粗脂肪	粗纤维
扁穗冰草	0.48	−0.90**	−0.20	0.15	0.27	−0.36
高羊茅	0.75**	−0.67*	−1.00**	0.75**	1.00**	−1.00**
无芒雀麦	0.71**	−1.00**	1.00**	−1.00**	0.09*	1.00**
白三叶	0.87**	−0.81**	0.96**	0.64*	0.96**	−0.96**
草木樨	0.86**	−0.55	0.99**	0.68*	−0.35	0.14
黑麦草	0.50	0.45	0.69**	−0.85**	0.61*	−0.97
湖南稷子	0.04	−0.66*	−0.15	−0.75**	−0.98**	0.39
金皇后	0.72**	0.42	−0.25*	−0.25	−0.25	0.25
中苜一号	0.72**	0.58	−1.00**	−1.00**	−0.55	0.33
红豆草	0.64**	0.10	0.74**	1.00**	−0.31	−0.74**
高丹草	0.44	0.76**	0.32	−0.82**	−0.02	−0.99**

2.7 不同耐盐植物综合耐盐指数评价分析

TOPSIS 分析法借助于一个多目标决策问题的“理想解”和“负理想解”进行排序。理想解是一个设想的最好的解（方案），它的各个属性值都达到各候选方案中的最佳值；负理想解是另一个设想的最坏的解（方案），它的各个属性值

都达到各候选方案中的最差值。基于这种思想所得出的综合评价方法，称为逼近样本点或理想点的排序方法。

2.7.1 TOPSIS 法的评价步骤

（1）建立数据矩阵

$$\boldsymbol{X}=\begin{bmatrix} x_{11} & x_{12} & x_{13} & \cdots & x_{1n} \\ x_{21} & x_{22} & x_{23} & \cdots & x_{2n} \\ x_{31} & x_{32} & x_{33} & \cdots & x_{3n} \\ \vdots & \vdots & \vdots & & \vdots \\ x_{m1} & x_{m2} & x_{m3} & \cdots & x_{mn} \end{bmatrix}$$

（2）评价指标同趋势化

使指标具有同趋势性，采用倒数法使矩阵 $\boldsymbol{X}$ 转化为各指标具有同趋性的矩阵 $\boldsymbol{X'}$。

（3）数据归一化

通过以下公式把矩阵 $\boldsymbol{X'}$ 归一化，转化成新的矩阵 $\boldsymbol{Z}$。

$$\boldsymbol{Z}_{ij}=\frac{x'_{ij}}{\sqrt{\sum_{j=1}^{n}(x'_{mj})^2}}$$

$$i=1, 2, 3, \cdots, m;\ j=1, 2, 3, \cdots, n$$

（4）确定最优值和最劣值

分别构成最优值向量 $\boldsymbol{Z}^+$ 和最劣值向量 $\boldsymbol{Z}^-$。

$$\boldsymbol{Z}^+=(Z_1^+ \quad Z_2^+ \quad Z_3^+ \quad \cdots \quad Z_n^+) \qquad \boldsymbol{Z}^-=(Z_1^- \quad Z_2^- \quad Z_3^- \quad \cdots \quad Z_n^-)$$

式中，向量元素 $Z_j^+=\max\ (z_{1j}^+ \quad z_{2j}^+ \quad z_{3j}^+ \quad \cdots \quad z_{mj}^+)$；$Z_j^-=\min\ (z_{1j}^- \quad z_{2j}^- \quad z_{3j}^- \quad \cdots \quad z_{mj}^-)$；$j=(1, 2, 3, \cdots, n)$。

（5）计算评价单元指标值与最优值和最劣值的距离

$$D_i^+=\sqrt{\sum_{j=1}^{n}(Z_j^+-Z_{ij})^2} \qquad D_i^-=\sqrt{\sum_{j=1}^{n}(Z_j^--Z_{ij})^2}$$

式中，D_i^+ 与 D_i^- 分别表示各评价对象与最优值及最劣值的距离。

（6）计算各评价单元指标值与最优值的相对接近程度

计算公式如下：

$$C_i=\frac{D_i^-}{D_i^++D_i^-}$$

式中，C_i 表示各评价对象与最优值的接近程度。C_i 值越大，方案越优。

按接近程度大小对各评价单元优劣进行排序。

2.7.2 应用 TOPSIS 法对不同耐盐植物进行综合耐盐指数评价

通过综合分析，选择了不同耐盐植物的生长指标、土壤指标、光合指标和品质指标，具体指标体系如图 2-7 所示。

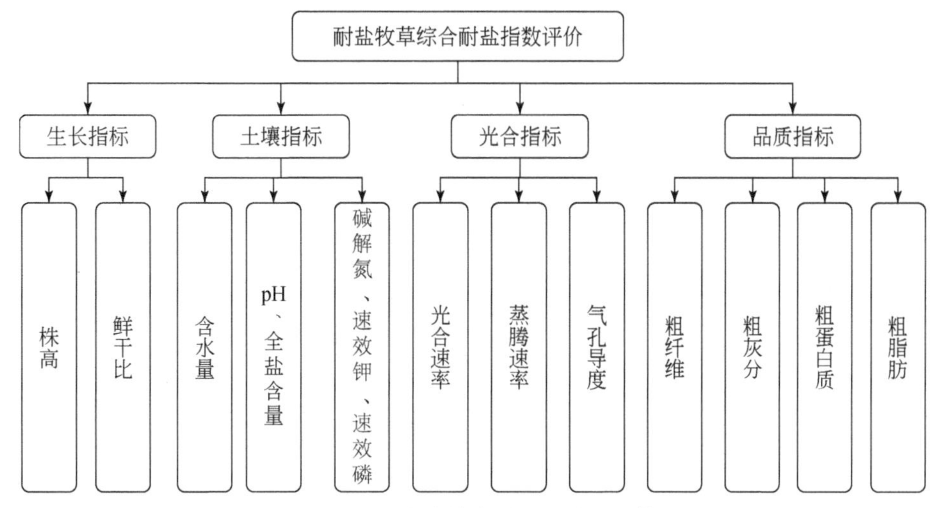

图 2-7 耐盐牧草综合耐盐指数评价体系

不同耐盐牧草综合耐盐指数评价结果见表 2-11。由综合评价得出较强度耐盐植物有金皇后、高丹草、扁穗冰草三种，中度耐盐植物有湖南稷子、无芒雀麦、中苜一号、白三叶、高羊茅、草木樨、黑麦草、红豆草。综合评价位居第一的金皇后，其 2012 年鲜草产量位居第四，而产量位于前列的高丹草，其综合排名位居第二；排名最后的红豆草和黑麦草其产量较排名第三的扁穗冰草高。以上分析说明品种的耐盐性单从产量上是体现不出来的，应考虑各种指标。

表 2-11 不同耐盐牧草综合耐盐指数评价

品种	D_i^+	D_i^-	C_i	排序结果	评价结果
金皇后	0.0551	0.0521	0.4860	1	较强度耐盐
高丹草	0.0388	0.0287	0.4252	2	
扁穗冰草	0.0770	0.0544	0.4140	3	
湖南稷子	0.0835	0.0407	0.3277	4	中度耐盐
无芒雀麦	0.0388	0.0187	0.3252	5	
中苜一号	0.0794	0.0325	0.2904	6	

续表

<table>
<tr><th>品种</th><th>D_i^+</th><th>D_i^-</th><th>C_i</th><th>排序结果</th><th>评价结果</th></tr>
<tr><td>白三叶</td><td>0.0961</td><td>0.0286</td><td>0.2294</td><td>7</td><td rowspan="5">中度耐盐</td></tr>
<tr><td>高羊茅</td><td>0.0895</td><td>0.0247</td><td>0.2163</td><td>8</td></tr>
<tr><td>草木樨</td><td>0.0932</td><td>0.0156</td><td>0.1434</td><td>9</td></tr>
<tr><td>黑麦草</td><td>0.0962</td><td>0.0132</td><td>0.1207</td><td>10</td></tr>
<tr><td>红豆草</td><td>0.0959</td><td>0.0131</td><td>0.1202</td><td>11</td></tr>
</table>

注：评价标准为 $C_i \geqslant 0.7$ 为强度耐盐；$0.7 > C_i \geqslant 0.4$ 为较强度耐盐；$0.4 > C_i \geqslant 0.1$ 为中度耐盐；$C_i < 0.1$ 为弱度耐盐

第 3 章 紫花苜蓿种质材料的耐盐性综合评价研究

紫花苜蓿是一种蔷薇目、豆科、苜蓿属多年生草本植物，原产地为小亚细亚、外高加索、伊朗和土库曼高地，目前已被列为栽培牧草中优良草种的典型代表，全世界种植面积已达 3330 万 hm^2（潘玉红和朱全堂，2001）。苜蓿具有发达的根系，有较强的抗逆性、高产量、高品质、丰富的营养和适口性优良等优点，享有“牧草之王”和“饲料皇后”的美称（谢振宇和杨光穗，2003；张晓磊等，2013）。紫花苜蓿的生长对土壤质量要求不高，并且抗旱、抗寒、耐盐碱，是当前我国分布范围最广、栽培种植面积最大的牧草品种（耿华珠等，1995），广泛分布于我国华北、西北、黄淮海、东南部等地（易鹏，2004）。

紫花苜蓿号称“牧草之王”，具有建起绿色粮仓、增加植物蛋白质源、建立生物氮肥库、促进草畜产业持续发展的作用（韩清芳，2003），同时紫花苜蓿也是豆科植物中较为耐盐的饲料作物，能在轻度盐碱地上种植，是畜牧业生产中的重要饲草。但是紫花苜蓿品种的耐盐性差异较大，提高其耐盐性、选择培育耐盐的紫花苜蓿品种，一方面可以改良盐碱地，提高盐碱地的利用率；另一方面也增加了优质蛋白质饲料的供应，在一定程度上也促进了盐碱地畜牧业的发展。

我国的土壤盐渍化日益加剧，严重影响植物生长和生产。在盐渍化土壤的改良方法中，许多学者认为，种植耐盐碱植物的生物改良手段是最有效的手段之一（路浩和王海泽，2004）。紫花苜蓿具有一定的耐盐性，可以改良土壤和改善生态环境（董君，2001；曹致中，2002；王堃和陈默君，2002）。选育耐盐碱苜蓿品种，扩大种植面积，对加快粮、草、饲三元结构调整，提高盐渍化土地的有效利用，加强生态建设具有重要意义。

随着基因工程的发展，分子改良已经成为紫花苜蓿遗传育种的主要途径，分子标记辅助育种方法是进行紫花苜蓿分子育种的主要研究技术手段。开展 DNA 分子标记技术的前期工作是进行种质资源的鉴定，对植物适应高盐环境胁迫的能力进行评价，为今后的分子标记辅助育种的应用提供亲本材料和技术支撑。本研究试验小组收集 127 个苜蓿品种，经 350mmol/L NaCl 处理后 9 天，分析其对盐胁迫的适应性，经表型的变化筛选出 30 个耐盐和 30 个敏盐的苜蓿品种。以筛选出的 60 个紫花苜蓿品种为试验材料，对种子萌发期和苗期两个生育期进行耐盐性鉴定试验。在种子萌发期，通过0、150mmol/L、250mmol/L、350mmol/L NaCl处理11天，对发芽率、发芽势、发芽指数、活力指数等指标进行测定，分析盐胁迫对种子萌发期的影响；在苗期，对60个紫花苜蓿品种进行350mmol/L NaCl处理9天，通过测定农艺性状、生理指标和光合指标，分析盐胁迫对苗期的影响；采用隶属函数法对两个生育期指标进行综合评价，分析不同材料耐盐能力方面的差异，从而筛选出耐盐和敏盐的苜蓿亲本材料，为后期的苜蓿分子标记和遗传育种提供种质资源与技术支撑。

3.1 紫花苜蓿种子响应盐胁迫的研究

种子萌发是保证植物出苗的前提，研究盐胁迫对种子萌发的影响可以为耐盐性评价提供重要依据。盐浓度对种子的萌发主要有三方面影响，即增效、负效和完全阻抑效应。低浓度的盐分对种子的萌发有促进作用，但随着盐浓度的升高，种子的发芽率、活力指数和发芽指数都在减小，盐分浓度过高就会抑制种子的萌发（苏永全和吕迎春，2007）。有学者认为，与植物的生长相比，种子的萌发更容易遭受盐害，研究发现，低浓度的盐分对种子发芽率几乎没有影响，并且在一定范围内增加盐分的浓度还可以提高发芽率，进一步增加盐分的浓度，发芽率才会受到抑制（Al-Helal et al.，1989）。

本研究将收集到的127个紫花苜蓿品种（表3-1），使用350mmol/L NaCl处理9天，通过表型筛选出30个耐盐和30个敏盐的紫花苜蓿品种。以筛选出的60个紫花苜蓿品种为试验材料（表3-1中字体加粗的品种），对种子萌发期和苗期两个生育期进行耐盐性鉴定试验。

以60个紫花苜蓿品种为试验材料，进行0（CK，对照）、150mmol/L、250mmol/L、350mmol/L NaCl浓度处理，测定发芽数目、胚根长、胚轴长和生物量，计算发芽率、相对发芽率、发芽势、相对发芽势、发芽指数、活力指数、相对活力指数等种子萌发指标，分析不同盐胁迫下，种子萌发期对不同盐浓度的响应。

表3-1　127个紫花苜蓿品种

材料编号	品种	来源	材料编号	品种	来源
NX-1	永久101	中国	**NX-4**	**东德**	**德国**
NX-2	罗默	美国	**NX-5**	**陕北子洲**	**中国**
NX-3	杂6	中国	**NX-6**	**1897紫花**	**中国**

续表

材料编号	品种	来源	材料编号	品种	来源
NX-7	杂 22	中国	NX-39	克山萨尔图	中国
NX-8	威廉斯	德国	NX-40	杂 17	中国
NX-9	185 澳大利亚	澳大利亚	NX-41	抗旱	中国
NX-10	**澳大利亚**	**澳大利亚**	NX-42	pulana	
NX-11	**和田**	**中国**	NX-43	吉农一号	中国
NX-12	爱开夏	中国	NX-44	抗旱 3	中国
NX-13	80-71	中国	NX-45	美 11-1	美国
NX-14	肉牛中心澳大利亚	澳大利亚	NX-46	Ondaka	
NX-15	礼县	中国	NX-47	德国	德国
NX-16	**Gymm**	**德国**	NX-48	公农一号	中国
NX-17	**阿根廷**	**阿根廷**	NX-49	法国	法国
NX-18	**1209 苏联**	**苏联**	NX-50	雷纳伊	土耳其
NX-19	美 10	美国	NX-51	土库曼	土库曼斯坦
NX-20	**甘农 80-70**	**中国**	NX-52	比佛	
NX-21	**斯大林格勒**	**俄罗斯**	NX-53	拉达克	印度
NX-22	喀什	中国	**NX-54**	**波兰**	**波兰**
NX-23	**Asi**		**NX-55**	**140 澳大利亚**	**澳大利亚**
NX-24	**亚利桑那**	**美国**	**NX-56**	**英国一号**	**英国**
NX-25	**Synb**		NX-57	Solaigob	
NX-26	陕北	中国	**NX-58**	**普列洛夫午**	**美国**
NX-27	**甘农 75-43**	**中国**	**NX-59**	**日本**	**日本**
NX-28	**旱胜**	**中国**	**NX-60**	**兰花**	**美国**
NX-29	**杂 20**	**中国**	**NX-61**	**敖德萨**	**乌克兰**
NX-30	**杂 23**	**中国**	**NX-62**	**甘农 21**	**中国**
NX-31	**伊盟**	**中国**	NX-63	捷 22	捷克
NX-32	**杂 11**	**中国**	NX-64	罗佐玛	美国
NX-33	杂 5	中国	**NX-65**	**甘农 2×6**	**中国**
NX-34	龙牧一号	中国	**NX-66**	**兴平**	**中国**
NX-35	阿特兰	俄罗斯	**NX-67**	**Natawwakaba**	
NX-36	**抗旱 15**	**中国**	**NX-68**	**罗马尼亚**	**罗马尼亚**
NX-37	**兰热来恩德**	**中国**	**NX-69**	**荷兰向阳**	**荷兰**
NX-38	**猎人河**	**澳大利亚**	NX-70	草原徉带回	中国

续表

材料编号	品种	来源	材料编号	品种	来源
NX-71	0129 苏联	苏联	NX-100	康赛	美国
NX-72	阿尔贡奎因	加拿大、美国	**NX-101**	**甘农 7 号**	**中国**
NX-73	**抗旱 7**	**中国**	NX-102	WL354	美国
NX-74	加拿大	加拿大	NX-103	挑战者	美国
NX-75	杂 26	中国	NX-104	甘农 1 号	中国
NX-76	哥萨克	俄罗斯	**NX-105**	**岩石**	**美国**
NX-77	安古斯	英国	**NX-106**	**甘农 8 号**	**中国**
NX-78	匈牙利	匈牙利	NX-107	甘农 3 号	中国
NX-79	不详	日本	**NX-108**	**骑士 3**	**美国**
NX-80	Tecun		**NX-109**	**中苜三号**	**中国**
NX-81	美 11	美国	NX-110	雪豹	中国
NX-82	捷 26-2	捷克	NX-111	标靶	美国
NX-83	**渭南**	**中国**	**NX-112**	**工农一号**	**中国**
NX-84	中牧一号	中国	**NX-113**	**国产苜蓿**	**中国**
NX-85	74-56	中国	**NX-114**	**陇东苜蓿**	**中国**
NX-86	香	美国	**NX-115**	**皇后 2000**	**美国**
NX-87	**甘农 80-69**	**中国**	**NX-116**	**敖汉**	**中国**
NX-88	74-13	中国	**NX-117**	**LH**	**美国**
NX-89	**秘鲁**	**秘鲁**	**NX-118**	**杰克林**	**美国**
NX-90	**草原 3 号**	**中国**	**NX-119**	**阿尔冈金**	**美国**
NX-91	**草原 2 号**	**中国**	NX-120	金皇后 a	美国
NX-92	**骑士 T**	**美国**	NX-121	Salt	美国
NX-93	骑士	美国	NX-122	柏拉图	德国
NX-94	**WL343**	**美国**	NX-123	三得利	美国
NX-95	**骑士 2**	**美国**	NX-124	巨能 Salt	美国
NX-96	**阿迪娜**	**美国**	NX-125	甘农 2 号	中国
NX-97	**肇东**	**中国**	NX-126	中苜一号	中国
NX-98	龙牧 801	中国	NX-127	金皇后	美国
NX-99	**勇士**	**美国**			

3.1.1 盐胁迫对种子萌发期的影响

3.1.1.1 不同盐浓度处理对种子发芽势的影响

不同盐浓度处理下 60 个紫花苜蓿品种的种子发芽势如图 3-1 所示。在 CK 处理下种子的发芽势最大，150mmol/L NaCl 处理下种子的发芽势部分品种与对照相比变化较小，而部分品种与对照相比变化较大，随着盐处理浓度的增加，在 250mmol/L NaCl 处理下部分种子发芽，且发芽势较小，而部分品种的发芽势为 0，而在 350mmol/L NaCl 处理下所有种子发芽势均为 0，可以看到随着盐浓度的增加，种子发芽势下降，下降的幅度不同。例如，NX-20、NX-62、NX-97 这 3 个品种种子发芽势在 CK 处理下为 91%、94%、93%；在 150mmol/L NaCl 处理下发芽势为 74%、71%、74%；在 250mmol/L NaCl 处理下发芽势为 24%、5%、2%；在 350mmol/L NaCl 处理下发芽势为 0，这 3 个品种的种子发芽势变化随着盐浓度的增加变化幅度较小，说明受到盐胁迫的程度较弱，对盐反应有一定的抗性，种子发芽势较强。NX-23、NX-112、NX-113、NX-114、NX-115、NX-116、NX-117、NX-118、NX-119 在 150mmol/L NaCl 处理下的发芽势为 0，说明种子发芽势受到了较大的影响，种子对盐胁迫较敏感，发芽的能力较差。60 个紫花苜蓿品种在 CK、150mmol/L、250mmol/L、350mmol/L NaCl 4 个浓度处理下的平均发芽势分别为 75.41%、23.65%、2.87%、0，表示随着盐浓度的增加，种子发芽势明显受到抑制。

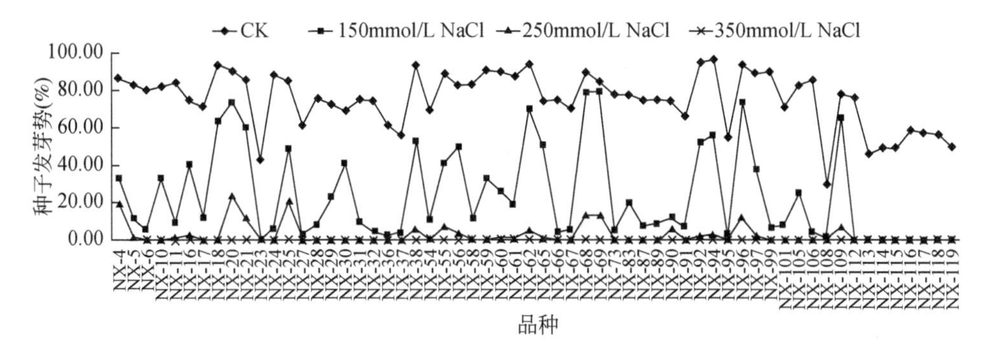

图 3-1 不同盐浓度处理下 60 个紫花苜蓿品种的种子发芽势

从图 3-2 来看，随着盐处理浓度的增加，不同紫花苜蓿品种的相对发芽势降低的程度不同。NX-68、NX-69、NX-109 这 3 个品种在 150mmol/L NaCl 处理下的相对发芽势分别为 89%、95%、86%；在 250mmol/L NaCl 处理下的相对发芽势分别为12%、16%、10%；NX-4、NX-20、NX-25 在150mmol/L NaCl 处理下的相对发芽势分别为38%、82%、60%；在250mmol/L NaCl 处理下相对发芽势分别为24%、27%、25%。从结果可知，前3个品种的相对发芽势随着盐浓度的增加，变化幅度较大，在高盐浓度处理下，相对发芽势较小；而后3个品种随着盐浓度的增加，变化幅度较小，在较低盐浓度处理下，相对发芽势较小，在高盐浓度处理下，相对发芽势降低，但高于前3个品种，相对于部分品种来说，这些品种对盐胁迫的反应较小，种子相对发芽势较大，不同品种对不同盐胁迫的敏感程度不同。而NX-23、NX-112、NX-113、NX-114、NX-115、NX-116、NX-117、NX-118、NX-119 在350mmol/L NaCl 处理下的相对发芽势均为0，说明这9个紫花苜蓿品种的种子相对发芽势最小。

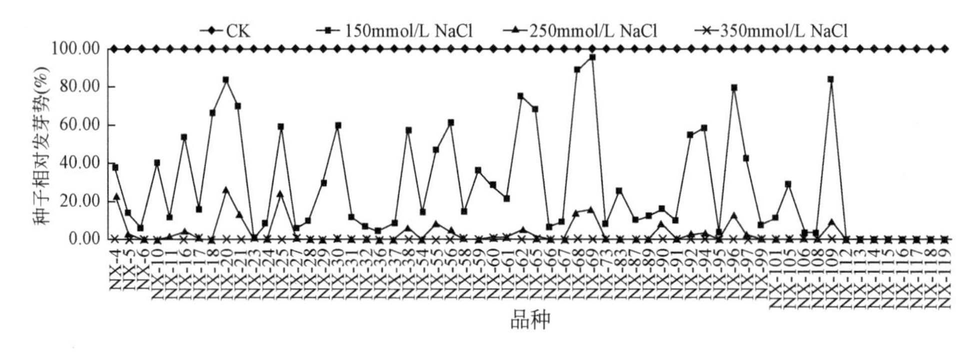

图3-2 不同盐浓度处理下60个紫花苜蓿品种的种子相对发芽势

3.1.1.2 不同盐浓度处理对种子发芽率的影响

测定不同盐浓度处理下60个紫花苜蓿品种的种子发芽率（图3-3），结果表明，随着盐浓度的增大，大多数品种的种子发芽率呈下降的趋势。在CK、150mmol/L、250mmol/L、350mmol/L NaCl 4个浓度处理下，60个紫花苜蓿品种的平均种子发芽率分别为88.69%、70.46%、39.59%、5.78%。随着盐浓度的增加，种子发芽率逐渐降低，表明盐胁迫对种子发芽率有一定的抑制作用。NX-5 和 NX-16 的种子发芽率在150mmol/L NaCl 处理下增加，表明这2个品种种子对低盐胁迫有较强的抗性，盐胁迫促进了种子的萌发；NX-62 和 NX-94 的种子发芽率在盐胁迫处理下变化较小，说明盐胁迫对种子发芽率的抑制作用较小；250mmol/L NaCl 处理下 NX-17、NX-113、NX-114 的种子发芽率分别为0、1.11%、1.11%，种子基本不萌发，表明盐胁迫对这3个品种的种子发芽率的抑制作用较强，其对盐胁迫的反应较明显。

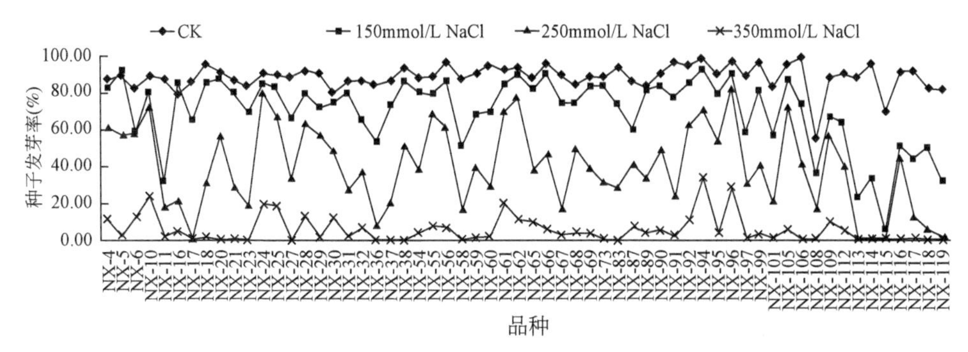

图 3-3　不同盐浓度处理下 60 个紫花苜蓿品种的种子发芽率

从不同盐浓度处理下 60 个紫花苜蓿品种的种子相对发芽率来看（图 3-4），随着盐胁迫浓度的增加，不同紫花苜蓿品种的种子相对发芽率的下降程度不同。NX-5 和 NX-16 在 150 mmol/L NaCl 处理后，种子相对发芽率大于 1，但在 350mmol/L NaCl 处理后，种子相对发芽率下降较大，分别为 0.02 和 0.06，说明低盐浓度对这两个品种的种子相对发芽率有促进作用，高盐浓度有较强的抑制作用。NX-62 和 NX-94 品种的种子相对发芽率在 150mmol/L NaCl 处理下均为 0.96，在 250 mmol/L NaCl 处理下分别为 0.82、0.72，在 350 mmol/L NaCl 处理下，分别为 0.12、0.35。随着盐浓度的增加，这 2 个品种的种子相对发芽率仍较高，表明盐胁迫对这 2 个品种的种子相对发芽率的抑制作用较小。而在 250mmol/L NaCl 处理时，NX-17、NX-113 和 NX-114 品种的种子相对发芽率偏低，分别为 0、0.01、0.01，与种子发芽率的趋势一致，对盐胁迫较敏感。

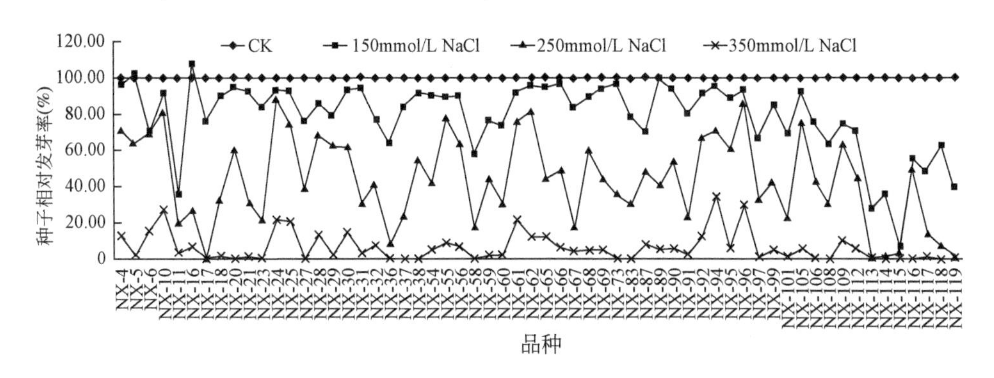

图 3-4　不同盐浓度处理下 60 个紫花苜蓿品种的种子相对发芽率

3.1.1.3　不同盐浓度处理对种子发芽指数的影响

测定不同盐浓度处理下 60 个紫花苜蓿品种的种子发芽指数（图 3-5），结果表明，在 CK 处理下所有品种的种子发芽指数中，NX-94 和 NX-96 的发芽指数最大，分别为 50. 65、48. 61，在 150mmol/L NaCl 处理下，NX-94 和 NX-96 的发芽指数也最大，分别为 33. 73、34. 97，表明在低盐浓度处理下，其种子发芽指数的变化较小，种子对低浓度的盐胁迫有一定的抵制作用；NX-94 和 NX- 96 在 350mmol/L NaCl 处理下的发芽指数为 5. 49、4. 35，表明盐胁迫对其的抑制作用较小，种子的抗性较强。而 NX-113、NX-114、NX-115 这 3 个品种在 CK 处理下的种子发芽指数分别为 28. 81、33. 54、25. 71，在 150mmol/L NaCl 处理下的种子发芽指数分别为 3. 18、6. 12、0. 64，在 250mmol/L NaCl 处理下的种子发芽指数分别为 0. 03、0. 14、0. 06，在 350mmol/L NaCl 处理下的种子发芽指数均为 0；这 3 个品种的种子发芽指数较小，低盐胁迫下种子发芽指数均有大幅度降低，对盐胁迫的抗性较小。

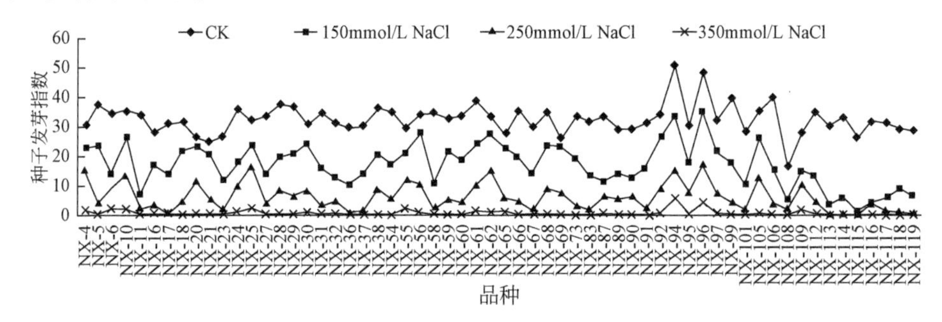

图 3-5　不同盐浓度处理下 60 个紫花苜蓿品种的种子发芽指数

从种子相对发芽指数的变化（图 3-6）来看，NX-4 和 NX-94 这 2 个品种在 150mmol/L NaCl 处理下的种子相对发芽指数分别为 75%、72%；在 250mmol/L NaCl 处理下的种子相对发芽指数分别为 53%、30%；在 350mmol/L NaCl 处理下的种子相对发芽指数分别为 5%、9%，种子相对发芽指数较大，对盐胁迫的反应抗性较强。而 NX-17、NX-113、NX-114、NX-115 在 250mmol/L、350mmol/L NaCl 处理下的种子相对发芽指数均为 0，对盐胁迫的反应较敏感。

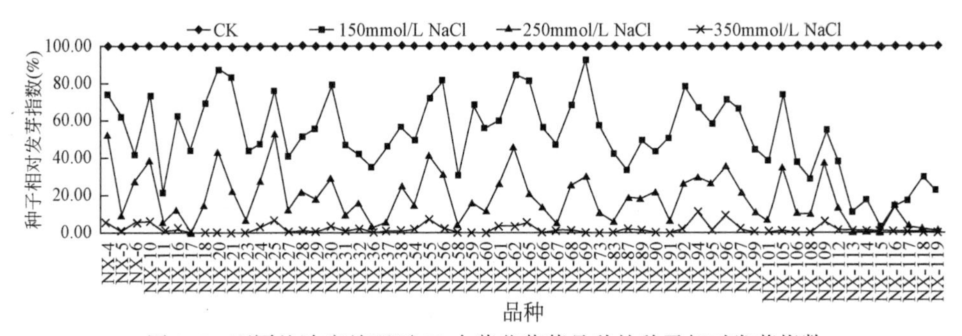

图 3-6　不同盐浓度处理下 60 个紫花苜蓿品种的种子相对发芽指数

3.1.1.4 不同盐浓度处理对种子活力指数的影响

测定不同盐浓度处理下 60 个紫花苜蓿品种的种子活力指数（图 3-7），结果表明，种子活力指数随着盐浓度的升高呈下降的趋势。NX-38 在 150mmol/L NaCl 处理下种子活力指数升高，而在 350mmol/L NaCl 处理下的种子活力指数为 0，表明低盐胁迫对 NX-38 有增效作用，而其对高盐浓度胁迫较敏感。NX-4、NX-96、NX-105 这 3 个品种的种子活力指数，在 CK 处理下分别为 5.37、7.66、5.28，在 150mmol/L NaCl 处理下分别为 2.27、4.55、2.23，在 250mmol/L NaCl 处理下分别为 1.13、1.08、0.66，在 350mmol/L NaCl 处理下分别为 0.05、0.13、0。随着盐胁迫程度的增加，这 3 个品种的种子活力指数变化相对较小，种子对盐胁迫有抗性。NX-17、NX-36、NX-67、NX-113、NX-114、NX-115、NX-117、NX-118、NX-119 在 250mmol/L NaCl 处理下的种子活力指数为 0，表明这几个紫花苜蓿品种对盐胁迫的反应较敏感。

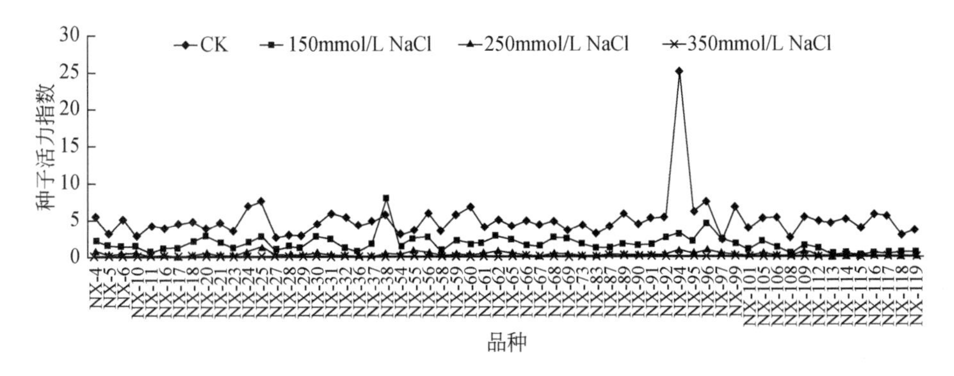

图 3-7 不同盐浓度处理下 60 个紫花苜蓿品种的种子活力指数

从种子相对活力指数（图 3-8）来看，NX-38 的种子相对活力指数在 150mmol/L NaCl 处理下为 1.33，在 250mmol/L NaCl 处理下为 0.09，种子相对活力指数变化最大。在 150mmol/L NaCl 处理下，NX-96 和 NX-4 的种子相对活力指数为 0.59、0.42，在 250mmol/L NaCl 处理下分别为 0.14、0.21，在 350mmol/L NaCl 处理下分别为 0.02、0.01，变化幅度较小，表明这 2 个品种受盐胁迫的影响较小。NX-17、NX-113、NX-114、NX-115、NX-116 这 5 个品种在 250mmol/L、350mmol/L NaCl 处理下，种子相对活力指数最小，均为 0，对盐胁迫极敏感。

3.1.1.5 不同盐浓度处理对胚根长的影响

测定不同盐浓度处理下 60 个紫花苜蓿品种的胚根长（图 3-9），结果表明，随着盐浓度的增加，大部分品种的胚根长逐渐减小，有些品种对盐胁迫较敏感，

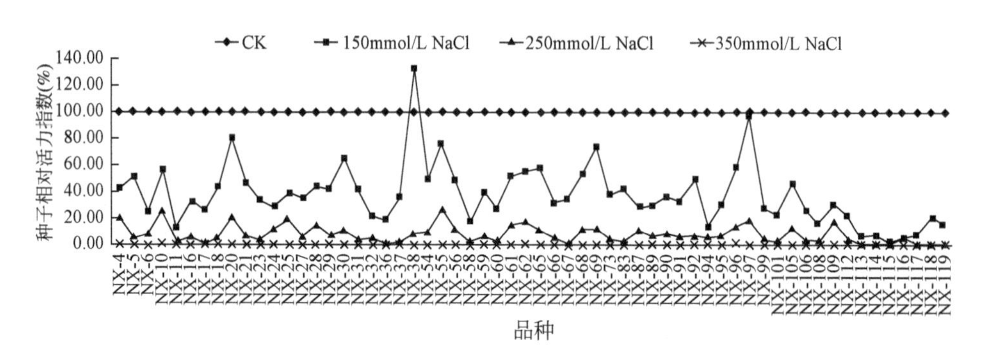

图 3-8　不同盐浓度处理下 60 个紫花苜蓿品种的种子相对活力指数

如 NX-17、NX-36、NX-67、NX-113、NX-114、NX-115、NX-117、NX-118、NX-119 的胚根长在 250mmol/L NaCl 处理下为 0，表明种子在高盐胁迫下失活，未能正常发芽；有的品种对盐胁迫有一定的抗性，并且在低盐胁迫下有一定的增幅作用，如 NX-4、NX-56、NX-60、NX-65、NX-90 在 150mmol/L NaCl 处理下，这 5 个品种的胚根长分别有了不同程度的增加，增加了 4.73% ~25.8%，说明低盐浓度处理可以促进这些品种植株的生长。NX-56、NX-60、NX-65、NX-90 这 4 个品种在 350mmol/L NaCl 处理下的胚根长均为 0，说明高盐浓度处理可以抑制这些品种植株的生长。大部分品种随着盐处理浓度的增加，胚根长均减小，说明盐浓度对种子幼苗胚根长的生长有抑制作用。

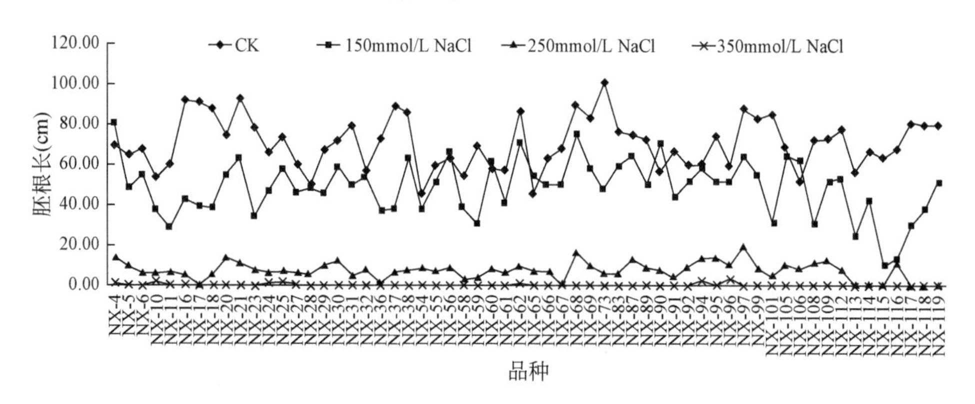

图 3-9　不同盐浓度处理下 60 个紫花苜蓿种子的胚根长

3.1.1.6　不同盐浓度处理对胚轴长的影响

测定不同盐浓度处理下 60 个紫花苜蓿品种的胚轴长（图 3-10、图 3-11），结果表明，随着盐浓度的增加，所有的紫花苜蓿品种的胚轴长均呈下降趋势。60

个紫花苜蓿品种在 CK、150mmol/L、250mmol/L、350mmol/L NaCl 4 个浓度处理下的平均胚轴长为 2.09cm、1.53cm、0.92cm、0.086cm，说明盐处理对紫花苜蓿种子的胚轴长起到了抑制作用，而且抑制程度逐渐增大。NX-4、NX-25、NX-62、NX-94、NX-96 这5 个品种在 CK 处理下的胚轴长分别为 1.94cm、2.11cm、2.07cm、2.02cm、1.90cm，在 150mmol/L NaCl 处理下的胚轴长分别为 1.44cm、1.81cm、1.49cm、1.57cm、1.72cm，在 250mmol/L NaCl 处理下的胚轴长分别为 1.21cm、1.39cm、1.03cm、1.31cm、1.22cm，在 350mmol/L NaCl 处理下的胚轴长分别为 0.82cm、0.73cm、0.86cm、0.79cm、0.80cm，随着盐浓度的增加，这 5 个品种的胚轴长的变化较小，说明这 5 个品种对盐胁迫有一定的抗性，耐盐性较好。NX-17、NX-36、NX-67、NX-113、NX-114、NX-115、NX-117、NX-118、NX-119 在 250mmol/L NaCl 处理下种子未发芽，胚轴长为 0，高盐浓度使种子失去活力，对盐胁迫反应较敏感。

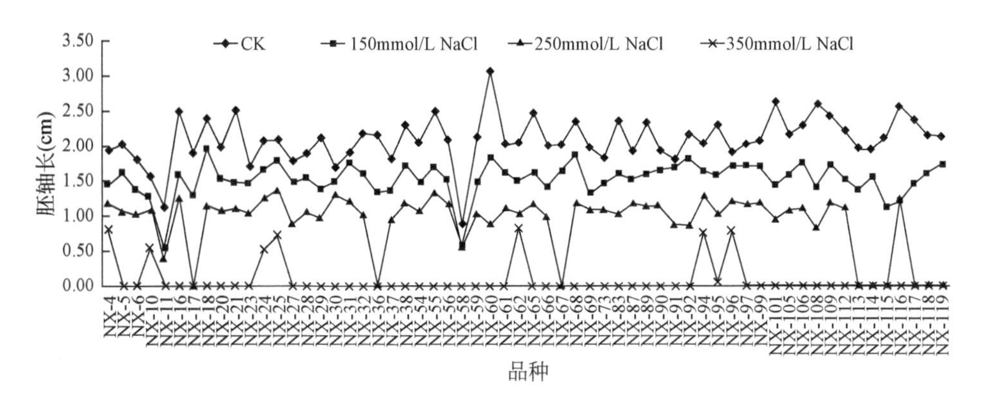

图 3-10 不同盐浓度处理下 60 个紫花苜蓿的胚轴长

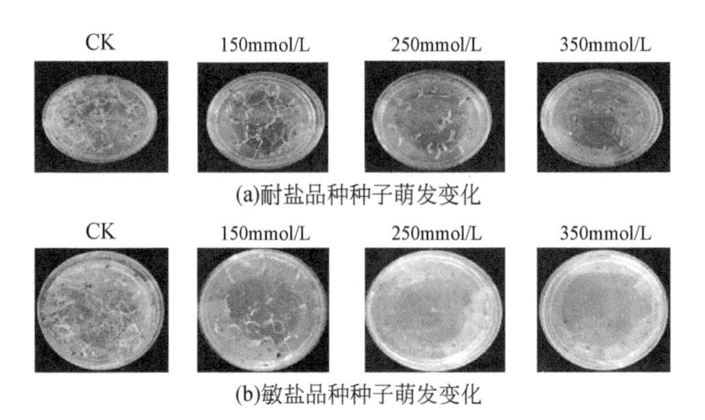

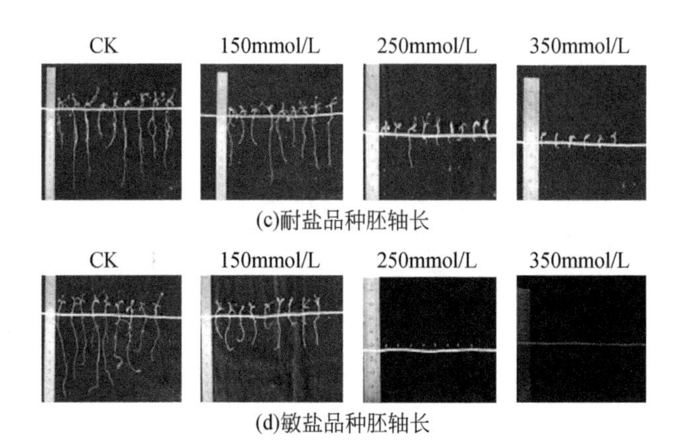

(c)耐盐品种胚轴长

(d)敏盐品种胚轴长

图 3-11　不同盐胁迫处理种子的萌发变化

3.1.2　萌发期的各指标的相关分析

发芽率、发芽势、发芽指数、活力指数等形态学指标可以反映种子萌发期的生长状况。60 种紫花苜蓿种质资源各指标的变化各不相同，对不同程度的盐胁迫也有不同的反应，有些品种的指标在低盐浓度处理下大于对照，而在高盐浓度处理下相对较小，不同品种对盐胁迫环境的耐受能力也有所差异。

对照与不同盐处理间的种子萌发状态的差异较大，通过对各个指标进行分析可知，随着盐浓度增加，大部分品种各指标的变化均呈下降趋势，下降幅度有所差异。可以看到品种间在单个指标上的反应程度不同，通过指标间的相关性分析可揭示指标间是否存在依存关系及相关关系的方向与强度。对盐胁迫处理后 60 种紫花苜蓿种质资源各指标进行相关性分析，由表 3-2 可以看出，各指标间均存在不同程度的相关性，多个评价指标间存在显著差异，使其提供的信息相互重叠，且各指标变化幅度参差不齐，在不同紫花苜蓿种质资源耐盐性中所起作用的大小也不相同，相对盐害率和各个指标均呈极显著负相关，与发芽率、相对发芽率、发芽指数、相对发芽指数这几个指标的相关性最强。紫花苜蓿耐盐性是一个复杂的综合性状，直接利用各单项指标不能准确、直观地进行紫花苜蓿耐盐性评价。为了弥补单项指标评价耐盐性的不足，可利用主成分分析对供试紫花苜蓿种质资源萌发期耐盐性进行深入综合的评价。

表 3-2　不同盐浓度处理下种子萌发期各指标的相关分析

相关系数	种子发芽势	种子相对发芽势	种子发芽率	种子相对发芽率	种子活力指数	种子相对活力指数	种子发芽指数	种子相对发芽指数	胚根长	胚轴长	种子相对盐害率
种子发芽势	1										
种子相对发芽势	0.94**	1									
种子发芽率	0.66**	0.52**	1								
种子相对发芽率	0.63**	0.54**	0.96**	1							
种子活力指数	0.51**	0.41**	0.58**	0.51**	1						
种子相对活力指数	0.69**	0.66**	0.58**	0.61**	0.18**	1					
种子发芽指数	0.71**	0.57**	0.91**	0.85**	0.70**	0.56**	1				
种子相对发芽指数	0.84**	0.81**	0.81**	0.85**	0.46**	0.75**	0.79**	1			
胚根长	0.54**	0.52**	0.35**	0.39**	0.29*	0.47**	0.34**	0.53**	1		
胚轴长	0.52**	0.48**	0.65**	0.68**	0.48**	0.45**	0.55**	0.62**	0.50**	1	
种子相对盐害率	-0.63**	-0.54**	-0.95**	-1.00**	-0.50**	-0.61**	-0.85**	-0.85**	-0.39**	-0.68**	1

3.1.3　种子萌发期的主成分分析

从表 3-3 可以看到，对种子萌发期的 11 个指标进行主成分分析，从方差贡献率可以看到，第一主成分的贡献率为 66.5803%，第二主成分的贡献率为 11.2045%，第三主成分的贡献率为 7.3775%，前三个主成分的累积贡献率大于 80%，可考虑保留；从特征值来看，前两个主成分的特征值大于 1，所以保留前两个主成分。

成分的特征向量表示主成分与原变量之间的关系，系数越大，关系越密切。从表 3-4 来看，第一主成分与发芽势、发芽率、相对发芽率、发芽指数、相对发芽指数和相对盐害率之间关系密切，第二主成分与相对发芽势、胚根长之间关系密切。

表 3-3　11 个主成分的方差贡献率

成分	特征值	贡献率（%）	累积贡献率（%）
1	7.3238	66.5803	66.5803

续表

成分	特征值	贡献率（%）	累积贡献率（%）
2	1.2325	11.2045	77.7848
3	0.8115	7.3775	
4	0.7148	6.4980	
5	0.3851	3.5009	
6	0.2751	2.5010	
7	0.1261	1.1463	
8	0.0699	0.6354	
9	0.0386	0.3512	
10	0.0224	0.2037	
11	0.0001	0.0011	

表 3-4　成分的规格化特征向量

原变量	主成分	
	1	2
种子发芽势	0.3166	0.3190
种子相对发芽势	0.2885	0.4392
种子发芽率	0.3366	-0.3038
种子相对发芽率	0.3387	-0.2589
种子活力指数	0.2290	-0.3025
种子相对活力指数	0.2730	0.3367
种子发芽指数	0.3286	-0.2586
种子相对发芽指数	0.3479	0.1193
胚根长	0.2100	0.4342
胚轴长	0.2716	-0.0802
种子相对盐害率	-0.3386	0.2550

3.1.4　种子萌发期各指标的聚类分析

以紫花苜蓿种子萌发期各单项指标的耐盐系数的平均值为依据，对其进行标准化处理，以欧式距离的平方为相似尺度，采用离差平方和法对数据进行聚类分析，如图 3-12 所示，通过聚类分析将 60 个紫花苜蓿品种分为两类：一类为耐盐品种，分别为品种 NX-4、NX-62、NX-25、NX-96、NX-20、NX-69、NX-21、NX-68、NX-38、NX-97、NX-94、NX-10、NX-61、NX-24、NX-30、NX-105、NX-56、NX-92、NX-55、NX-16、NX-18、NX-109、NX-59、NX-65；另一类为敏盐品种，分别为 NX-5、NX-28、NX-54、NX-6、NX-66、NX-29、NX-90、NX-31、NX-89、NX-99、NX-95、NX-32、NX-112、NX-106、NX-73、NX-87、NX-60、NX-83、NX-23、NX-37、NX-27、NX-67、NX-91、NX-101、NX-116、NX-108、NX-11、NX-58、NX-113、NX-115、NX-17、NX-36、NX-118、NX-114、NX-117、NX-119。

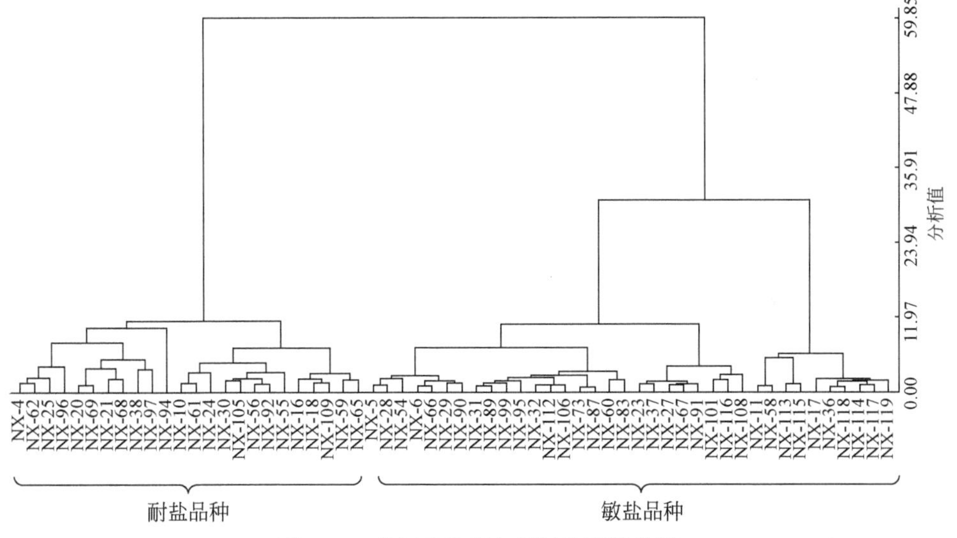

图 3-12　种子萌发期各指标的聚类分析

3.1.5　小结和讨论

对 60 个紫花苜蓿品种种子萌发期的耐盐性鉴定结果表明，在无盐胁迫或低盐胁迫下种子能够正常萌发，而且有些品种的种子发芽率等指标大于对照，说明低盐浓度对部分紫花苜蓿品种种子萌发有促进作用；而随着盐浓度的升高，部分品种在 250mmol/L NaCl 处理时，大部分种子未萌发，对盐胁迫的反应较敏感。部分品种在 250mmol/L NaCl 处理下的发芽指标较高，在 350mmol/L NaCl 处理下，外界的渗透势大，种子失去大量的水分，导致未萌发，表明高盐浓度对种子萌发的抑制性较强。还有部分品种在 350mmol/L NaCl 处理下，种子萌发，表明对盐胁迫的抗性较强，但种子的发芽指标相比于其他盐胁迫浓度均较小。总体来看，不同紫花苜蓿品种对盐胁迫的耐受性不同，随着盐胁迫浓度的增加，对紫花苜蓿生长的抑制作用增大。

对60个紫花苜蓿品种在盐胁迫下的指标（种子发芽率、种子相对发芽率、种子发芽指数、种子相对发芽势、种子发芽指数、种子相对发芽指数、种子活力指数、种子相对活力指数、胚根长）进行相关性分析可知，10个指标之间均呈显著正相关或极显著正相关，且与相对盐害率均呈极显著负相关，表明这10个指标可以作为植株耐盐性的评价指标。

对60个紫花苜蓿品种测定的11个指标进行主成分分析可知，发芽率、相对发芽率、发芽势、发芽指数、相对发芽指数、相对盐害率这6个指标的贡献率较大，对耐盐性鉴定的影响最大。

以测定的11个指标的耐盐系数的平均值为依据，对其进行标准化处理，以欧式距离的平方为相似尺度，采用离差平方和法对数据进行聚类分析，将60个紫花苜蓿品种明显分为两类：一类为耐盐品种，另一类为敏盐品种。在试验前期对127个紫花苜蓿品种进行筛选时，通过盐处理后的表型筛选出了30个耐盐品种和30个敏盐品种，所以聚类的结果比较明显。

3.2 紫花苜蓿苗期响应盐胁迫的研究

农艺性状和生理生化指标经常用于植物耐盐性的鉴定，如株高、生物量、丙二醛含量、超氧化物歧化酶活性、过氧化氢酶活性、脯氨酸含量等。李源等（2010）研究表明，盐胁迫下，脯氨酸含量、质膜透性、可溶性糖含量、丙二醛含量等指标均呈上升趋势。胡小多等（2008）认为随着盐浓度的增加，丙二醛含量呈上升状态，随着处理时间的延长，各个处理时间段的含量也呈上升状态。

本研究以60个紫花苜蓿品种为试验材料，通过对照（水）和350mmol/L NaCl处理，分别在盐处理前及盐处理第3天、第6天、第9天测定农艺性状、生理生化指标和光合指标，分析盐胁迫下60个紫花苜蓿品种苗期的耐盐性。

3.2.1 盐胁迫对不同紫花苜蓿品种农艺性状的影响

3.2.1.1 盐胁迫对株高的影响

测定不同盐处理天数下60个紫花苜蓿品种的株高（图3-13），图3-13（a）为盐处理前60个品种紫花苜蓿的株高变化，可以看到在处理前品种间的株高有一定的差异，有些品种盐处理的株高高于对照的株高，个体之间存在着差异；随着盐处理的时间延长［图3-13（b）~图3-13（d）］，可以看到有些品种株高增加，但增加的幅度随着盐处理时间的延长而减小，有些品种的株高随着盐处理时间的延长呈下降的趋势。同一品种对照的株高随时间的延长均呈上升趋势。NX-5、NX-6、NX-56 3 个品种，在盐胁迫 3 天后，株高增加了 6.8%、5.4%、3.11%；盐胁迫 6 天后，增加了 2.56%、2%、1.75%；盐胁迫 9 天后，增加了 0.6%、0.3%、0.62%；随着盐处理天数的增加，株高有不同程度的增加，说明这些品种对盐胁迫有一定的抗性。NX-60、NX-115、NX-119 3 个品种，盐胁迫 3 天后，株高增加了 1.85%、1.28%、1.39%；盐胁迫 6 天后，株高在盐胁迫下降低，分别降低了 5.6%、1.27%、0.8%；盐胁迫 9 天后，株高有一个大幅度的变化，降低了 24%、16%、36%。盐处理 6 天后，株高开始降低可能是由于植物为了生存将用于生长的同化物转向用于形成能量，来提供细胞内的离子运输和维持细胞内的离子平衡，叶片枝条黄化（图 3-14），株高降低，高盐胁迫下紫花苜蓿的生长受到抑制。盐胁迫下，耐盐品种紫花苜蓿相比于敏盐品种株高增加，且增加的幅度大于敏盐品种，部分敏盐品种紫花苜蓿的株高在盐胁迫下呈下降趋势，可能是由于盐处理使植株上部死亡，株高降低。

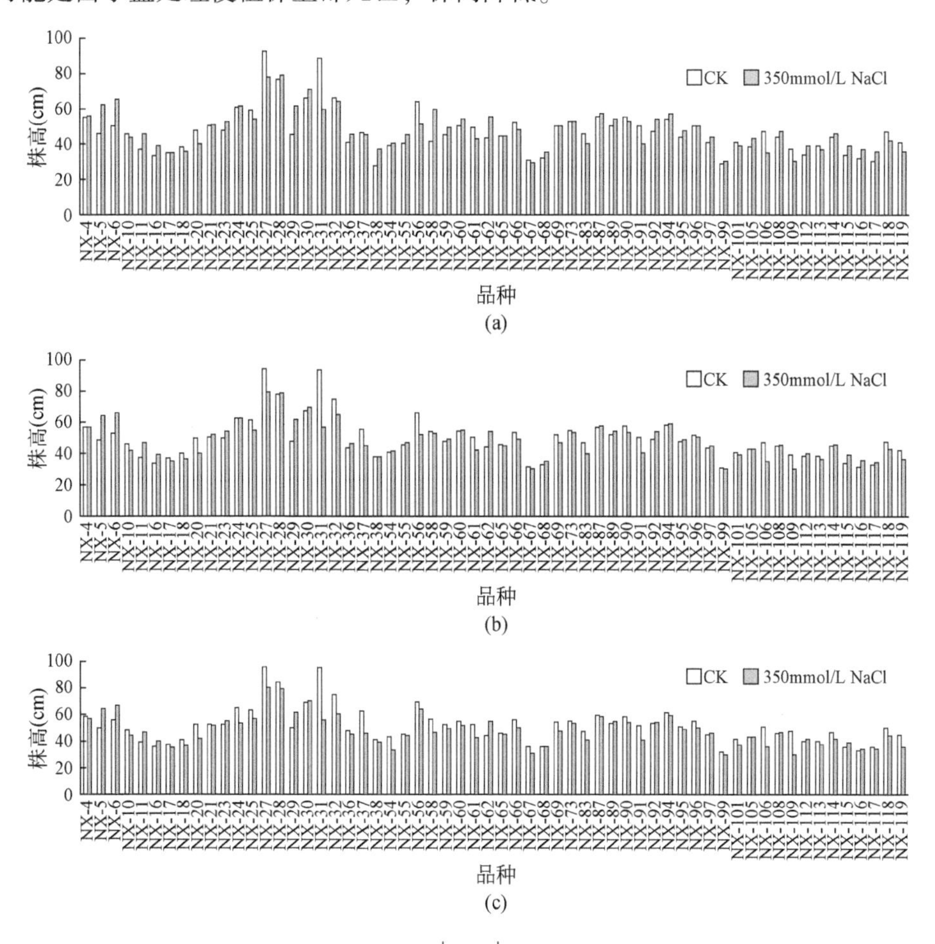

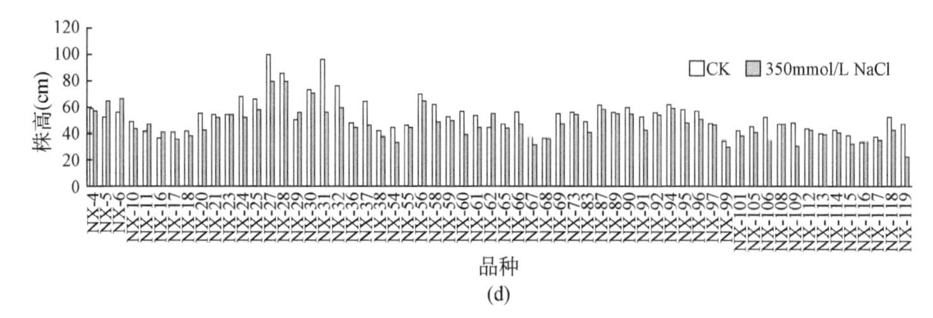

图 3-13　盐胁迫对株高的影响

（a）表示盐处理 0 天的株高变化；（b）表示盐处理 3 天的株高变化；
（c）表示盐处理 6 天的株高变化；（d）表示盐处理 9 天的株高变化

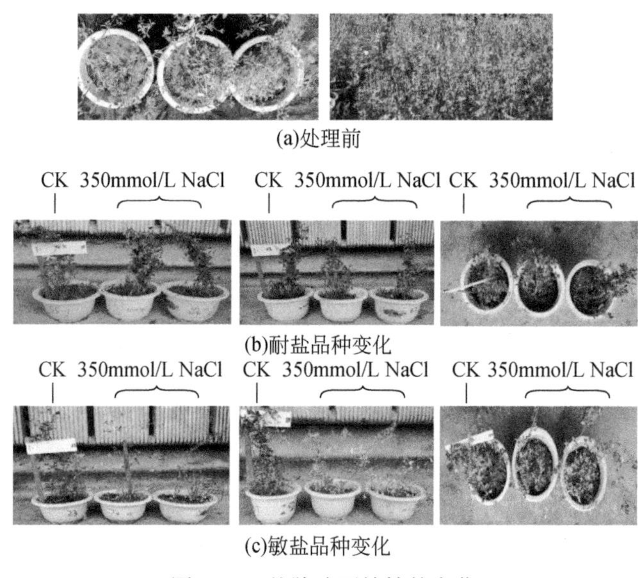

图 3-14　盐胁迫下植株的变化

3.2.1.2　盐胁迫对叶面积的影响

测定不同盐处理天数下的叶面积（图 3-15），大部分紫花苜蓿品种的叶面积随着盐处理天数的增加而减小，盐处理的叶面积变化较对照相对明显。

部分品种的叶面积在盐处理前期有小幅度的上升，NX-61、NX-105 的叶面积在盐处理 3 天后增长了 4.5%、0.5%，NX-114 在盐处理 6 天后叶面积增加，增加了 13.58%，在盐处理 9 天后，大部分品种叶面积下降，NX-61、NX-105、NX-114 降低了 1.7%、0.53%、1.97%，叶面积的变化较小，表明对盐胁迫反应有一定的抗性。

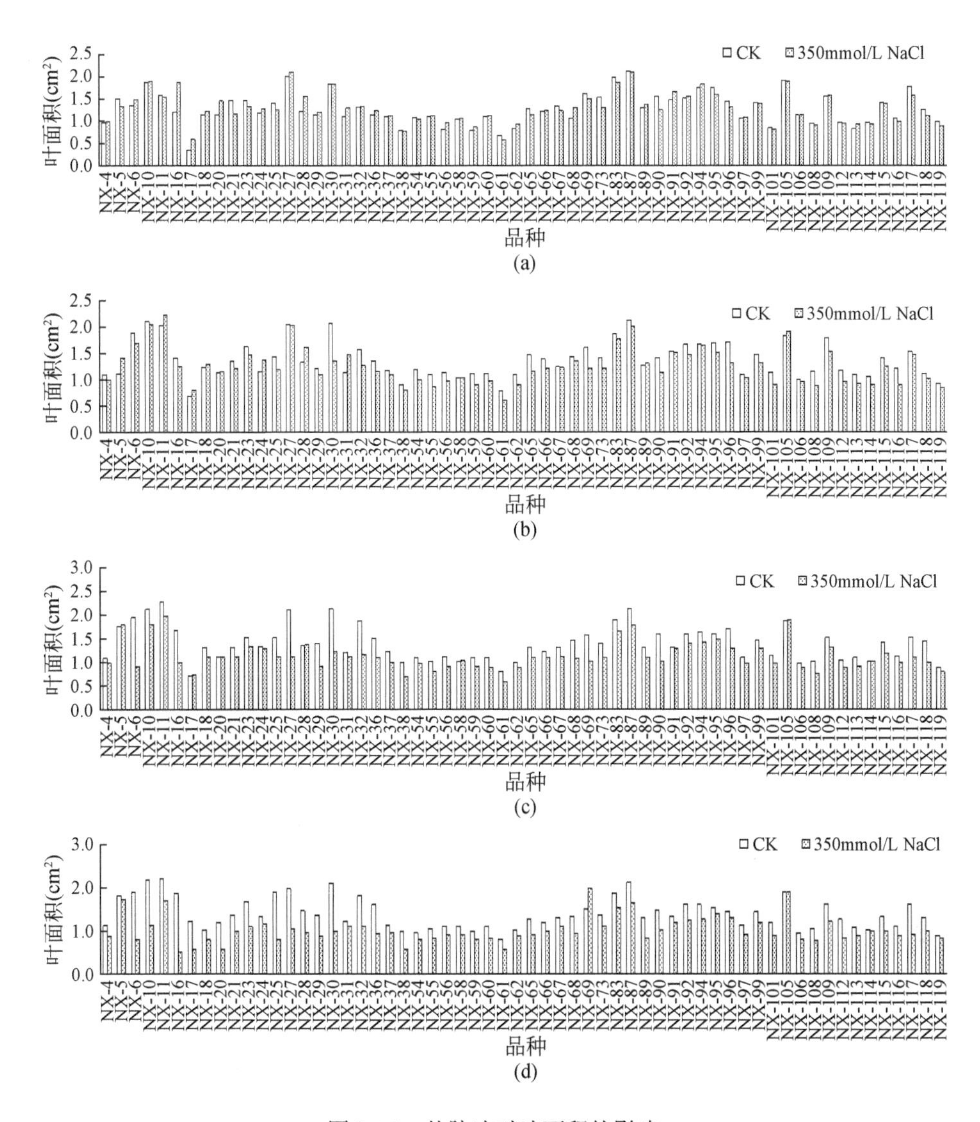

图 3-15　盐胁迫对叶面积的影响

（a）表示盐处理 0 天的叶面积变化；（b）表示盐处理 3 天的叶面积变化；（c）表示盐处理 6 天的叶面积变化；（d）表示盐处理 9 天的叶面积变化

随着盐处理时间的增加，大部分品种的叶面积呈降低趋势。盐处理 3 天后，NX-83、NX-87、NX-94 的叶面积分别降低了 6.12%、5.84%、10.14%；盐处理 6 天后，叶面积分别降低了 6.74%、10.61%、13.11%；盐处理 9 天后，叶面积分别降低了 6.26%、7.62%、11.18%。结果表明，这 3 个品种对盐胁迫的适应性较差。

3. 2. 1. 3　盐胁迫对生物量的影响

测定盐处理9天后60个紫花苜蓿品种的生物量（图3-16），结果表明，盐胁迫下60个紫花苜蓿品种生物量的变化趋势不同，大部分紫花苜蓿品种的对照生物量大于盐处理生物量，但部分品种的盐处理生物量却呈上升趋势，如NX-11、NX-58的盐处理生物量增加的幅度最大，增长了106. 25%、126. 36%，可能是盐胁迫促进了植株体内的酶活性及渗透物质的积累，对植株的生长有一定的促进作用；NX-66、NX-119的盐处理生物量降低了84. 74%、85. 35%，下降幅度最大，这可能是在高盐胁迫下，植株对盐胁迫较敏感，降低了植物的光合速率，同化物和能量的供给不足以提供支持植株的正常生长发育所需要的营养，所以生物量减少。

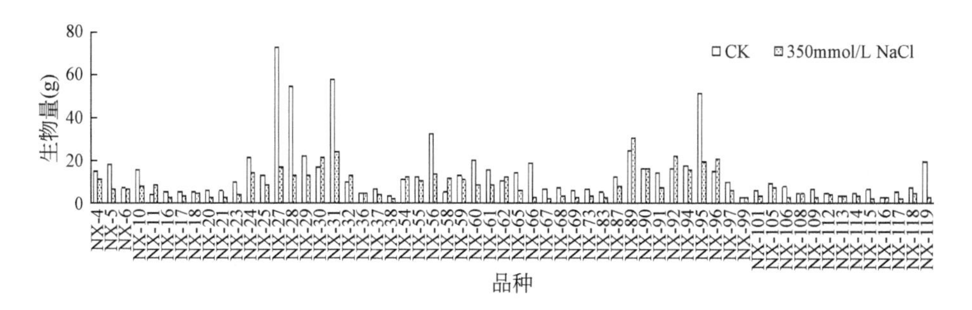

图3-16　盐胁迫对生物量的影响

3. 2. 2　盐胁迫对不同紫花苜蓿品种生理生化指标的影响

3. 2. 2. 1　盐胁迫对脯氨酸含量的影响

测定不同盐处理天数下的脯氨酸含量（图3-17）。随着盐胁迫时间的延长，对照的脯氨酸含量增加，呈现增长趋势，可能是在生长过程中，植物受外界非生物胁迫（如高温）的影响，通过积累脯氨酸含量减少对植物产生的伤害。相比于对照脯氨酸含量，盐处理下脯氨酸含量逐渐增加，且变化较大，每个品种的脯氨酸积累量不同。紫花苜蓿品种NX-67、NX-68、NX-101、NX-117的脯氨酸积累量在盐处理6天后达到最大值，盐处理9天后脯氨酸积累量减小。在盐处理6天后达到最高峰，可能是由于盐胁迫促进了植物体内的渗透调节系统的作用，合成了大量的脯氨酸，到第6天达到最高，降低了细胞内的渗透势，植物自身通过代谢来修复和适应盐胁迫。盐胁迫9天后，脯氨酸含量下降，可能是脯氨酸逐渐氧化降解，导致其含量下降。紫花苜蓿品种 NX-30、NX-59、NX-60、NX-61、NX-96 的脯氨酸含量在盐处理第 9 天急剧上升，这是因为盐胁迫下，蛋白质合成受阻而蛋白质分解加强，导致植物体内氨基酸，尤其是脯氨酸含量大大增加，降低了细胞内的渗透势来抵抗外界的盐胁迫环境。

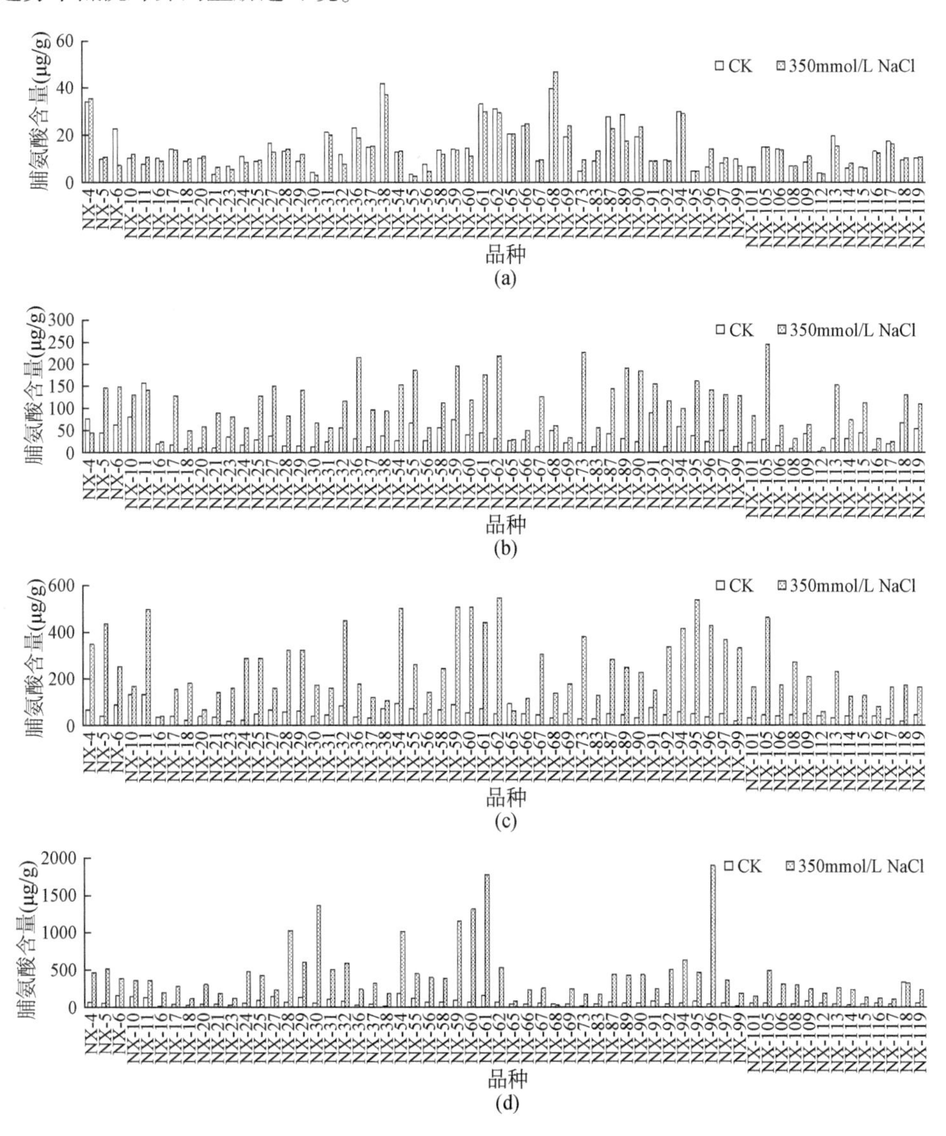

图 3-17　盐胁迫对脯氨酸含量的影响

（a）表示盐处理 0 天的脯氨酸含量变化；（b）表示盐处理 3 天的脯氨酸含量变化；（c）表示盐处理 6 天的脯氨酸含量变化；（d）表示盐处理 9 天的脯氨酸含量变化

3.2.2.2　盐胁迫对丙二醛含量的影响

测定不同盐处理天数下 60 个紫花苜蓿品种的丙二醛含量（图 3-18）。从图 3-18（a）可知，开始时同一品种的盐处理丙二醛含量和对照间的差异较小；随着盐处理时间的增加，对照的丙二醛含量变化较小［图 3-18（b）～图 3-18（d）］，盐处理下不同品种的丙二醛含量有不同程度的增加，盐处理 9 天后，大部分品种的丙二醛含量达到最大。

紫花苜蓿品种 NX-6、NX-18、NX-101、NX-109、NX-115，随着盐处理时间的增加，丙二醛含量逐渐上升，在第 9 天达到最大值，盐处理第 9 天其含量分别为 92.69μmol/L、82.73μmol/L、91.9μmol/L、89.42μmol/L、90.76μmol/L，与对照相比增加了 4.5～5.8 倍。随着盐处理时间的增加，丙二醛含量逐渐增加，表明在盐胁迫下，生物膜受到较大的损伤，引起膜脂过氧化反应，产生较多的丙二醛。紫花苜蓿品种 NX-30、NX-58、NX-60 的丙二醛含量逐渐增加，在盐胁迫第 9 天增长到最大，分别为 33.43μmol/L、19.93μmol/L、20.82μmol/L，与对照相比增加 1.9～2 倍。在整个盐胁迫阶段，这 3 个品种的丙二醛含量的增长较少，可能是由于植物自身的代谢调节作用使盐胁迫对植物的伤害程度减弱，避免膜系统受到损害。

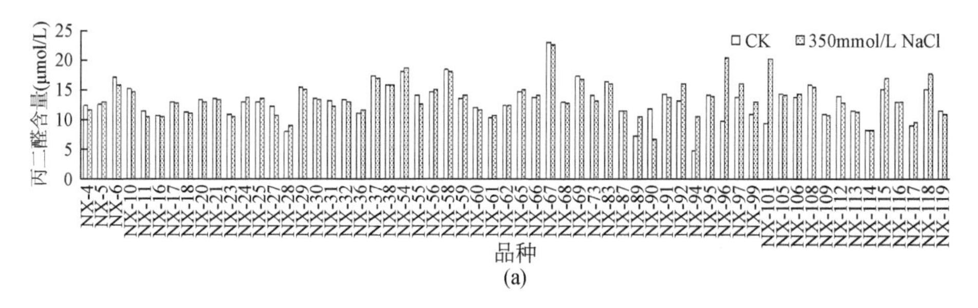

(a)

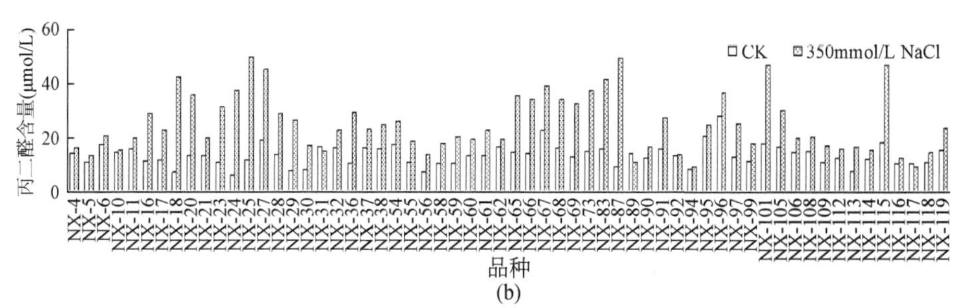

(b)

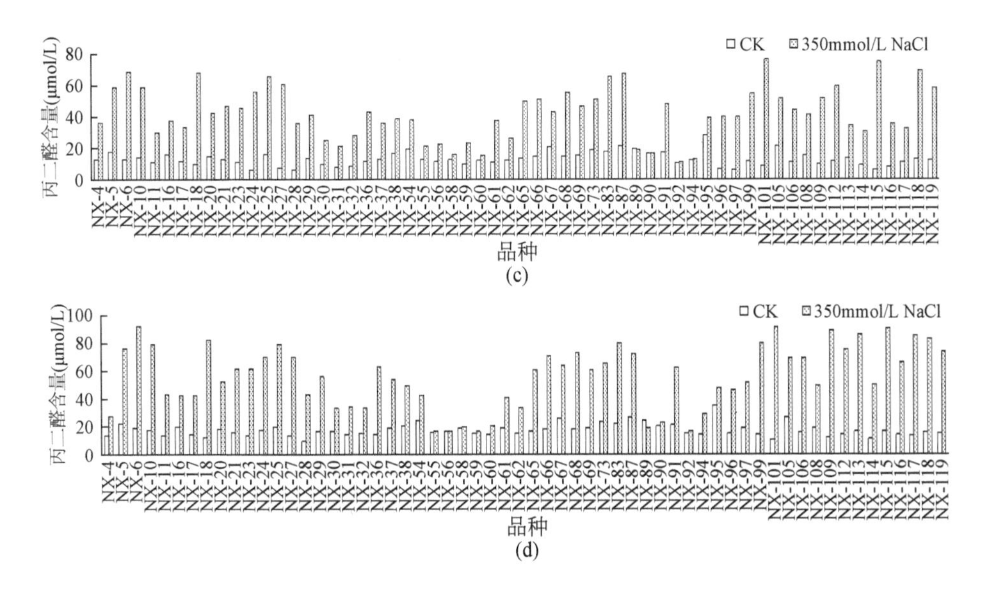

图 3-18 盐胁迫对丙二醛含量的影响

(a) 表示盐处理 0 天的丙二醛含量变化；(b) 表示盐处理 3 天的丙二醛含量变化；(c) 表示盐处理 6 天的丙二醛含量变化；(d) 表示盐处理 9 天的丙二醛含量变化

3.2.2.3 盐胁迫对过氧化物酶活性的影响

测定不同盐处理天数下 60 个紫花苜蓿品种的过氧化物酶活性（图 3-19）。对照的过氧化物酶活性平均值在处理前为 7.13，盐处理第 3 天为 8.097，盐处理第 6 天为 7.05，盐处理第 9 天为 6.61，对照的酶活性随着盐处理天数的增加变化较小。盐处理下的各品种叶片内过氧化物酶活性随着盐处理时间的增加变化趋势不同：大部分品种，盐处理时间越长，过氧化物酶活性越强，在盐处理第 9 天达到最大值；而有的品种的过氧化物酶活性有一个先上升后下降的趋势，在第 3 天达到最大值。

紫花苜蓿 NX-4、NX-10、NX-30、NX-94 的过氧化物酶活性随着盐处理时间的增加，呈上升趋势，盐处理前分别为 9.99U/(g·h)、10.74U/(g·h)、8.47U/(g·h)、8.26U/(g·h)；盐处理第 3 天分别为 30.71U/(g·h)、25.37U/(g·h)、27.49U/(g·h)、25.99U/(g·h)；盐处理第 6 天分别为 33.69U/(g·h)、31.96U/(g·h)、33.15U/(g·h)、34.10U/(g·h)；盐处理第 9 天分别为 46.70U/(g·h)、46.77U/(g·h)、46.91U/(g·h)、46.74U/(g·h)。这几个品种的过氧化物酶活性持续增加，到盐处理第 9 天达到最大值，可能是盐处理促进了植物体内的酶活性代谢，可以及时清除由外界盐胁迫产生的活性氧。紫花苜蓿品种 NX-38、NX-115、NX-116 的过氧化物酶活性在盐处理第 3 天达到最大值，分别为 31.55U/(g·h)、30.64U/(g·h)、31.38U/(g·h)，随着盐处

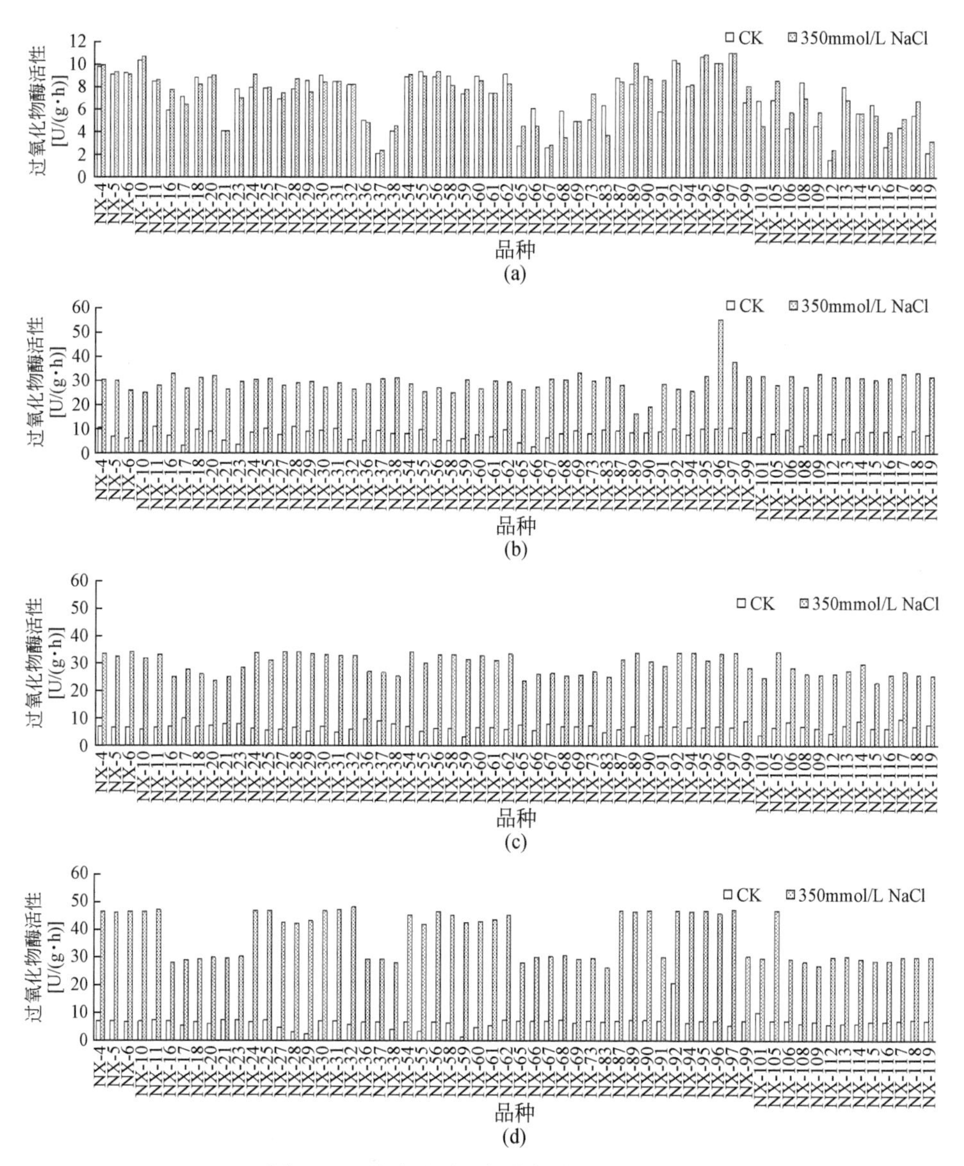

图 3-19 盐胁迫对过氧化物酶活性的影响

（a）表示盐处理 0 天的过氧化物酶活性变化；（b）表示盐处理 3 天的过氧化物酶活性变化；（c）表示盐处理 6 天的过氧化物酶活性变化；（d）表示盐处理 9 天的过氧化物酶活性变化

理时间的增加，过氧化物酶活性逐渐降低，盐处理第 3 天增加可能是由于在盐胁迫下产生的部分生物活性氧自由基被清除，酶活性增大，表明在短时间胁迫下植物能依靠自身的防御体系抵御盐害，随着盐胁迫时间的增加，幼苗体内超氧负离子大幅增加，植株自身保护酶动态平衡被打破，过氧化物酶活性下降。

3.2.2.4 盐胁迫对超氧化物歧化酶活性的影响

测定不同盐处理天数下 60 个紫花苜蓿品种的超氧化物歧化酶活性（图 3-20）。60 个紫花苜蓿品种对照的超氧化物歧化酶活性平均值在第 3 天增加了 3.90%，第 6 天增加了 19.91%，第 9 天增加了 28.96%；在盐处理第 3 天 60 个紫花苜蓿品种叶片内超氧化物歧化酶活性平均值增加了 22.69%，盐处理第 6 天增加了 53.86%，盐处理第 9 天增加了 68.98%，超氧化物歧化酶活性随着盐处理时间的增加而增大，盐处理第 9 天时超氧化物歧化酶活性最大，与对照相比增长幅度较大。

盐胁迫下有些品种超氧化物歧化酶活性增加的幅度较大，在盐处理第 6 天，超氧化物歧化酶活性增加的幅度最大，在盐处理第 9 天超氧化物歧化酶活性增加幅度逐渐降低，如 NX-6、NX-59、NX-105 这 3 个品种，盐胁迫 3 天后，超氧化物歧化酶活性增加了 24.83%、24.59%、23.19%；盐胁迫 6 天后，超氧化物歧化酶活性增加了 29.48%、29.26%、27.91%；盐胁迫 9 天后，超氧化物歧化酶活性增长了 12.65%、12.58%、12.12%，这 3 个品种的超氧化物歧化酶活性增加幅度较大。有些品种的超氧化物歧化酶活性增加的幅度较小，如 NX-68、NX-101、NX-106 在盐处理 3 天后，超氧化物歧化酶活性增加了 20.96%、20.05%、20.38%；盐处理 6 天后，超氧化物歧化酶活性增加了 21.32%、20.55%、20.84%；盐处理 9 天后，超氧化物歧化酶活性增加了 6.59%、6.39%、6.46%。超氧化物歧化酶活性增加越多，对盐胁迫下产生的活性氧的清除能力就越强，对植株的伤害就越少，对盐胁迫反应的抵抗能力就越强。

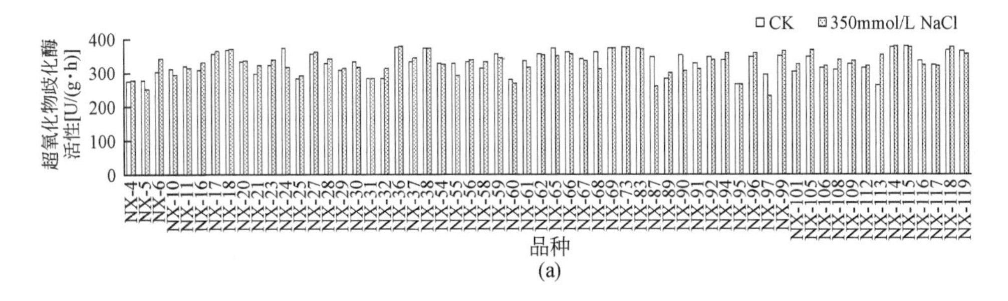

(a)

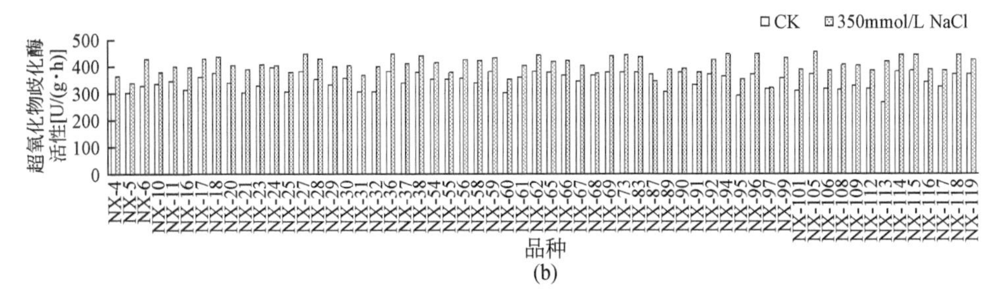

(b)

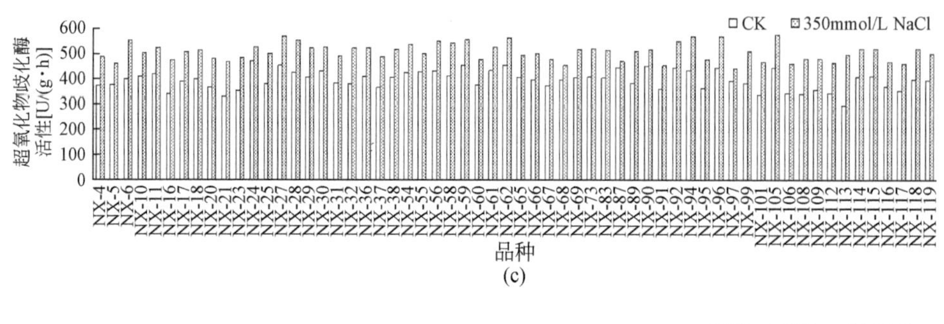

(c)

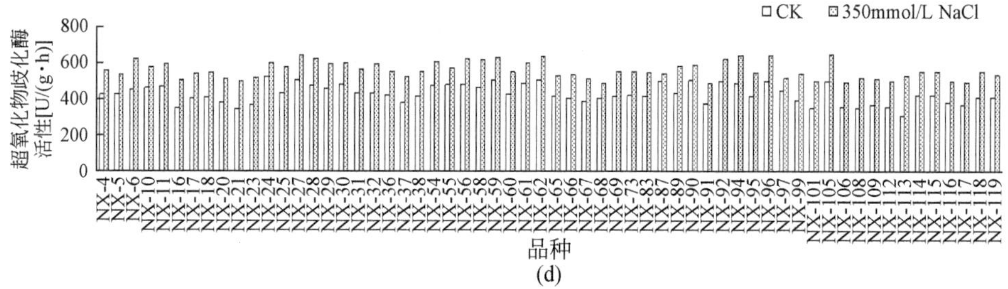

(d)

图 3-20　盐胁迫对超氧化物歧化酶活性的影响

（a）表示盐处理 0 天的超氧化物歧化酶活性变化；（b）表示盐处理 3 天的超氧化物歧化酶活性变化；（c）表示盐处理 6 天的超氧化物歧化酶活性变化；（d）表示盐处理 9 天的超氧化物歧化酶活性变化

3.2.2.5　盐胁迫对过氧化氢酶活性的影响

测定不同盐处理天数下 60 个紫花苜蓿品种的过氧化氢酶活性（图 3-21）。随着盐处理时间的增加，植株体内过氧化氢酶活性的变化趋势不同，部分品种随着盐处理时间的增加，过氧化氢酶活性呈上升的趋势，在盐处理第 9 天达到最大值；部分品种随着盐处理时间的增加，过氧化氢酶活性呈先增大后减小的趋势。

紫花苜蓿品种 NX-97 叶片内过氧化氢酶活性随着盐胁迫时间的增加而逐步增加，盐处理第 9 天过氧化氢酶活性增加了 24.49%，可能是植株体内不断提高酶活性，盐处理第 9 天过氧化氢酶活性达到最大，有效地清除了由盐胁迫产生的活性氧。盐处理第 3 天和第 6 天，紫花苜蓿品种 NX-69、NX-83 的过氧化氢酶活性逐渐增加，在盐处理第 9 天过氧化氢酶活性却降低了 6.37%、14.88%，可能是由于盐胁迫前 6 天，植株本身产生的活性氧较少，过氧化氢酶活性增强，有效地清除了体内产生的活性氧和离子，而到了盐处理第 9 天，由于盐处理时间较长，盐分积累较多，对植株本身的伤害作用增大，过氧化氢酶活性降低。

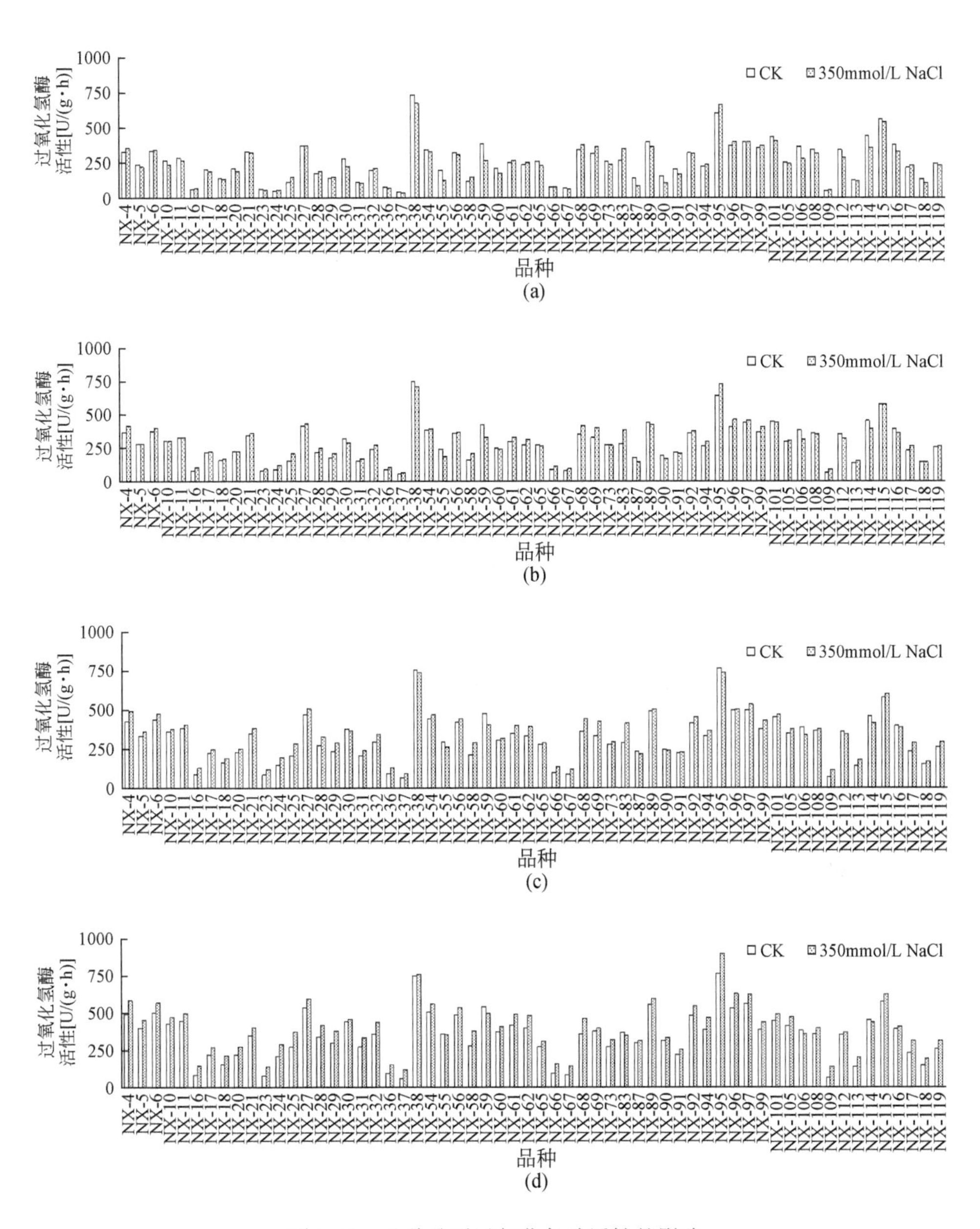

图 3-21　盐胁迫对过氧化氢酶活性的影响

（a）表示盐处理 0 天的过氧化氢酶活性变化；（b）表示盐处理 3 天的过氧化氢酶活性变化；（c）表示盐处理 6 天的过氧化氢酶活性变化；（d）表示盐处理 9 天的过氧化氢酶活性变化

3.2.3 盐胁迫对不同紫花苜蓿品种光合作用的影响

3.2.3.1 盐胁迫对气孔导度的影响

测定不同盐处理下 60 个紫花苜蓿品种的气孔导度（图 3-22）。结果表明，对照的气孔导度在 9 天内的变化较小，盐处理各品种的气孔导度有一个先增加后降低的趋势，盐处理第 9 天盐胁迫对植株的气孔导度影响最大，这可能是因为在盐处理前期，植物体自身对盐胁迫有一定的抵抗机制，渗透调节物质积累从而抵抗外界胁迫，气孔导度增加。随着盐处理时间的增加，紫花苜蓿品种 NX-60、NX-62、NX-90 的气孔导度呈先增加后降低的趋势，盐处理第 9 天受到的盐胁迫程度最大，气孔导度降低最多，分别降低了 12.13%、9.9%、11.09%，但下降幅度较小，这可能是由于在盐胁迫初期，保护酶活性的增加和渗透物质的积累，降低了外界环境对植株体的伤害。紫花苜蓿品种 NX-101、NX-106、NX-115 的气孔导度呈先增加后降低的趋势，盐胁迫第 9 天的气孔导度降低幅度最大，分别降低了 50.78%、47.27%、48.65%，这可能是在盐处理的 9 天内，盐分在植株体内积累较多，保护酶活性降低，不能有效地清除产生的活性氧，盐胁迫对植物的伤害程度加大，导致植物叶片部分气孔关闭，气孔导度降低。

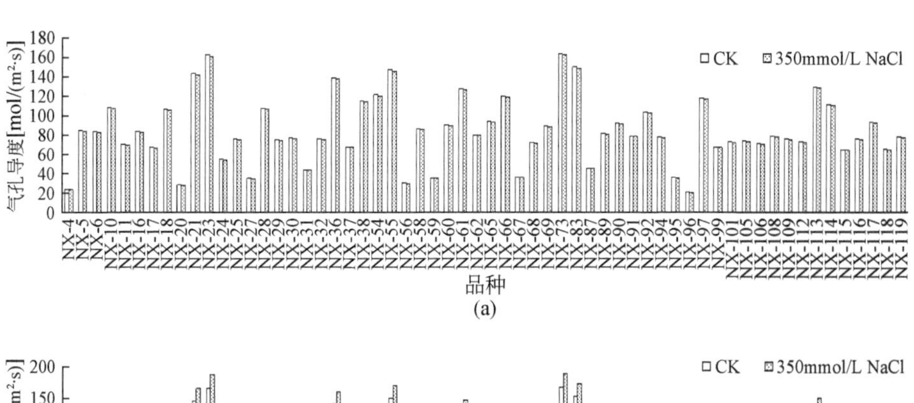

(a)

气孔导度[mol/(m²·s)]
□CK ▨350mmol/L NaCl
0 50 100 150 200
NX-4 NX-5 NX-6 NX-10 NX-11 NX-16 NX-17 NX-18 NX-20 NX-21 NX-23 NX-24 NX-25 NX-27 NX-28 NX-29 NX-30 NX-31 NX-32 NX-36 NX-37 NX-38 NX-54 NX-55 NX-56 NX-58 NX-59 NX-60 NX-61 NX-62 NX-65 NX-66 NX-67 NX-68 NX-69 NX-73 NX-83 NX-89 NX-90 NX-91 NX-92 NX-94 NX-95 NX-96 NX-97 NX-99 NX-101 NX-105 NX-106 NX-108 NX-109 NX-112 NX-113 NX-114 NX-115 NX-116 NX-117 NX-118 NX-119
品种
(b)

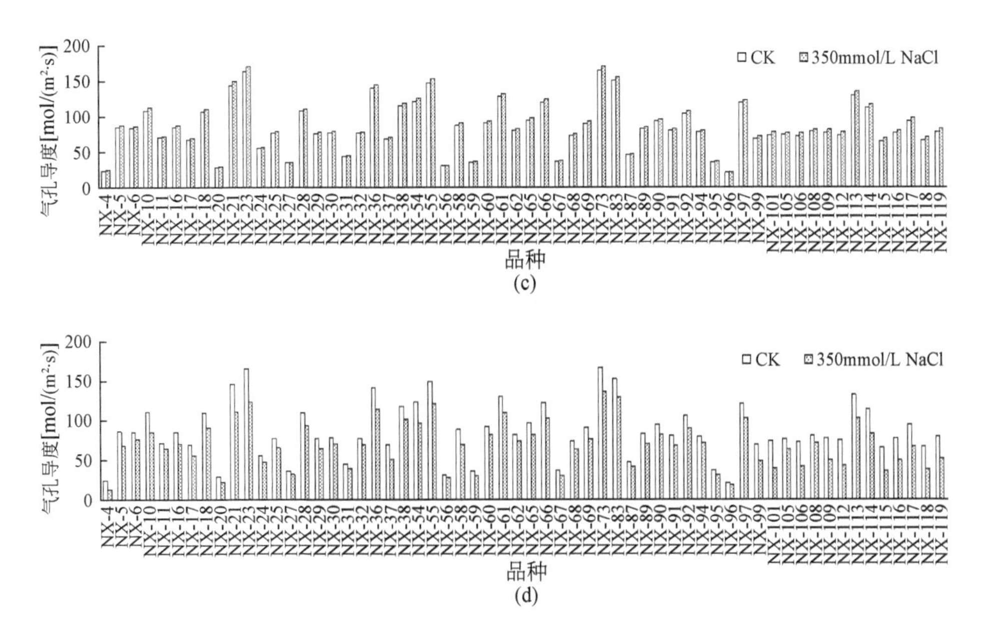

图 3-22　盐胁迫对气孔导度的影响

（a）表示盐处理 0 天的气孔导度变化；（b）表示盐处理 3 天的气孔导度变化；（c）表示盐处理 6 天的气孔导度变化；（d）表示盐处理 9 天的气孔导度变化

3.2.3.2　盐胁迫对光合速率的影响

测定不同盐处理天数下 60 个紫花苜蓿品种的光合速率（图 3-23）。结果表明，有些品种随着盐处理时间的增加，光合速率呈现先上升后下降的趋势，如紫花苜蓿品种 NX-62、NX-90、NX-94 盐处理 3 天后，光合速率增加了 3.4%、4.1%、5.3%，盐处理 6 天后，光合速率降低了 5.3%、4.9%、2.3%，盐处理 9 天后，光合速率降低了 6.9%、2.1%、1.1%。有些品种随着盐处理时间的延长，光合速率一直呈下降的趋势，如紫花苜蓿品种 NX-116、NX-117、NX-119 盐处理 3 天后，光合速率降低了 1.1%、16.5%、13%，盐处理 6 天后，光合速率降低了 1.1%、19.7%、5.9%，盐处理 9 天后，光合速率降低了 24.7%、16.2%、20.3%。在高盐浓度处理时，NX-116、NX-117、NX-119 这 3 个品种失水较多，并且气孔导度降低，植物和外界进行气体交换的通道减少，从而气体交换量减少，从空气中获得的水分减少，并且长时间的盐胁迫导致植物根系吸水困难，光合底物减少，光合速率降低，导致光合作用减弱，说明盐胁迫在一定程度上影响了植物的生长。

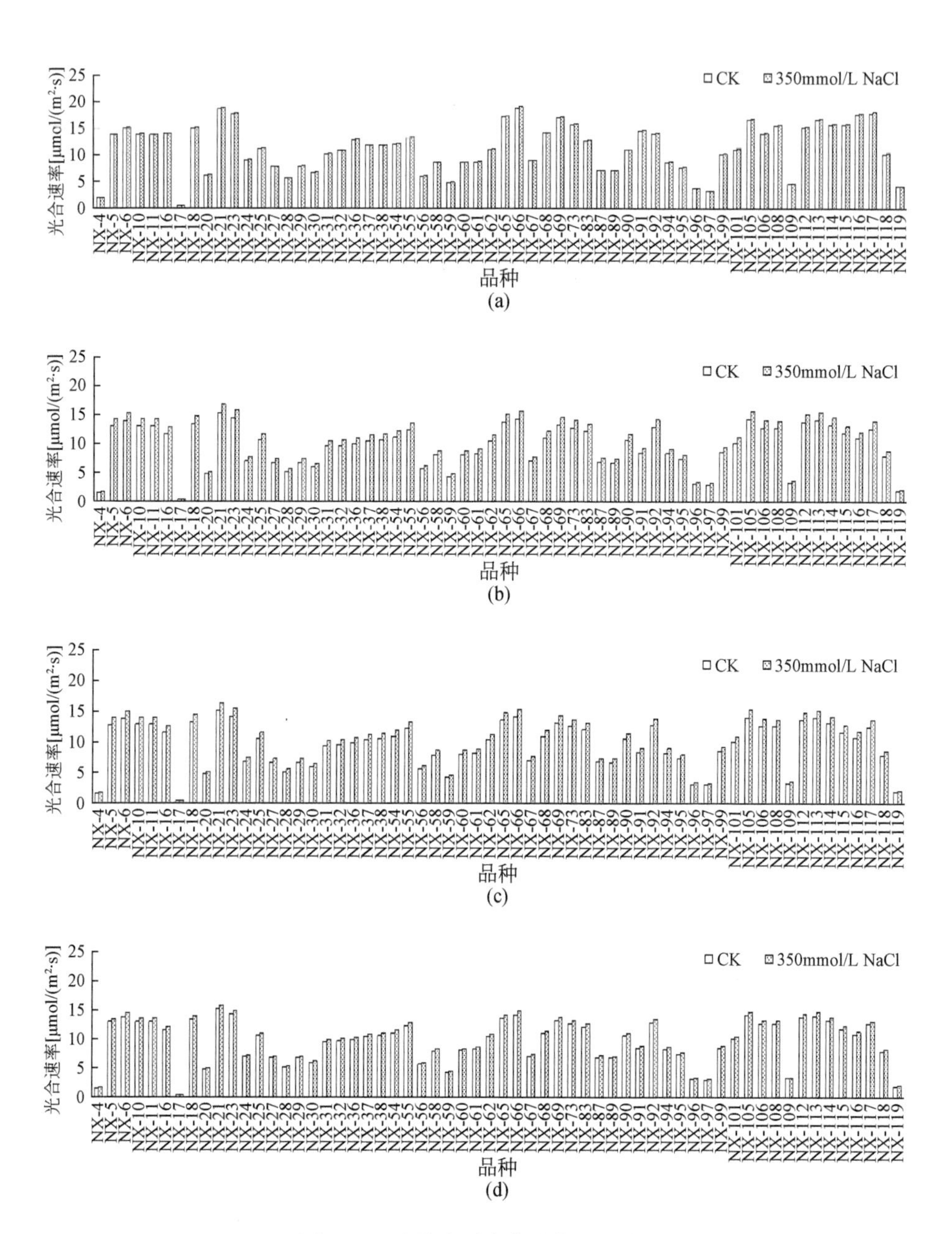

图 3-23　盐胁迫对光合速率的影响

（a）表示盐处理 0 天的光合速率变化；（b）表示盐处理 3 天的光合速率变化；（c）表示盐处理 6 天的光合速率变化；（d）表示盐处理 9 天的光合速率变化

3.2.3.3 盐胁迫对蒸腾速率的影响

测定不同盐处理天数下 60 个紫花苜蓿品种的蒸腾速率（图 3-24）。有些品种蒸腾速率随着盐处理时间的增加呈现先上升后下降的趋势，如紫花苜蓿品种 NX-62、NX-90、NX-94 的蒸腾速率在盐处理第 3 天增加，随着盐处理时间的增加，蒸腾速率逐渐降低，降低的幅度增大，在盐处理第 9 天蒸腾速率分别降低了 6.9%、2.1%、1.1%。盐胁迫初期蒸腾速率增加，可能是因为盐胁迫导致植物更进一步从土壤中吸取较多的水分来抵制外界的盐胁迫环境；盐处理后期，盐含量积累，植株体内的水势降低，从而水分减少，气孔导度降低，导致蒸腾速率降低。可以看到，有些品种随着盐处理时间的增加，蒸腾速率一直呈下降的趋势，可能是因为植株对盐胁迫较敏感，所以在盐处理前期水分就开始散失，使蒸腾速率下降。

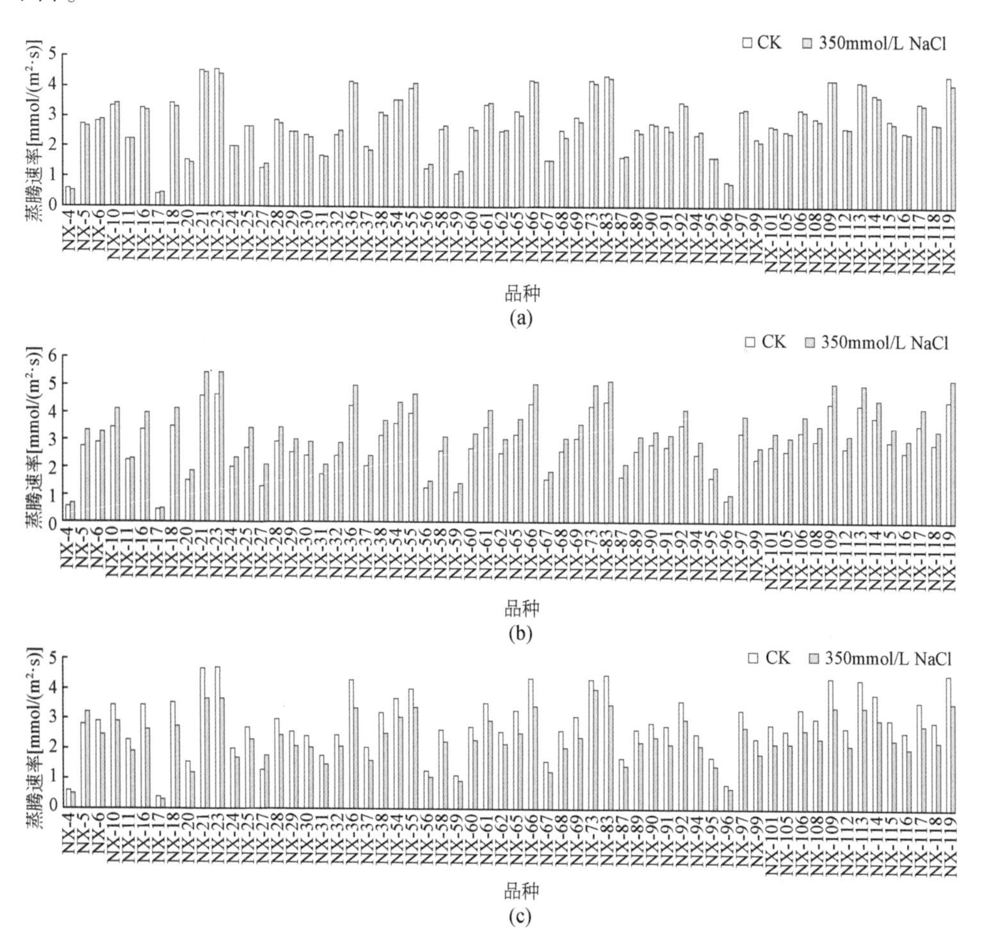

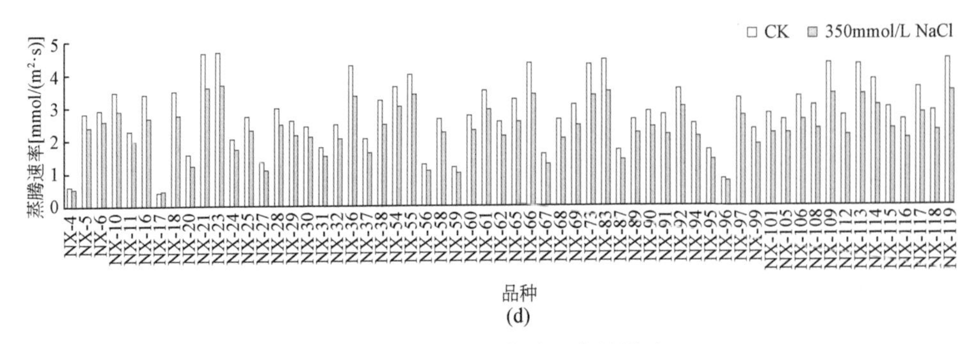

图 3-24　盐胁迫对蒸腾速率的影响

(a) 表示盐处理 0 天的蒸腾速率变化；(b) 表示盐处理 3 天的蒸腾速率变化；(c) 表示盐处理 6 天的蒸腾速率变化；(d) 表示盐处理 9 天的蒸腾速率变化

3.2.3.4　盐胁迫对胞间二氧化碳浓度的影响

测定不同盐处理天数下 60 个紫花苜蓿品种的胞间二氧化碳浓度（图 3-25）。随着盐胁迫时间的延长，植物体内的胞间二氧化碳浓度呈现先增加后下降的趋势，NX-60、NX-61、NX-87 在盐处理第 3 天时，胞间二氧化碳浓度均增加，增加了 43.4%、40.37%、42.98%，盐处理 6 天后，NX-60 增加了 0.4%，NX-61、NX-87 的二氧化碳浓度降低了 2.6%、0.2%，盐处理第 9 天，则分别降低了 12%、11.31%、12.93%，这 3 个品种的胞间二氧化碳浓度降低的幅度偏小。NX-115、NX-116、NX-117 这 3 个品种在盐处理第 3 天分别增加了 19.17%、24.37%、22.79%，盐处理第 6 天降低了 36.09%、34.58%、35.02%，盐处理第 9 天降低了 12.04%，11.2%、11.2%，这 3 个品种降低的幅度偏大，可能是因为在盐胁迫前期，植物的气孔导度增加，与外界的气体交换量增加，并且植物的呼吸作用增强从而产生二氧化碳，所以植物体内的胞间二氧化碳浓度增加，光合作用增强，生成的有机物和能量增加，以抵抗外界胁迫；而在盐胁迫后期，植物体内的胞间二氧化碳浓度下降，可能是因为随着盐胁迫时间的延长，植物的呼吸作用减弱，产生的二氧化碳减少，而且后期的气孔导度降低，气体交换减少，光合作用的进行消耗了二氧化碳，所以胞间二氧化碳浓度降低。

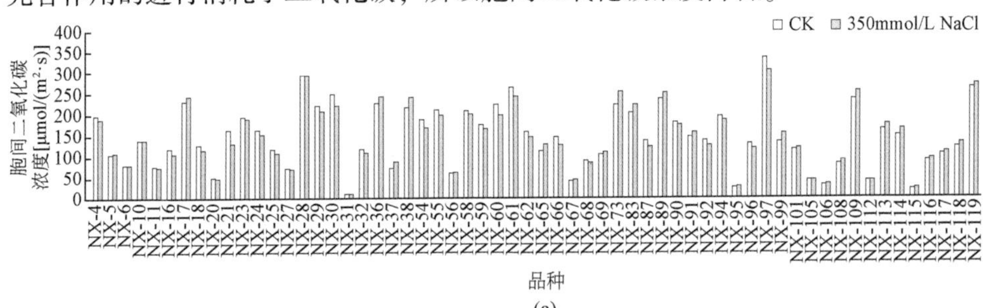

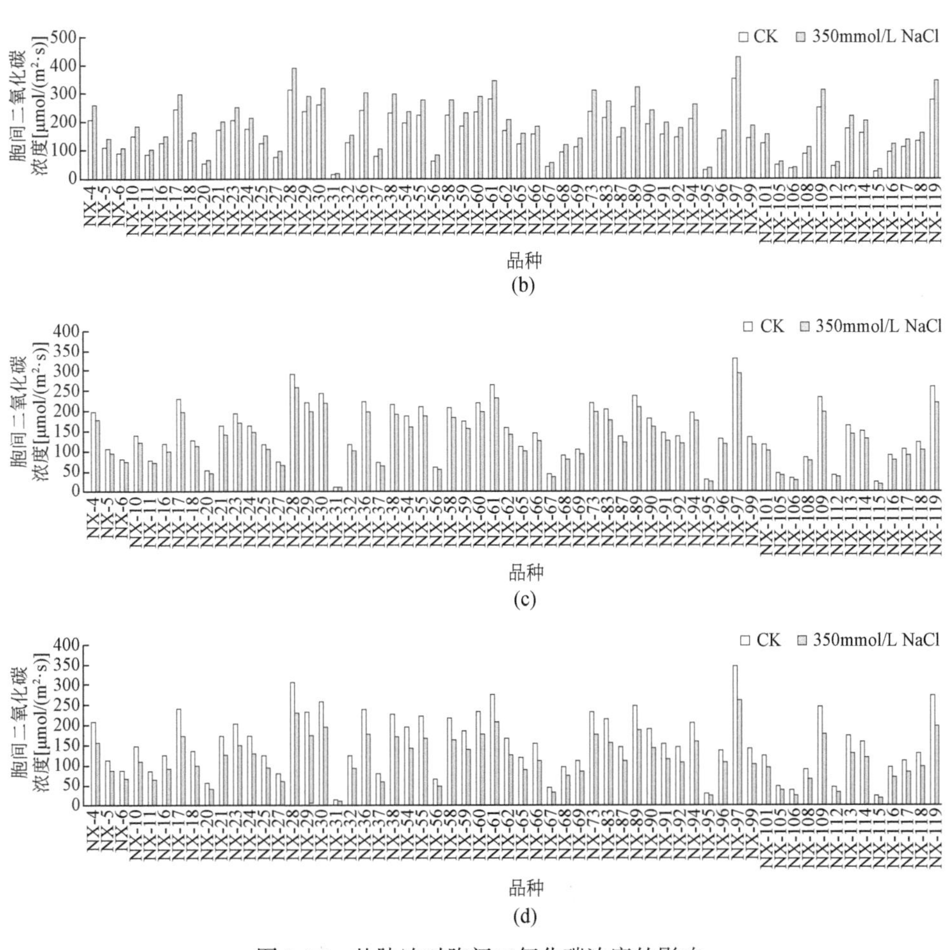

图 3-25　盐胁迫对胞间二氧化碳浓度的影响

（a）表示盐处理 0 天的胞间二氧化碳浓度变化；（b）表示盐处理 3 天的胞间二氧化碳浓度变化；（c）表示盐处理 6 天的胞间二氧化碳浓度变化；（d）表示盐处理 9 天的胞间二氧化碳浓度变化

3.2.4　苗期各指标的相关分析

从表 3-5 可以看到，盐胁迫 9 天后，株高与光合速率在 0.05 水平上呈显著正相关，说明光合速率越大，生成的有机物越多，植株的生物量越大，而随着盐胁迫程度的增加，产生的一部分物质用来抵抗外界胁迫，另一部分物质促进植株的生长发育，所以株高增加，呈正相关。脯氨酸含量与丙二醛含量在 0.01 水平上呈极显著负相关，表明脯氨酸含量增大，对植物体内的渗透调节起到一定的作用，从而抵抗外界盐胁迫，胁迫对植株的损害减小，所以丙二醛含量降低。脯氨

表 3-5 盐胁迫下苗期各指标的相关分析

相关系数	株高	叶面积	脯氨酸含量	丙二醛含量	过氧化物酶活性	超氧化物歧化酶活性	过氧化氢酶活性	气孔导度	光合速率	蒸腾速率	胞间二氧化碳浓度	耐盐系数
株高	1											
叶面积	-0.09	1										
脯氨酸含量	0.04	-0.14	1									
丙二醛含量	-0.07	0.09	-0.37**	1								
过氧化物酶活性	0.07	0.18	-0.08	0.08	1							
超氧化物歧化酶活性	0.04	0.02	0.34**	-0.50**	-0.22	1						
过氧化氢酶活性	-0.10	-0.06	0.12	-0.39**	0.06	0.45**	1					
气孔导度	0.17	-0.12	0.22	-0.35**	-0.20	0.39**	0.27*	1				
光合速率	0.32*	-0.01	0.19	-0.37**	-0.13	0.60**	0.22	0.37**	1			
蒸腾速率	-0.25	0.01	0.20	-0.32*	-0.08	0.50**	0.20	0.08	0.18	1		
胞间二氧化碳浓度	-0.01	-0.14	0.34**	-0.43**	-0.10	0.54**	0.28*	0.37**	0.34**	0.28*	1	
耐盐系数	-0.05	-0.12	-0.24	0.16	-0.13	-0.23	-0.08	-0.21	-0.32*	-0.16	-0.27*	1

酸含量与超氧化物歧化酶活性、胞间二氧化碳浓度呈极显著正相关，可能是因为高盐浓度处理给植株形成了不利环境，使植株体内产生了毒害物质，从而激活了植株体内的保护酶系统，酶活性增加，并且积累的脯氨酸会清除体内产生的毒害物质。丙二醛是植株膜脂过氧化的产物，丙二醛含量越高，说明外界对植株的伤害越大，而丙二醛含量与超氧化物歧化酶活性、过氧化氢酶活性、气孔导度、光合速率、蒸腾速率、胞间二氧化碳浓度在 0.01 水平上呈显著负相关，表明丙二醛含量增大，则植株体内的酶活性降低，气孔导度、光合速率、蒸腾速率、胞间二氧化碳浓度下降，光合作用减弱，对植株的伤害增大。超氧化物歧化酶活性与过氧化氢酶活性、气孔导度、光合速率、蒸腾速率、胞间二氧化碳浓度在 0.01 水平上呈极显著正相关，表明超氧化物歧化酶活性、过氧化氢酶活性增加，在一定范围内能够有效地清除植株体内产生的超氧阴离子和生物活性氧等，从而抵抗外界对植株的伤害，对植株光合作用的影响减小。过氧化氢酶活性与气孔导度、胞间二氧化碳浓度在 0.05 水平上呈显著正相关，表明保护酶活性增加，可以清除植株体内产生的毒害物质，从而抵抗外界的盐胁迫环境，使气孔导度和胞间二氧化碳浓度增加。气孔导度与光合速率、胞间二氧化碳浓度在 0.01 水平上呈极显著正相关。光合速率与胞间二氧化碳浓度在 0.01 水平上呈极显著正相关，与耐盐系数在 0.05 水平上呈显著负相关；蒸腾速率与胞间二氧化碳浓度在 0.05 水平上呈显著正相关；胞间二氧化碳浓度与耐盐系数在 0.05 水平上呈显著负相关。

3.2.5 盐胁迫下苗期的主成分分析

将苗期测定的各个指标进行主成分分析，可以将 12 个独立的指标整合成 12 个新的主成分，从表 3-6 可以看到，前 7 个主成分的累积贡献率为所有信息的 80% 以上，从特征值来看，前 4 个主成分的特征值大于 1，所以考虑保留前 4 个主成分。

表 3-6　12 个主成分的特征值、贡献率

主成分	特征值	贡献率（%）	累积贡献率（%）
1	3.5810	29.8416	29.8416
2	1.4755	12.2957	42.1373
3	1.1710	9.7580	51.8953
4	1.0864	9.0529	60.9482
5	0.9221	7.6839	68.6321

续表

主成分	特征值	贡献率（%）	累积贡献率（%）
6	0.7850	6.5413	75.1734
7	0.6702	5.5847	80.7581
8	0.6110	5.0913	85.8495
9	0.5403	4.5022	90.3517
10	0.5170	4.3082	94.6598
11	0.4423	3.6862	98.3460
12	0.1985	1.6540	100

从表3-7中可以得到各个指标在4个主成分中的特征向量，特征向量越大，表示与原变量之间的关系越密切。从表3-7中可以看到，第一主成分与丙二醛含量、超氧化物歧化酶活性、气孔导度、光合速率、胞间二氧化碳浓度之间关系密切；第二主成分与株高、蒸腾速率之间关系密切；第三主成分与叶面积、耐盐系数之间关系密切；第四主成分与过氧化物酶活性、过氧化氢酶活性关系密切。把原来12个指标转换为4个新的综合指标，这4个指标代表了原来12个指标的60.95%的信息，同时根据方差的累积贡献率可以知道指标之间的相对重要性。

表3-7　4个主成分的特征向量

原变量	主成分			
	1	2	3	4
株高	0.0069	0.6713	0.1872	0.2071
叶面积	-0.0662	-0.2715	0.7386	-0.0159
脯氨酸含量	0.2754	-0.0373	-0.1950	-0.2256
丙二醛含量	-0.3758	0.1041	0.1309	-0.1798
过氧化物酶活性	-0.1332	-0.2848	0.2392	0.5726
超氧化物歧化酶活性	0.4469	-0.0852	0.0845	0.0450
过氧化氢酶活性	0.2754	-0.1917	-0.0694	0.5199
气孔导度	0.3149	0.2908	-0.0128	0.1055
光合速率	0.3499	0.2946	0.3460	0.0897
蒸腾速率	0.2681	-0.4085	-0.0485	-0.1786
胞间二氧化碳浓度	0.3751	-0.0099	-0.0857	-0.0140
耐盐系数	0.2257	-0.0072	0.4068	-0.4714

3.2.6　60 个紫花苜蓿品种苗期的聚类分析

以各单项指标的耐盐系数为依据，对其进行标准化处理，以欧式距离的平方为相似尺度，采用离差平方和法对数据进行聚类分析，如图 3-26 所示，通过聚类分析将 60 个紫花苜蓿品种分为两类：一类为耐盐品种，分别为品种 NX-4、NX-11、NX-96、NX-89、NX-92、NX-59、NX-5、NX-95、NX-97、NX-60、NX-62、NX-65、NX-105、NX-58、NX-25、NX-27、NX-87、NX-90、NX-29、NX-30、NX-32、NX-36、NX-55、NX-56、NX-61、NX-31；另一类为敏盐品种，分别是品种 NX-6、NX-94、NX-10、NX-16、NX-21、NX-20、NX-23、NX-69、NX-24、NX-67、NX-28、NX-17、NX-113、NX-73、NX-114、NX-37、NX-108、NX-66、NX-18、NX-83、NX-54、NX-91、NX-109、NX-117、NX-99、NX-118、NX-106、NX-101、NX-115、NX-116、NX-119、NX-38、NX-68、NX-112。

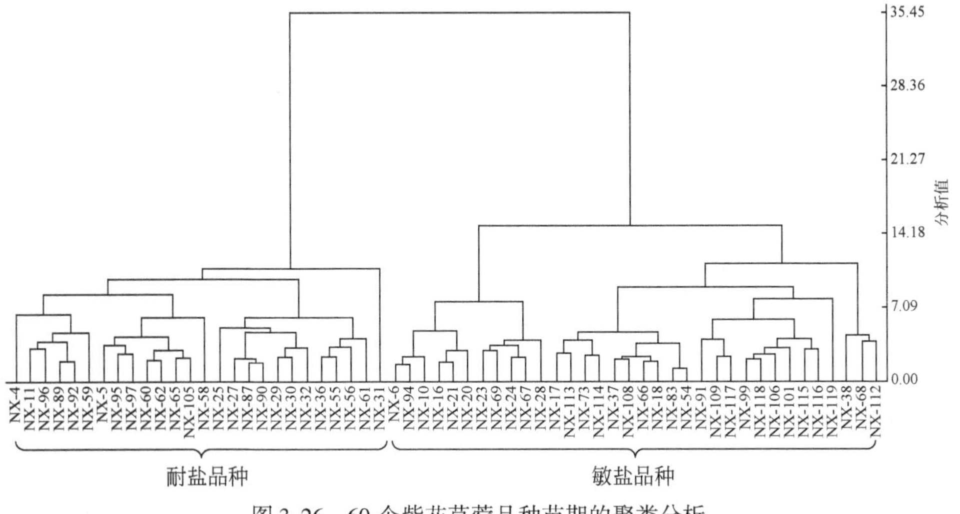

图 3-26　60 个紫花苜蓿品种苗期的聚类分析

3.3　紫花苜蓿品种耐盐性聚类分析

通过对紫花苜蓿品种种子萌发期和苗期指标分别进行聚类分析，可以将 60 个紫花苜蓿品种分为两类，但分类的品种存在差异。因此，利用隶属函数法对种子萌发期和苗期的指标进行综合评价，从而筛选出耐盐和敏盐的紫花苜蓿品种。

对种子萌发期和苗期的指标进行因子分析，通过贡献率和特征值提取 6 个主成分，将所有的数据标准化后，使用 SPSS17.0 软件得出因子得分值，从而根据综合指标值分别计算 60 份紫花苜蓿种质资源的隶属函数值 U (x_j)，结果见表 3-8。对同一综合指标主成分 1 而言，盐胁迫处理品种 94（WL343）的 U (x_j) 最大，为 1.000，表明此种质在主成分 1 中表现为耐盐性最强，而品种 97（肇东）的 U (x_j) 最小，为 0.000，表明该种质在主成分 1 中表现为耐盐性最差。同时再依据种子萌发期和苗期各综合指标贡献率的大小，分别求出各综合指标的权重。6 个综合指标的权重分别为 0.275 32、0.253 87、0.177 65、0.123 26、0.0863、0.0839。用隶属函数值结合权重处理并累加得到综合评价值（D）。

综合评价值（D）的大小可反映各紫花苜蓿种质资源耐盐能力的大小，其数值越大说明耐盐能力越强。从表 3-8 可以看到，甘农 21、阿迪娜、英国一号、肇东、140 澳大利亚、东德、Synb、荷兰向阳、杂 23、罗马尼亚的耐盐性较高；骑士 3、草原 2 号、抗旱 15、杰克林、敖汉、陇东苜蓿、国产苜蓿、阿尔冈金、LH、皇后 2000 的耐盐性较低。

表 3-8　60 个紫花苜蓿品种的隶属函数值、综合评价值和权重

品种	$U(x_1)$	$U(x_2)$	$U(x_3)$	$U(x_4)$	$U(x_5)$	$U(x_6)$	D	排序
甘农 21	0.408	0.800	0.449	0.510	0.564	0.595	0.556 591	1
阿迪娜	0.646	0.589	0.248	0.700	0.332	0.424	0.521 922	2
英国一号	0.350	0.599	0.449	0.459	1.000	0.511	0.514 156	3
肇东	0.000	0.977	0.674	0.375	0.598	0.448	0.503 204	4
140 澳大利亚	0.260	0.699	0.708	0.437	0.527	0.288	0.498 276	5
东德	0.388	0.798	0.419	0.311	0.217	0.629	0.493 514	6
Synb	0.481	0.603	0.596	0.180	0.570	0.355	0.492 439	7
荷兰向阳	0.248	0.980	0.015	0.477	0.473	0.755	0.482 535	8
杂 23	0.075	0.865	0.747	0.624	0.334	0.023	0.480 622	9
罗马尼亚	0.278	1.000	0.213	0.147	0.474	0.597	0.477 433	10
敖德萨	0.382	0.419	0.680	0.346	0.618	0.527	0.472 579	11
骑士 T	0.397	0.514	0.420	0.655	0.501	0.381	0.470 552	12
猎人河	0.363	0.800	0.139	0.353	0.657	0.489	0.468 897	13
WL343	1.000	0.003	0.168	0.528	0.640	0.433	0.462 573	14
陕北子洲	0.316	0.407	0.726	0.247	0.536	0.731	0.457 217	15
斯大林格勒	0.163	0.941	0.234	0.295	0.541	0.567	0.455 981	16
岩石	0.425	0.484	0.487	0.303	0.406	0.581	0.447 498	17
草原 3 号	0.251	0.374	0.830	0.318	0.595	0.511	0.444 879	18

续表

品种	$U(x_1)$	$U(x_2)$	$U(x_3)$	$U(x_4)$	$U(x_5)$	$U(x_6)$	D	排序
甘农 80-69	0. 158	0. 382	1. 000	0. 123	0. 593	0. 483	0. 424 955	19
日本	0. 279	0. 412	0. 407	0. 594	0. 616	0. 451	0. 417 662	20
澳大利亚	0. 403	0. 428	0. 599	0. 187	0. 544	0. 207	0. 413 182	21
甘农 80-70	0. 268	0. 947	0. 092	0. 241	0. 570	0. 030	0. 412 070	22
骑士 2	0. 288	0. 358	0. 674	0. 271	0. 561	0. 440	0. 408 557	23
亚利桑那	0. 531	0. 106	0. 896	0. 066	0. 295	0. 482	0. 406 216	24
兰热来恩德	0. 201	0. 325	0. 640	0. 146	0. 610	1. 000	0. 405 992	25
伊盟	0. 290	0. 265	0. 764	0. 217	0. 481	0. 596	0. 401 258	26
工农一号	0. 225	0. 439	0. 422	0. 151	0. 645	0. 915	0. 399 492	27
杂 20	0. 237	0. 436	0. 674	0. 268	0. 411	0. 401	0. 397 666	28
秘鲁	0. 282	0. 329	0. 576	0. 458	0. 527	0. 339	0. 393 969	29
兰花	0. 227	0. 459	0. 681	0. 386	0. 156	0. 354	0. 390 768	30
杂 11	0. 230	0. 265	0. 602	0. 552	0. 521	0. 427	0. 386 457	31
甘农 2×6	0. 350	0. 558	0. 174	0. 244	0. 550	0. 415	0. 381 508	32
渭南	0. 175	0. 527	0. 343	0. 220	0. 720	0. 563	0. 379 463	33
旱胜	0. 312	0. 333	0. 739	0. 120	0. 491	0. 240	0. 378 982	34
Natawwakaba	0. 163	0. 359	0. 479	0. 211	0. 725	0. 806	0. 377 045	35
1209 苏联	0. 307	0. 549	0. 195	0. 291	0. 653	0. 156	0. 363 980	36
1897 紫花	0. 290	0. 289	0. 580	0. 279	0. 625	0. 222	0. 363 186	37
波兰	0. 231	0. 322	0. 551	0. 526	0. 326	0. 311	0. 362 528	38
和田	0. 081	0. 151	0. 434	0. 955	0. 590	0. 559	0. 353 296	39
兴平	0. 343	0. 310	0. 455	0. 088	0. 540	0. 450	0. 348 933	40
Gymm	0. 219	0. 561	0. 400	0. 115	0. 614	0. 000	0. 341 037	41
中苜三号	0. 405	0. 560	0. 074	0. 000	0. 523	0. 342	0. 340 455	42
抗旱 7	0. 274	0. 410	0. 247	0. 205	0. 642	0. 425	0. 339 788	43
普列洛夫午	0. 113	0. 113	0. 421	1. 000	0. 417	0. 486	0. 334 882	44
甘农 7 号	0. 173	0. 390	0. 243	0. 279	0. 520	0. 721	0. 329 482	45
勇士	0. 413	0. 271	0. 123	0. 260	0. 539	0. 428	0. 318 939	46
甘农 75-43	0. 130	0. 326	0. 583	0. 085	0. 721	0. 162	0. 308 298	47
甘农 8 号	0. 334	0. 268	0. 254	0. 141	0. 570	0. 409	0. 305 984	48
阿根廷	0. 130	0. 321	0. 111	0. 454	0. 780	0. 463	0. 299 290	49

续表

品种	$U(x_1)$	$U(x_2)$	$U(x_3)$	$U(x_4)$	$U(x_5)$	$U(x_6)$	D	排序
Asi	0.154	0.276	0.473	0.124	0.579	0.360	0.291 863	50
骑士3	0.048	0.297	0.341	0.394	0.613	0.327	0.278 172	51
草原2号	0.282	0.277	0.164	0.216	0.519	0.195	0.265 083	52
抗旱15	0.140	0.184	0.290	0.321	0.575	0.407	0.259 894	53
杰克林	0.119	0.250	0.179	0.289	0.540	0.457	0.248 539	54
敖汉	0.335	0.096	0.078	0.227	0.384	0.535	0.236 745	55
陇东苜蓿	0.132	0.144	0.116	0.410	0.498	0.551	0.233 227	56
国产苜蓿	0.105	0.000	0.187	0.425	0.674	0.358	0.202 755	57
阿尔冈金	0.069	0.379	0.040	0.032	0.000	0.677	0.182 970	58
LH	0.180	0.135	0.154	0.037	0.487	0.237	0.177 834	59
皇后2000	0.039	0.076	0.000	0.282	0.317	0.301	0.117 180	60
权重（%）	27.532	25.387	17.765	12.326	8.63	8.39		

第4章 苜蓿种植年限对其生产力及土壤质量的影响

宁夏地处干旱、半干旱、半湿润地带，属典型的内陆高原气候，水资源严重短缺，生态环境非常脆弱。苜蓿的种植解决了宁夏农业发展与生态环境保护的双重困难和两难矛盾。苜蓿在播种当年即可以完全郁蔽地面，这对有效地控制土壤侵蚀、防治土壤退化起到了重要作用。依据苜蓿的生态适应性和宁夏的气候、环境及社会经济特点，在宁夏发展苜蓿产业，具有充分的自然条件和社会经济条件。但苜蓿生长年限延长、田间管理不当，会导致草地产草量迅速下降，土壤水分、养分等发生一系列变化，退化较为严重，甚至基本丧失利用价值，并沦为牧荒地（何有华，2002）。如何延长苜蓿草地的有效使用寿命，是宁夏人工草地管理和苜蓿草地持续高效利用的核心内容。因此，开展苜蓿种植年限对其生产力及土壤质量影响的研究，探讨苜蓿的退化机理、人工草地管理、合理轮作周期的制定，以取得较高的苜蓿产量和粮食产量，保证整个生态系统的经济效益和生态效益的协调、统一与持续发展，为农地资源的合理、高效、持续利用提供科学的理论指导依据。

4.1 苜蓿种植年限对产量和农艺性状的影响

4.1.1 不同种植年限苜蓿产量的动态变化

对不同种植年限苜蓿年总干草产量的研究表明（图4-1），随着种植年限的增加，苜蓿的年总干草产量呈先升高后降低的变化趋势，且4年生苜蓿的年总干草产量最高，为1111.24kg/亩，与5年生、6年生、2年生及1年生苜蓿的年总干草产量的差异达到极显著水平。根据年总干草产量的变化趋势可以看出，4年生为年总干草产量上升的拐点，即4年以前苜蓿的年总干草产量呈明显的递增趋势，4年以后苜蓿的年总干草产量开始下降。在此基础上得出1~6年生苜蓿年总干草产量随种植年限动态变化关系曲线为 $Y=-74.173X^2+604.7X-187.81$，

$R^2=0.9596$，其中，Y 为苜蓿年总干草产量，X 为苜蓿的种植年限。可以看出，4年以后苜蓿的年总干草产量开始明显下降，出现衰退现象。

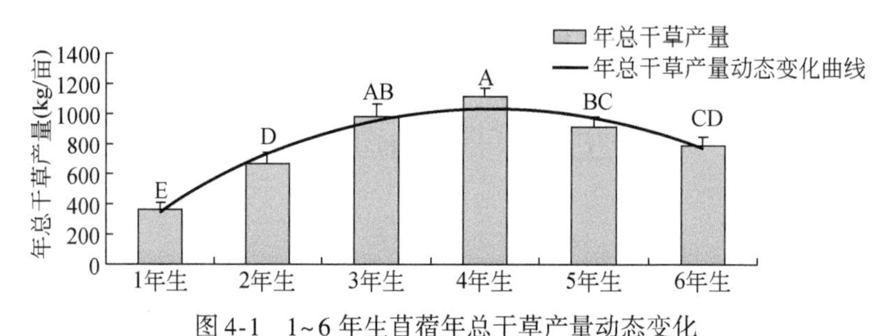

图 4-1　1~6 年生苜蓿年总干草产量动态变化

不同小写字母表示差异显著（$P<0.05$），不同大写字母表示差异极显著（$P<0.01$），下同

4.1.2　不同种植年限苜蓿生物学性状的变化

本研究在年总干草产量的测定基础上，同时测定了与产量相关的其他生物学性状，如株高、单位面积株数、单株分枝数，通过分析这些指标的变化反映不同种植年限苜蓿的生产性能及其退化状况。

4.1.2.1　株高的变化

株高是反映苜蓿产量高低及其生长发育状况和草地生产力的一项重要指标。对不同生长年限苜蓿株高的研究表明（图 4-2），随着生长年限的延长，苜蓿株高呈先升高后降低的变化趋势，与产量的变化趋势一致。由图 4-2 可得，3 年生、4 年生、5 年生苜蓿的株高较高，分别为 90.42cm、92.6cm、82.06cm，且与其他各种植年限苜蓿之间存在极显著差异（$P<0.01$）。株高随种植年限动态变化关系为 $Y=-3.3325X^2+25.559X+40.478$，$R^2=0.8577$，其中，$Y$ 为株高，X 为种植年限。

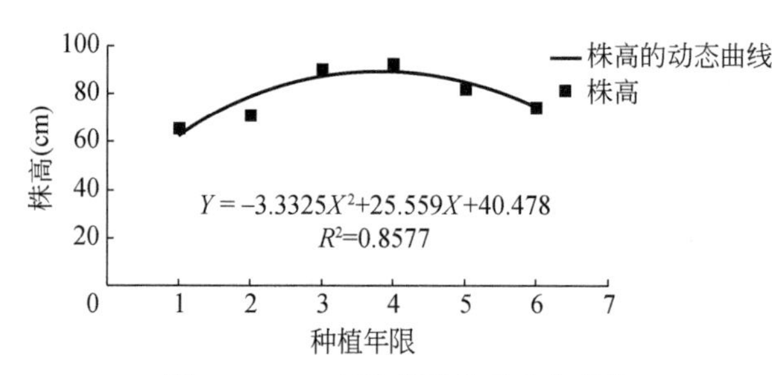

图 4-2　1~6 年生苜蓿株高动态变化

4.1.2.2 单位面积株数的变化

单位面积株数是反映植株密度的一项重要指标，并且也反映了苜蓿草地的生产性能和退化程度。图 4-3 为 1 ~ 6 年生苜蓿单位面积株数的动态变化曲线，可以看出，随着生长年限的增加，单位面积株数呈现先升后降的趋势。4 年生苜蓿的单位面积株数最大，为 16 株/m²，与 6 年生、2 年生、1 年生之间的差异达到极显著水平（$P<0.01$），与 3 年生和 5 年生之间的差异达到显著水平（$P<0.05$）。1 年生和 2 年生及 3 年生和 5 年生苜蓿单位面积株数之间的差异不大，与 6 年生苜蓿单位面积株数差异显著（$P<0.05$）。单位面积株数随种植年限动态变化关系为 $Y=-1.125X^2+8.9607X-4.3$，$R^2=0.7713$，其中，Y 为单位面积株数，X 为种植年限。

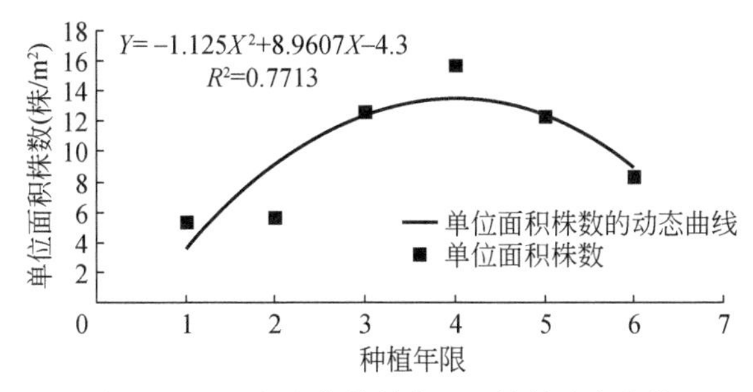

图 4-3　1 ~ 6 年生苜蓿单位面积株数动态变化

4.1.2.3 单株分枝数的变化

单株分枝数的多少与产量密切相关，能够反映苜蓿生长旺盛程度。对 1 ~ 6 年生苜蓿的单株分枝数的研究表明（图 4-4），随着生长年限的延长，苜蓿的单

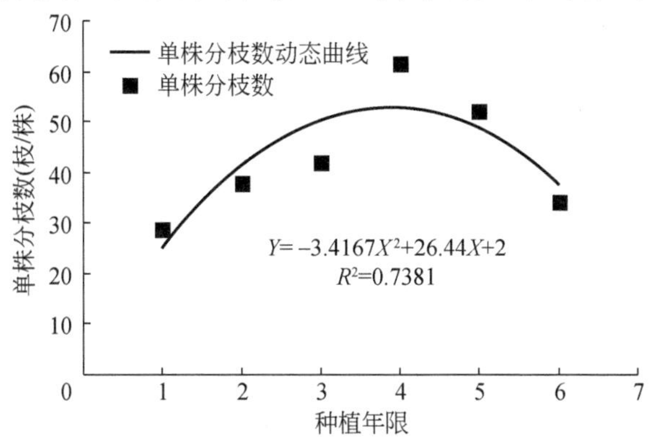

图 4-4　1~6 年生苜蓿单株分枝数动态变化

株分枝数呈先增加后降低的变化趋势。其中，4 年生苜蓿的单株分枝数达到最大，是 1 年生苜蓿单株分枝数的 2 倍。单株分枝数随种植年限动态变化关系为 $Y=-3.1467X^2+26.44X+2$，$R^2=0.7381$，其中，Y 为单株分枝数，X 为种植年限。

4.1.3 产量与生物学性状之间的相关性分析

对苜蓿的年总干草产量、株高、单位面积株数、单株分枝数的分析表明（表 4-1），苜蓿年总干草产量与株高、单位面积株数之间的相关关系达到极显著水平（$P<0.01$），与单株分枝数之间的相关性达到显著水平（$P<0.05$）；株高与单位面积株数之间的相关性达到极显著水平（$P<0.01$），与单株分枝数之间的相关性达到显著水平（$P<0.05$）；单位面积株数与单株分枝数之间的相关性达到显著水平（$P<0.05$）。单位面积株数与年总干草产量之间的相关性达到极显著水平（$P<0.01$），相关系数为 0.9269，株高与单位面积株数、年总干草产量之间的相关性达到极显著水平（$P<0.01$），相关系数分别为 0.9614、0.9484，单株分枝数与株高之间的相关性达到显著水平（$P<0.05$），相关系数为 0.8498，说明苜蓿的生物学性状是其产量大小的决定因素。

表 4-1 苜蓿年干草产量与生物学性状之间的相关性分析

相关系数	年总干草产量（kg/亩）	株高（cm）	单位面积株数（株/m²）	单株分枝数（枝/株）
年总干草产量（kg/亩）	1.0000	0.9484**	0.9269**	0.8498*
株高（cm）		1.0000	0.9614**	0.8262*
单位面积株数（株/m²）			1.0000	0.8913*
单株分枝数（枝/株）				1.0000

4.2 不同种植年限苜蓿土壤物理性质的影响

4.2.1 不同种植年限苜蓿地土壤水分的时空变化

土壤水分是反映土壤肥力变化的重要指标，也是影响苜蓿生产效率的首要条件。苜蓿较深的根系大量消耗土壤深层水分，土壤干燥化加速，形成土壤干层，影响土壤水分的运移和循环利用。研究不同种植年限苜蓿土壤水分的时空变化，并对不同种植年限苜蓿的土壤水分进行时空对比，可以为苜蓿种植区的草地退化防治提供理论依据。

4.2.1.1　土壤水分的时间变化

不同种植年限苜蓿的土壤平均含水量随季节的变化呈不规则的 M 形分布(图 4-5)。各种植年限苜蓿地 0 ~ 100cm 土层的土壤平均含水量在 6 ~ 8 月随月份的递增呈先增高后降低的变化趋势，8 ~ 10 月呈现类似的变化趋势。这是由于 6 ~ 7 月苜蓿枝叶繁茂，有利于土壤保墒，7 月进行刈割后，蒸发量增大，土壤含水量下降。8 ~ 10 月温度逐渐降低，蒸腾蒸发量大大减少，并且苜蓿生长也随温度的缓慢下降而减慢，对土壤水分的消耗减少，土壤水分有上升趋势，之后由于苜蓿刈割，土壤裸露，土壤蒸发损失加大，土壤含水量又随之下降。4 年生苜蓿地的土壤平均含水量在 7 月、8 月较大，分别为 14.26% 和 11.81%，与最小值分别相差 4.51% 和 4.12%。5 年生苜蓿地的土壤平均含水量在 6 月和 9 月较大，分别为 10.58% 和 12.30%，在 10 月最低，变幅较大。6 年生苜蓿地的土壤平均含水量在整个季节内与其他种植年限苜蓿地相比处于较低水平。在苜蓿生长季节内不同种植年限苜蓿地 0 ~ 100cm 土层土壤平均含水量的大体顺序为 4 年生>1 年生>5 年生>2 年生>3 年生>6 年生。

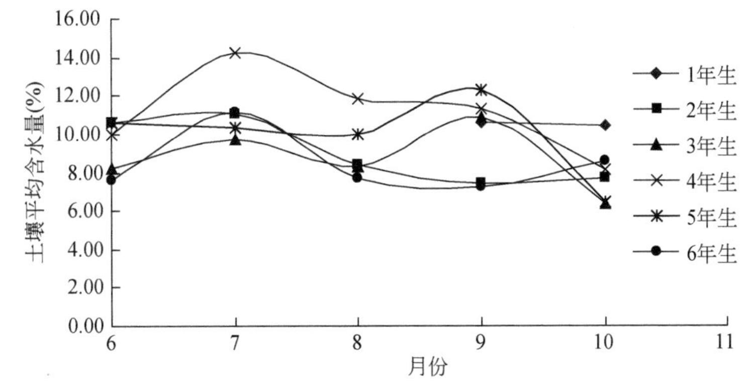

图 4-5　不同种植年限苜蓿地 0 ~ 100cm 土层土壤平均含水量的季节性变化

4.2.1.2　土壤水分的垂直变化

对不同种植年限苜蓿地 0 ~ 100cm 土层土壤平均含水量的分析表明（图 4-6），不同种植年限苜蓿地的土壤平均含水量随土层深度的增加大体呈先增加后降低的变化趋势。不同种植年限苜蓿地各层次土壤平均含水量的顺序为 20 ~ 40cm>40 ~ 60cm>60 ~ 80cm>0 ~ 20cm>80 ~ 100cm。4 年生苜蓿地的土壤平均含水量整体最大，其次为 5 年生的苜蓿地。1~3 年生苜蓿地的土壤平均含水量在各层内变幅相对较大，在 4.54%~11.43%。

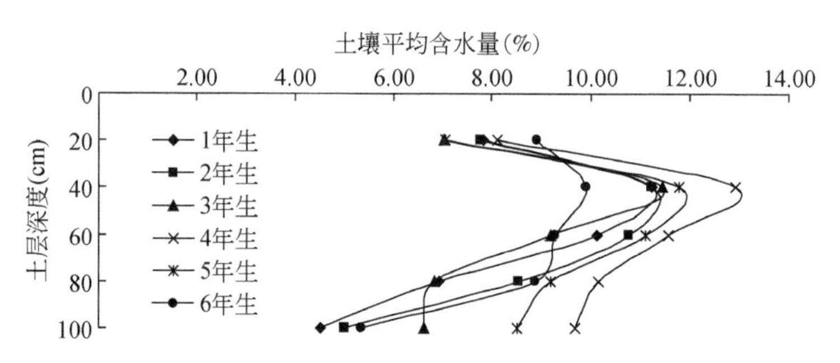

图 4-6　不同种植年限苜蓿地 0～100cm 土层土壤平均含水量的垂直变化

4.2.2　不同种植年限苜蓿地土壤结构的变化

土壤作为植物生长发育的基质，其物理性状是评价土壤质地好坏的重要依据。对 2～6 年生苜蓿地相关物理性状的测定结果见表 4-2。可以看出，在 0～50cm土层不同种植年限苜蓿地土壤容重的大小排序为 6 年生<4 年生<5 年生<2 年生<3 年生，其中，6 年生苜蓿地与 3 年生苜蓿地的差异达到极显著水平，与其他各种植年限苜蓿地的差异均达到显著水平。土壤孔隙度的排序刚好与容重的排序相反，但各年限苜蓿地间的差异与容重相同。土壤饱和含水率 6 年生苜蓿地最高，与最小值相差 8.29%，与 2 年生苜蓿地差异达到极显著水平，与其他各种植年限苜蓿地差异显著。土壤田间持水量 4 年生苜蓿地最大，3 年生苜蓿地最小，两者相差 4.12%。4 年生、6 年生苜蓿地与 3 年生苜蓿地差异达到极显著水平，与其他各种植年限苜蓿地间差异不显著。可以得出，随着生长年限的延长，土壤容重逐渐减小，土壤孔隙度、土壤饱和含水率、土壤田间持水量逐渐增大，因此苜蓿的种植有益于改善土壤结构，但达到一定的种植年限，改良效果逐步减弱，甚至起反作用。

表 4-2　不同种植年限苜蓿地 0～50cm 的土壤结构

项目	2 年生	3 年生	4 年生	5 年生	6 年生
土壤容重（g/m^3）	1.67±0.034AaBb	1.75±0.053Aa	1.64±0.063ABb	1.66±0.082AaBb	1.54±0.103Bc
土壤孔隙度（%）	37.11±1.201ABbc	33.93±1.957Bc	38.07±2.378ABb	37.39±3.059ABbc	41.95±3.95Aa

续表

项目	2 年生	3 年生	4 年生	5 年生	6 年生
土壤饱和含水率（%）	15.09±1.129Bc	18.62±0.589ABb	18.74±3.089ABb	18.96±3.081ABb	23.38±3.135Aa
土壤田间持水量（%）	12.71±1.765ABa	10.44±1.214Bb	14.56±1.356Aa	13.05±1.756ABa	14.19±1.989Aa

4.3 苜蓿种植年限对土壤化学性质的影响

4.3.1 不同种植年限苜蓿地土壤全量养分的变化

土壤全量养分标志着土壤肥力的大小，也是反映土壤养分存储量的重要指标。因此通过不同种植年限苜蓿地土壤全量养分的变化来分析苜蓿地的退化有重要意义。

4.3.1.1 土壤有机质的变化

土壤有机质（SOM）含量是反映土壤肥力大小的重要指标，对土壤物理性状的改善、土壤保肥和供肥能力的提高具有重要意义，同时也是植物营养和土壤中微生物的能源物质。对不同种植年限苜蓿地 0 ~ 100cm 土层土壤有机质含量变化的研究表明（图 4-7），各层的土壤有机质含量随种植年限的增加大体呈递增趋势；4 年生苜蓿地的土壤有机质含量总体最高，6 年生次之，分别为 7.644g/kg 和 7.056g/kg，与苜蓿种植当年相比分别增加了 2.604g/kg 和 2.016g/kg。各种植年限苜蓿地土壤有机质含量随土层深度变化的变幅较大：5 年生苜蓿地 0 ~ 20cm

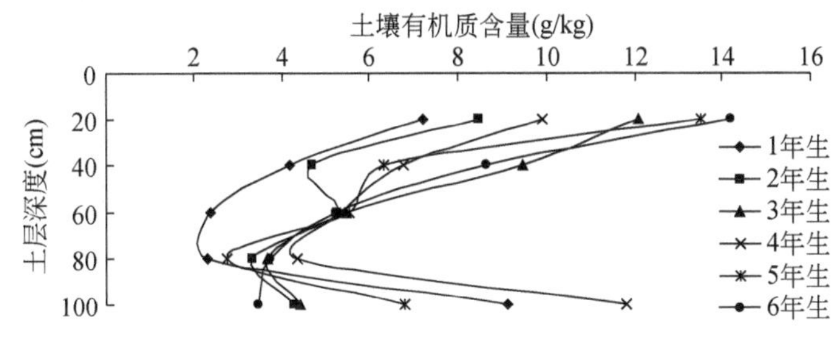

图 4-7 不同种植年限苜蓿地 0 ~ 100cm 土层土壤有机质含量的变化

土层土壤有机质含量是20~40cm土层的2.1倍，是60~80cm土层的4.9倍；1年生苜蓿地0~20cm土层土壤有机质含量是20~40cm土层的1.7倍，是60~80cm土层的3.1倍，可见表层的土壤有机质含量比下层高，且随着种植年限的增加，表层土壤有机质含量显著提高。不同种植年限苜蓿地，土壤有机质含量随土层深度的增加呈先降低后增加的趋势。

4.3.1.2　土壤全氮含量的变化

土壤全氮（STN）含量是反映土壤供氮能力的重要指标，也是表征土壤肥力水平的重要特征值，苜蓿氮的供应主要有共生固氮及根系从土壤吸收两条途径。对不同种植年限苜蓿地0~100cm土层土壤全氮含量变化的研究表明（图4-8），土壤全氮含量随种植年限的增加呈先增后降的趋势，4年生苜蓿地的土壤全氮含量最高，为0.494g/kg，比苜蓿种植当年增加了25.4%，与6年生苜蓿地相比增加了36.4%。各种植年限苜蓿地土壤全氮含量随土层深度的增加呈显著的下降趋势，在40~60cm土层2年生、3年生、4年生苜蓿地的变化稳定，1年生、5年生、6年生苜蓿地的变幅较大，在0.2~0.36g/kg；在80~100cm土层，各种植年限苜蓿地的变幅都较大。

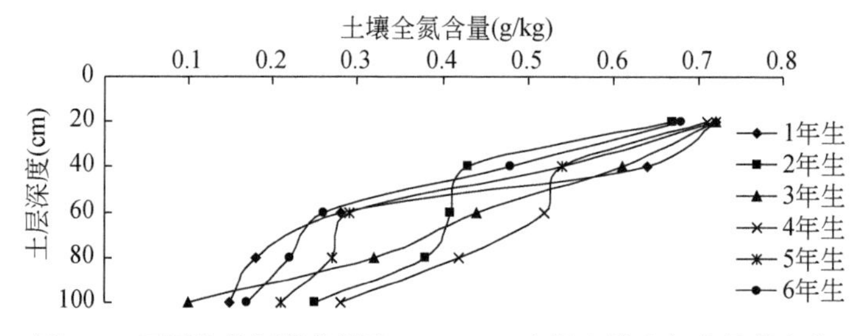

图4-8　不同种植年限苜蓿地0~100cm土层土壤全氮含量的变化

4.3.1.3　土壤全磷含量的变化

不同种植年限苜蓿地0~100cm土层的土壤全磷（STP）含量变化如图4-9所示，可以看出，随苜蓿种植年限的延长，土壤全磷含量呈先增加后降低的趋势，4年生苜蓿地的土壤全磷含量最高，为0.288g/kg，与苜蓿种植当年相比增加0.14g/kg，比种植6年的苜蓿地高0.058g/kg。在各土层内5年生和6年生苜蓿地的变化幅度较大，其他各种植年限苜蓿地的变化稳定。在20~60cm土层各种植年限苜蓿地的土壤全磷含量随土层深度的增加呈明显的递减趋势，60cm土层以下开始增加，说明土壤全磷的利用主要集中在20~60cm。但表层土壤全磷含量总体大于下层，说明苜蓿的种植能够增加表层的土壤全磷含量。

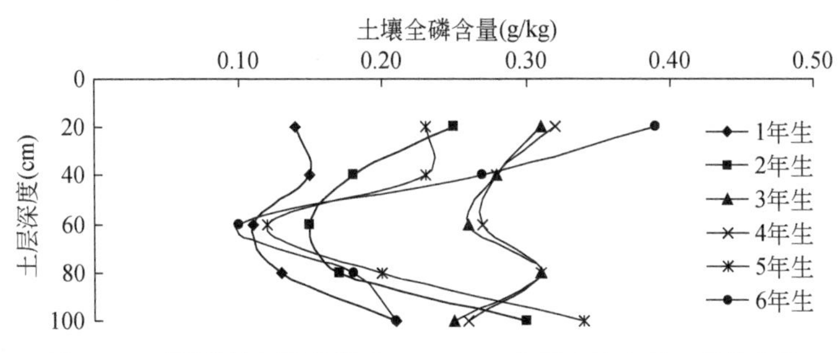

图 4-9　不同种植年限苜蓿地 0 ~ 100cm 土层土壤全磷含量的变化

4.3.1.4　土壤全钾含量的变化

不同种植年限苜蓿地 0 ~ 100cm 土层的土壤全钾（STK）含量变化如图 4-10 所示，可以看出，随种植年限的增加，土壤全钾含量总体呈递增趋势，5 年生苜蓿地的土壤全钾含量最高，为 29.44g/kg，比当年种植的苜蓿地高 7.16g/kg，且种植 3 年以后土壤全钾含量递增明显。随土层深度的增加，各种植年限苜蓿地的土壤全钾含量总体呈下降趋势，即表层土壤全钾含量大于下层，5 年生苜蓿地最为显著。

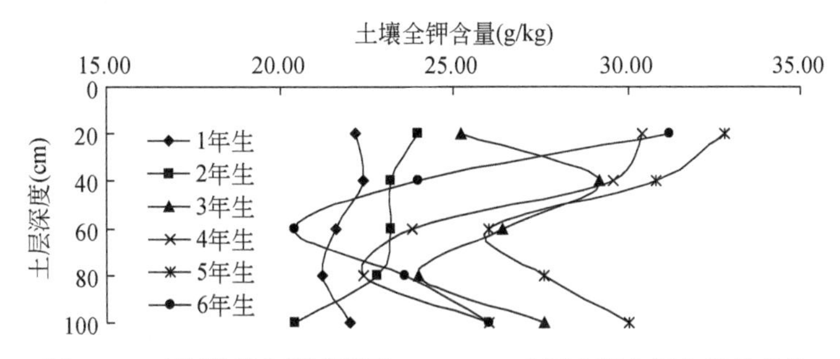

图 4-10　不同种植年限苜蓿地 0 ~ 100cm 土层土壤全钾含量的变化

4.3.2　不同种植年限苜蓿地土壤速效养分的变化

4.3.2.1　土壤碱解氮含量的变化

不同种植年限苜蓿地 0 ~ 100cm 土层的土壤碱解氮含量变化如图 4-11 所示，可以看出，随种植年限的增加，各种植年限苜蓿地土壤碱解氮含量大体呈递增趋势，6 年生苜蓿地的土壤碱解氮含量最高，为 20.2mg/kg，比当年种植的苜蓿地高 11.2mg/kg，在 20～40cm 土层 6 年生苜蓿地的土壤碱解氮含量最高。随土层深度的增加，各种植年限苜蓿地土壤碱解氮含量大体逐渐下降。在 20～40cm 土层各种植年限苜蓿地土壤碱解氮含量均较高，但在 60～80cm 土层土壤碱解氮含量较上层有所增加。

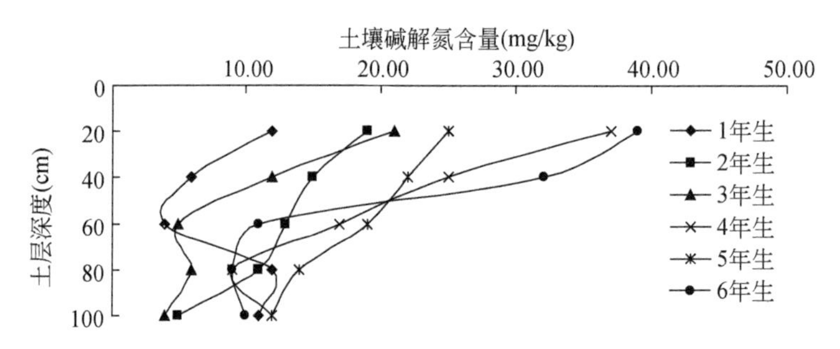

图 4-11　不同种植年限苜蓿地 0～100cm 土层土壤碱解氮含量的变化

4.3.2.2　土壤速效磷含量的变化

苜蓿是喜磷作物，因此与一般作物相比对磷的吸收较多。不同种植年限苜蓿地0～100cm土层的土壤速效磷含量变化如图 4-12 所示，可以看出，随种植年限的增加，各种植年限苜蓿地土壤速效磷含量先增加后减少，4 年生苜蓿地的土壤速效磷含量最高，为 17.06mg/kg，6 年生苜蓿地最低，为 13.14mg/kg。随土层深度的增加，各种植年限苜蓿地土壤速效磷含量先减少后增加，80～100cm 土层的土壤速效磷含量较上层有所增加。

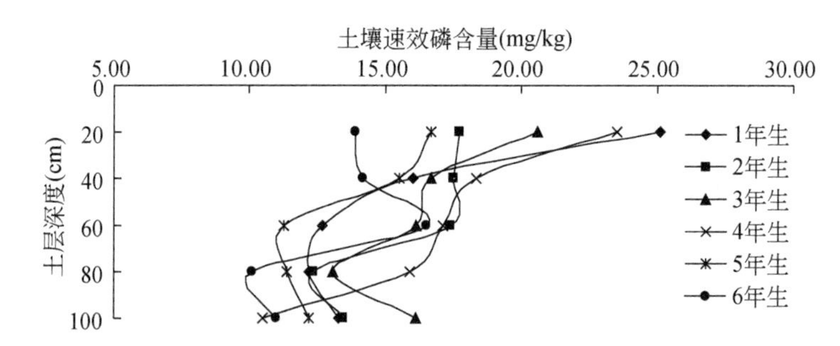

图 4-12　不同种植年限苜蓿地 0～100cm 土层土壤速效磷含量的变化

4.3.2.3　土壤速效钾含量的变化

通过对不同种植年限苜蓿地 0～100cm 土层的土壤速效钾含量变化的分析可知（图 4-13），随着种植年限的增加，土壤速效钾含量大体呈先增后降的趋势，

3 年生苜蓿地土壤速效钾平均含量最高。当生长到一定的年限后，苜蓿生长吸收带走的土壤速效钾较多，从而使土壤速效钾含量下降。随土层深度的增加，各种植年限苜蓿地土壤速效钾含量呈明显的下降趋势，0 ~ 20cm 土层土壤速效钾含量总体最高。

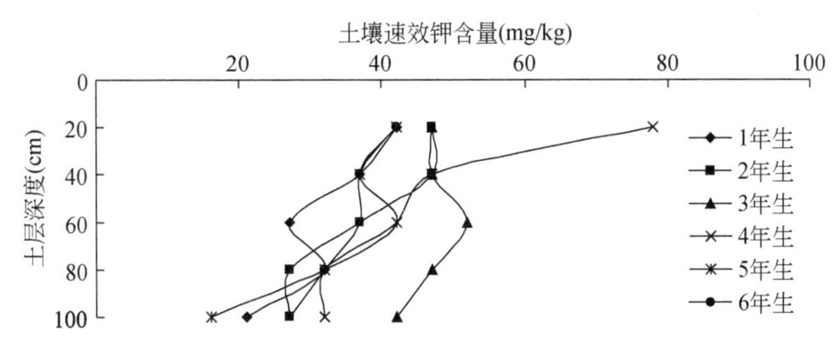

图 4-13　不同种植年限苜蓿地 0 ~ 100cm 土层土壤速效钾含量的变化

4.4　苜蓿种植年限对土壤微生物数量的影响

土壤微生物是土壤中活的有机体及物质转化的作用者，是土壤肥力水平的活指标。细菌、真菌、放线菌是土壤微生物的三大主要类群，构成了土壤微生物的主要生物量，它们的数量和区系组成的变化是研究与评价土壤生物活性的重要指标。

4.4.1　不同种植年限苜蓿地土壤细菌数量的变化

细菌作为土壤微生物的主要类群，其个体小、数量多、繁殖快，能够将植物不能直接利用的复杂含氮化合物转化为可直接利用的含氮无机化合物，在物质循环转化过程中具有重要作用。对不同种植年限苜蓿地 0 ~ 20cm 土壤细菌数量的研究表明（图 4-14），随种植年限的增加，0 ~ 20cm 土壤细菌数量呈先增加后降低的趋势，4 年生苜蓿地的土壤细菌数量最多，3 年生苜蓿地次之，分别为 1.0×10^5 cfu/g 和 0.97×10^5 cfu/g，1 年生苜蓿地最少，为 0.39×10^5 cfu/g，且 3 年生和 4 年生苜蓿地的土壤细菌数量与 1 年生苜蓿地差异极显著（$P<0.01$）。不同种植年限苜蓿地土壤细菌数量多少顺序为 4 年生苜蓿地>3 年生苜蓿地>2 年生苜蓿地>6 年生苜蓿地>5 年生苜蓿地>1 年生苜蓿地。土壤细菌数量随苜蓿种植年限动态变化的关系为二次抛物线 $Y=-6523.62X^2+50\,859X-1109.9$，$R^2=0.8557$，其中，$Y$ 为土壤细菌数量，X 为种植年限。

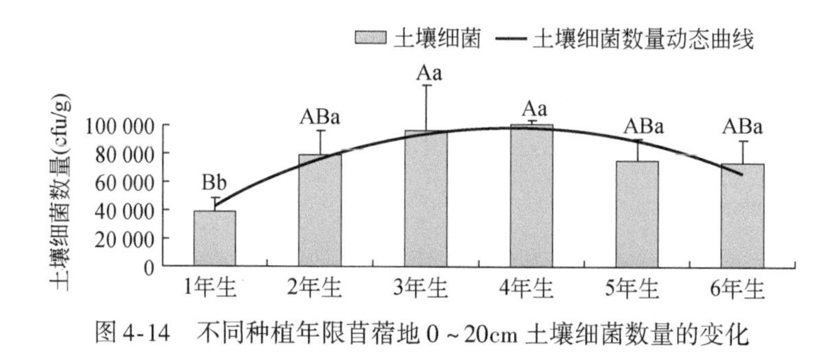

图 4-14　不同种植年限苜蓿地 0 ~ 20cm 土壤细菌数量的变化

4.4.2　不同种植年限苜蓿地土壤真菌数量的变化

真菌在土壤中推动了土壤碳素和能量的流动。对不同种植年限苜蓿地 0 ~ 20cm 土壤真菌数量的研究表明（图 4-15），不同种植年限苜蓿地土壤真菌数量随种植年限的增长的变化无明显趋势，1 年生苜蓿地的真菌数量最多，为 320.74cfu/g，与多数其他种植年限苜蓿地间差异极显著（$P<0.01$），4 年生苜蓿地次之，土壤真菌数量为 191.794cfu/g，与其他各种植年限苜蓿地无差异。不同种植年限苜蓿地土壤真菌数量多少顺序为 1 年生苜蓿地>4 年生苜蓿地>5 年生苜蓿地>6 年生苜蓿地>2 年生苜蓿地>3 年生苜蓿地。土壤真菌数量随苜蓿种植年限动态变化的关系可拟合为四次曲线方程 $Y=5.2101X^4-84.859X^3+486.85X^2-1146.2X+1062$，$R^2=0.9578$，其中，$Y$ 为土壤真菌数量，X 为种植年限。

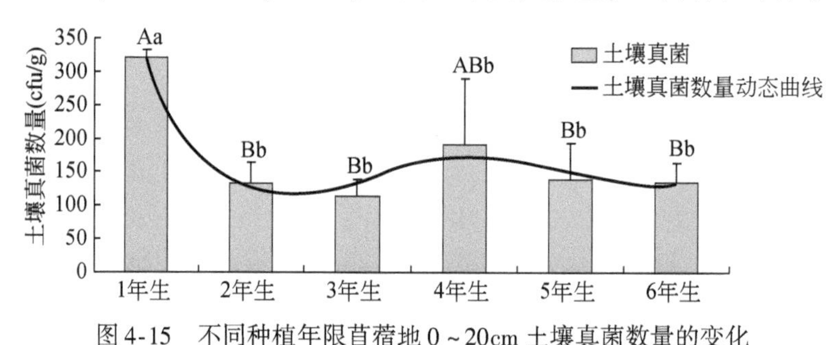

图 4-15　不同种植年限苜蓿地 0 ~ 20cm 土壤真菌数量的变化

4.4.3　不同种植年限苜蓿地土壤放线菌数量的变化

土壤放线菌数量的多少对土壤中有机化合物的分解及土壤腐殖质的合成具有重要的推动作用。对不同种植年限苜蓿地 0 ~ 20cm 土壤放线菌数量的研究表明（图 4-16），随种植年限的增加土壤放线菌数量的变化与土壤细菌数量的变化基本一致，在 0～20cm 土层 4 年生苜蓿地的土壤放线菌数量最多，为 0.56×10^5 cfu/g，1 年生苜蓿地最少，为 0.34×10^5 cfu/g。4 年生苜蓿地土壤放线菌数量与 1 年生、5 年生和 6 年生苜蓿地差异极显著（$P<0.01$）。不同种植年限苜蓿地土壤放线菌数量多少顺序为 4 年生苜蓿地>3 年生苜蓿地>2 年生苜蓿地>5 年生苜蓿地>6 年生苜蓿地>1 年生苜蓿地。土壤放线菌数量随苜蓿种植年限动态变化的关系为二次抛物线 $Y=-3105.9X^2+21\,002X+16\,989$，$R^2=0.8033$，其中，$Y$ 为土壤放线菌数量，X 为种植年限。

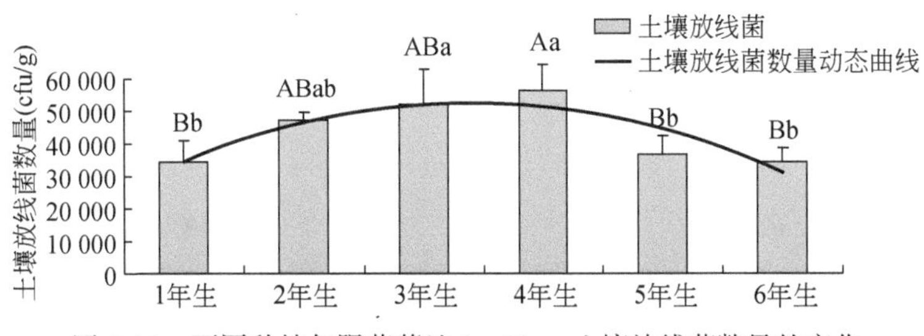

图 4-16　不同种植年限苜蓿地 0～20cm 土壤放线菌数量的变化

4.5　苜蓿种植年限对光合特性的影响

4.5.1　不同种植年限苜蓿叶面温度、光合有效辐射的季节性变化

4.5.1.1　叶面温度的季节性变化

叶面温度是由外界大气温度和植物自身的机能调节所达到的温度，叶面温度主要是通过作用于饱和蒸气压亏缺（Vpdl），从而影响 Tr 以至于 Gs（李生彬等，2010）。不同种植年限苜蓿叶面温度的季节性变化如图 4-17（a）所示，可以看出，随着季节的推移，温度逐渐降低，不同种植年限苜蓿的叶面温度也呈明显的下降趋势，其中，3 年生苜蓿在 8～10 月的叶面温度均高于其他各年限的苜蓿，均值为 26.37℃，4 年生苜蓿的总体叶面温度最低，为 23.87℃，两者相差 2.50℃。

4.5.1.2　光合有效辐射的季节性变化

光是光合作用的能量来源，而光合有效辐射是影响光合作用的首要因素，其大小直接制约光合速率的大小，显著影响植株的生长发育和形态建成。不同种植年限苜蓿光合有效辐射的季节性变化如图 4-17（b）所示，可以看出，随着季节的推移，光合有效辐射大体呈先降低后增加的变化趋势，3 年生苜蓿的光合有效辐射在 8 ~ 10 月均高于其他种植年限的苜蓿，总体最高。5 年生苜蓿的光合有效辐射在 9 月低于其他种植年限的苜蓿，10 月也较低，在 8 月较高，但总体最低。

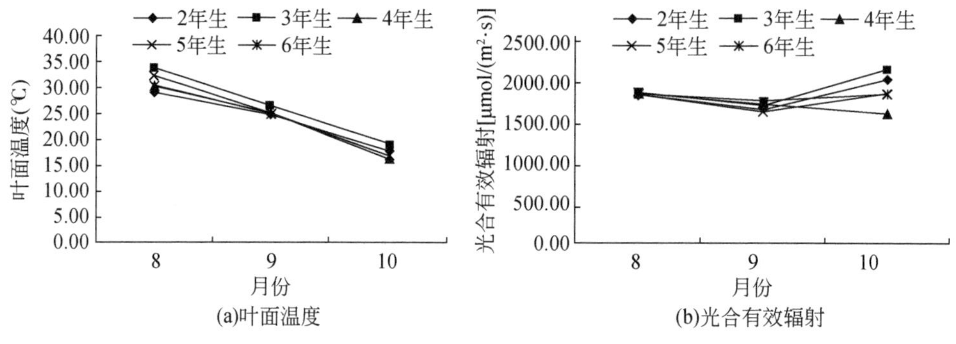

图 4-17　不同种植年限苜蓿叶面温度和光合有效辐射的季节性变化

4.5.2　不同种植年限苜蓿光合速率、蒸腾速率、气孔导度及胞间二氧化碳浓度的季节性变化

不同种植年限苜蓿光合特性的季节性变化如图 4-18 所示。随着季节的推移，环境的温度逐渐降低，叶片的光合速率、蒸腾速率及气孔导度也均呈下降的变化趋势，而胞间二氧化碳浓度则呈先降低后升高的变化趋势。其中，6 年生苜蓿 8 ~9月的光合速率总体大于其他各种植年限的苜蓿。由于光合速率是衡量作物同化二氧化碳和合成有机产物能力的指标，可以看出 6 年生苜蓿的生产能力最强。此外，5 年生苜蓿的蒸腾速率和气孔导度总体高于其他各种植年限的苜蓿；而 8 ~9月 2 年生苜蓿的胞间二氧化碳浓度总体最大。胞间二氧化碳浓度与光合速率和蒸腾速率的变化趋势相反，即胞间二氧化碳浓度高，则光合速率和蒸腾速率低。

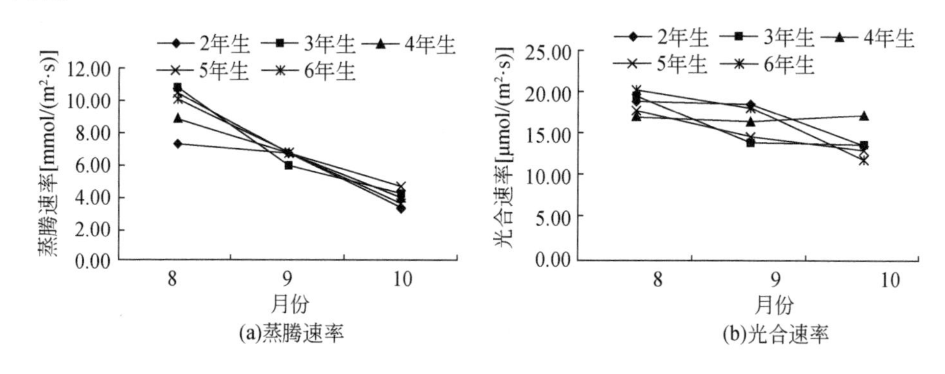

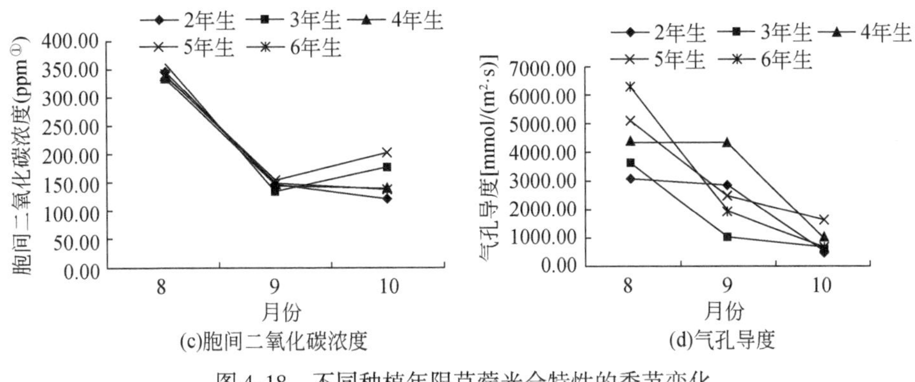

(c)胞间二氧化碳浓度　　(d)气孔导度

图 4-18　不同种植年限苜蓿光合特性的季节变化

4.5.3 不同种植年限苜蓿叶片光合速率、蒸腾速率与生理生态因子的相关性分析

不同种植年限苜蓿叶片光合速率、蒸腾速率与各生理生态因子的相关性分析见表 4-3，可以看出，光合有效辐射与气孔导度呈极显著正相关（$P<0.01$），与叶面温度呈显著正相关（$P<0.05$）。叶面温度与胞间二氧化碳浓度呈极显著正相关（$P<0.01$），与气孔导度、光能利用效率呈显著正相关（$P<0.05$）。光合速率与光合有效辐射呈极显著正相关（$P<0.01$），与气孔导度、光能利用效率呈显著正相关（$P<0.05$）。从相关系数大小来看，对光合速率影响最大的因子是光合有效辐射，其次是光能利用效率。蒸腾速率与光合有效辐射、气孔导度呈极显著正相关（$P<0.01$），与叶面温度呈显著正相关（$P<0.05$）。从相关系数大小来看，对蒸腾速率影响最大的因子是光合有效辐射和气孔导度，然后是叶面温度。

表 4-3　不同种植年限苜蓿叶片光合速率、蒸腾速率与生理生态因子的相关性分析

项目	光合有效辐射[μmol/(m²·s)]	叶面温度(℃)	气孔导度[mmol/(m²·s)]	胞间二氧化碳浓度(ppm)	水分利用效率(mmol/mol)	光能利用效率(%)	光合速率[μmol/(m²·s)]
光合有效辐射[μmol/(m²·s)]	1.0000	0.7805*	0.8721**	0.7508*	-0.1822	0.6594	0.8674**
叶面温度(℃)		1.0000	0.7793*	0.8353**	-0.3241	0.7648*	0.5936

① 1ppm = 10^{-6}。

续表

项目	光合有效辐射[μmol/(m²·s)]	叶面温度(℃)	气孔导度[mmol/(m²·s)]	胞间二氧化碳浓度(ppm)	水分利用效率(mmol/mol)	光能利用效率(%)	光合速率[μmol/(m²·s)]
气孔导度[mmol/(m²·s)]			1.0000	0.1413	0.5487	0.4293	0.7832*
胞间二氧化碳浓度(ppm)				1.0000	0.3756	0.1342	-0.3241
水分利用效率(mmol/mol)					1.0000	-0.1822	-0.2856
光能利用效率(%)						1.0000	0.7834*
蒸腾速率[μmol/(m²·s)]	0.8972**	0.7753*	0.8262**	-0.1346	0.3242	0.4754	

4.6 不同种植年限苜蓿品质的变化

苜蓿因其具有良好的适口性、营养成分均衡齐全，一直被认为是一种优质饲料牧草。农作物品质是收获器官组成特性的反映，苜蓿以营养体为收获物，其收获物均由碳水化合物、脂肪和蛋白质组成，它们都是由光合产物转化而成，其组成比例和含量不同，对苜蓿品质会产生影响。

4.6.1 粗蛋白质的变化

苜蓿是一种高蛋白质的豆科牧草，优质苜蓿干草的蛋白质含量通常在18%以上（风干基础），高于几乎所有的禾本科牧草、籽实类能量饲料和秸秆。粗蛋白质作为苜蓿等级划分的重要依据，其含量直接关系苜蓿商品等级和经济价值。对不同种植年限苜蓿粗蛋白质变化的研究可知（图4-19），随种植年限的增加，各种植年限苜蓿的粗蛋白质含量整体呈先升高后下降的趋势，2年生苜蓿的粗蛋白质含量最高，为24.13%，是1年生苜蓿粗蛋白质含量的2倍。2年生、3年生、4年生苜蓿粗蛋白质含量均与1年生苜蓿粗蛋白质含量差异极显著（$P<0.01$），其他各年限间差异不显著。种植2年以后，随种植年限的增加苜蓿粗蛋白质含量逐渐降低。苜蓿粗蛋白质含量随种植年限动态变化的关系为二次抛物线 $Y=-3105.9X^2+9.27X+6.79$，$R^2=0.6429$，其中，Y为苜蓿粗蛋白质含量，

X 为种植年限。

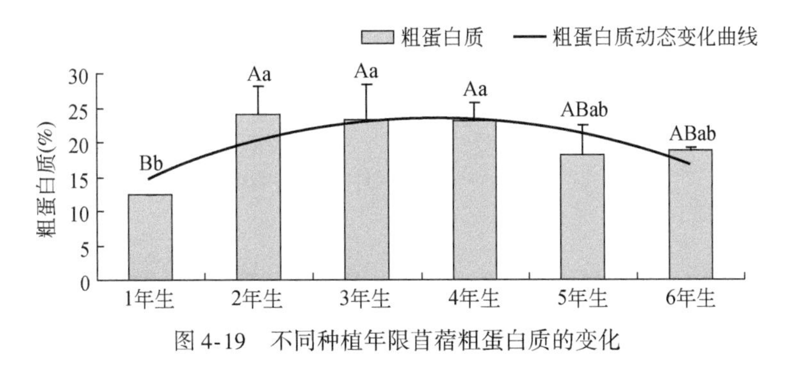

图 4-19　不同种植年限苜蓿粗蛋白质的变化

4.6.2　粗脂肪的变化

粗脂肪是热能的主要来源，具有芳香气味，在牧草的适口性上很重要。对不同种植年限苜蓿粗脂肪变化的研究可知（图 4-20），粗脂肪的变化规律与粗蛋白质一致，即随种植年限先增加后降低，2 年生苜蓿粗脂肪含量最高，2 年以后粗脂肪含量随种植年限逐渐下降，各种植年限之间差异不显著。苜蓿粗脂肪含量随种植年限动态变化的关系为二次抛物线 $Y=-0.0967X^2+0.61X+0.90$，$R^2=0.7743$，其中，Y 为苜蓿粗脂肪含量，X 为种植年限。

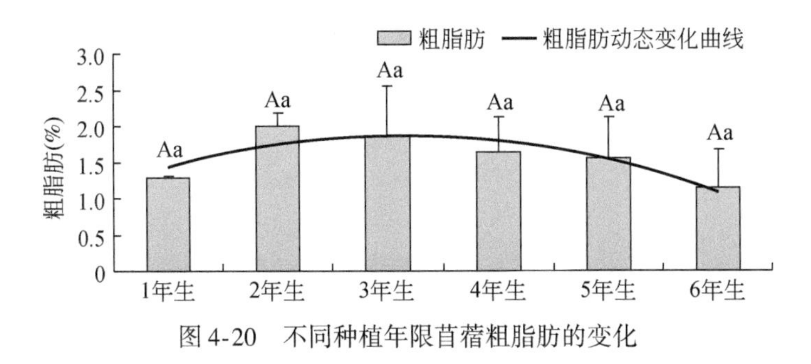

图 4-20　不同种植年限苜蓿粗脂肪的变化

4.6.3　粗纤维的变化

粗纤维在牧草营养价值评价方面具有重要作用。对不同种植年限苜蓿粗纤维含量变化的研究可知（图 4-21），随种植年限的增加，粗纤维含量的变化与粗蛋白质的变化趋势相反，即基本上随种植年限的增加，粗纤维含量逐渐增加，6 年生苜蓿的粗纤维含量达到最大，为 37.495%，是 2 年生苜蓿粗纤维含量的 1.8 倍，两者之间差异极显著（$P<0.01$）。苜蓿粗纤维含量随种植年限动态变化的关系为二次抛物线 $Y=1.24X^2-6.66X+33.61$，$R^2=0.7882$，其中，Y 为苜蓿粗纤维含量，X 为种植年限。

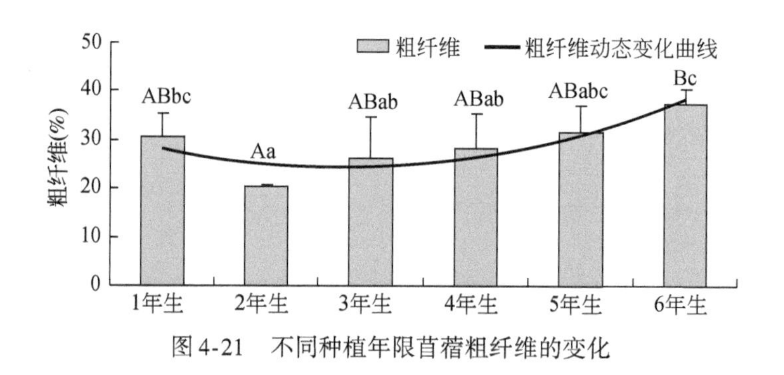

图 4-21　不同种植年限苜蓿粗纤维的变化

4.6.4　粗灰分的变化

粗灰分代表植物体内矿物质的营养成分。对不同种植年限苜蓿粗灰分含量变化的研究可知（图 4-22），随种植年限的增加，苜蓿粗灰分含量呈先增加后降低的趋势，与粗蛋白质变化趋势一致。2 年生苜蓿为拐点，其粗灰分含量最高，为 9.30%，之后随种植年限的增加，粗灰分含量逐渐降低，6 年生苜蓿粗灰分含量最低，与 2 年生苜蓿粗灰分含量差异极显著（$P<0.01$）。苜蓿粗灰分含量随种植年限动态变化的关系为二次抛物线 $Y=-0.2618X^2-1.60X+6.496$，$R^2=0.8408$，其中，Y 为苜蓿粗灰分含量，X 为种植年限。

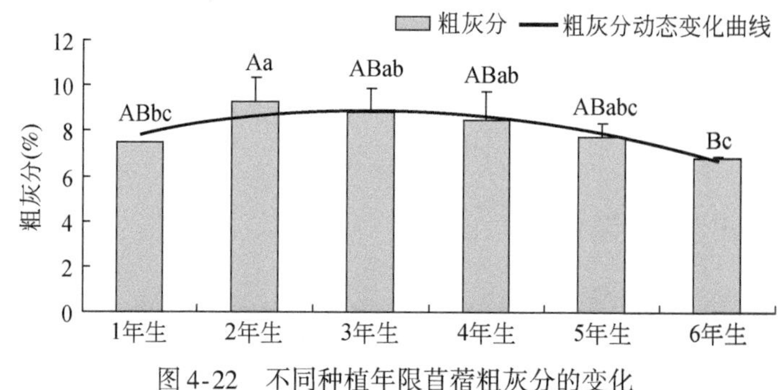

图 4-22　不同种植年限苜蓿粗灰分的变化

4.6.5 无氮浸出物的变化

无氮浸出物即可溶性碳水化合物，主要包括糖类和淀粉等易消化的非结构性碳水化合物，是牧草的重要热源之一，其含量的多少直接影响着牧草的质量。对不同种植年限苜蓿无氮浸出物含量的研究可知（图 4-23），随种植年限的增加，无氮浸出物的含量逐渐降低，6 年生苜蓿的无氮浸出物含量降至最低。苜蓿无氮浸出物含量随种植年限动态变化的关系为 $Y=-1.5837X+40.288$，$R^2=0.7354$，其中，Y 为苜蓿无氮浸出物含量，X 为种植年限。

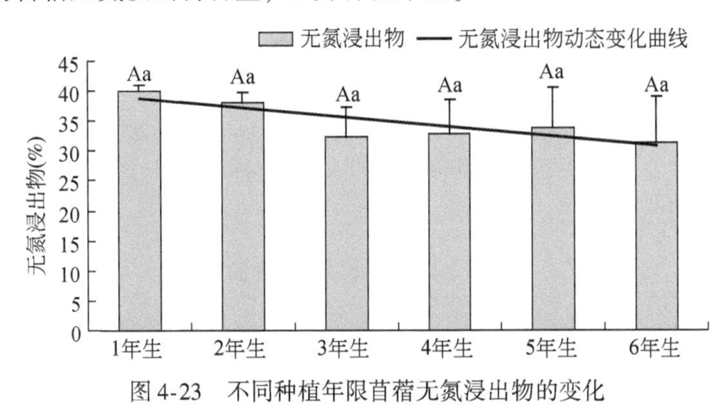

图 4-23 不同种植年限苜蓿无氮浸出物的变化

4.6.6 消化率的变化

消化率指饲料中被动物消化吸收的营养物质占食入营养物质的百分比，根据有机物质的消化率经验公式 $Y=123.5068-2.2790X$（Y 为有机物质消化率，X 为纤维素含量）计算可得。对不同种植年限苜蓿消化率的研究可知（图 4-24），随

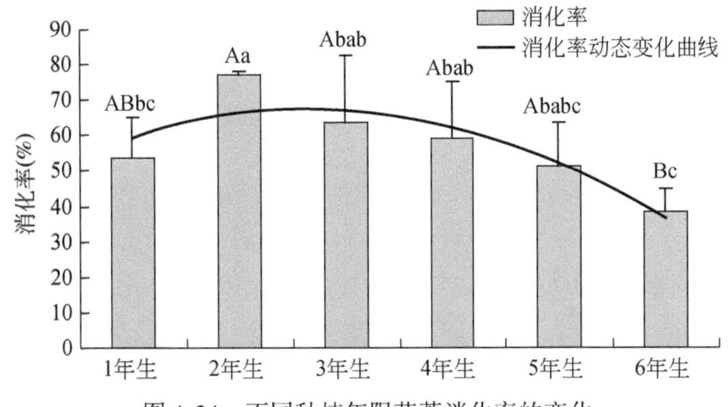

图 4-24 不同种植年限苜蓿消化率的变化

种植年限的增加，消化率先升高后下降。2 年生苜蓿的消化率最高，为 77.15%，之后随种植年限的增加消化率逐渐降低，6 年生苜蓿的消化率最低，为 38.06%，两者之间差异显著。苜蓿消化率随种植年限动态变化的关系为二次抛物线 $Y=-2.8324X^2+15.192X+46.915$，$R^2=0.7882$，其中，$Y$ 为消化率，X 为种植年限。

4.6.7 营养成分之间的相关性分析

由表 4-4 可知，粗蛋白质与粗纤维、无氮浸出物呈负相关，与粗脂肪、粗灰分、消化率呈正相关；粗纤维与粗脂肪、粗灰分、消化率呈极显著负相关（$P<0.01$），说明粗纤维含量越高，粗脂肪、粗灰分含量越低，消化率越低；粗脂肪与粗灰分、消化率呈极显著正相关（$P<0.01$），即粗脂肪含量越高，粗灰分含量也相应越高，消化率越高；粗灰分与消化率呈极显著正相关（$P<0.01$），即粗灰分越高，消化率越高。

表 4-4　不同种植年限苜蓿地营养成分的相关性分析

相关系数	X_1	X_2	X_3	X_4	X_5	X_6
X_1	1	-0.579 6	0.780 75	0.757 54	-0.430 51	0.579 56
X_2		1	-0.924 03 **	-0.957 36 **	-0.446 43	-1 **
X_3			1	0.977 78 **	0.103 57	0.924 03 **
X_4				1	0.177 61	0.957 36 **
X_5					1	0.446 43
X_6						1

注：X_i（$i=1\sim6$）分别指粗蛋白质、粗纤维、粗脂肪、粗灰分、无氮浸出物、消化率

4.7 不同种植年限苜蓿综合指标评价

TOPSIS 法借助于一个多目标决策问题的“理想解”和“负理想解”进行排序。理想解是一个设想的最好的解（方案），它的各个属性值都达到各候选方案中的最佳值；负理想解是另一个设想的最坏的解（方案），它的各个属性值都达到各候选方案中的最差值。基于这种思想所得出的综合评价方法，称为逼近样本点或理想点的排序方法，是系统工程中有限方案多目标决策分析的一种常用方法。其结构合理、排序明确、应用灵活，能够充分利用原始数据信息，且排序结

果能定量反映出不同评价对象的优劣程度，直观、可靠，对数据无严格要求并能消除不同量纲带来的影响，因而可同时引入不同量纲的评价指标进行综合评价。

其基于归一化后的原始数据矩阵，找出有限方案中的最优方案和最劣方案(分别用最优向量和最劣向量表示)，然后分别计算诸评价对象与最优方案和最劣方案的距离，获得各评价对象与最优方案的相接近程度，以此作为评价优劣的依据。相对接近度取值在 0 ~ 1，该值越接近 1，表示评价对象越接近最优水平；反之，该值越接近 0，表示评价对象越接近最劣水平。

4.7.1 TOPSIS 法的评价步骤

(1) 建立数据矩阵

$$\boldsymbol{X}=\begin{bmatrix} x_{11} & x_{12} & x_{13} & \cdots & x_{1n} \\ x_{21} & x_{22} & x_{23} & \cdots & x_{2n} \\ x_{31} & x_{32} & x_{33} & \cdots & x_{3n} \\ \vdots & \vdots & \vdots & & \vdots \\ x_{m1} & x_{m2} & x_{m3} & \cdots & x_{mn} \end{bmatrix}$$

(2) 评价指标同趋势化

使指标具有同趋势性，采用倒数法使矩阵 $\boldsymbol{X}$ 转化为各指标具有同趋性的矩阵 $\boldsymbol{X}'$。

(3) 数据归一化

通过以下公式把矩阵 $\boldsymbol{X}'$ 归一化，转化成新的矩阵 $\boldsymbol{Z}$。

$$\boldsymbol{Z}_{ij}=\frac{x'_{ij}}{\sqrt{\sum_{j=1}^{n}(x'_{mj})^2}}$$

$$i=1,\ 2,\ 3,\ \cdots,\ m;\ j=1,\ 2,\ 3,\ \cdots,\ n$$

(4) 确定最优值和最劣值

分别构成最优值向量 $\boldsymbol{Z}^+$ 和最劣值向量 $\boldsymbol{Z}^-$。

$$\boldsymbol{Z}^+=(Z_1^+\quad Z_2^+\quad Z_3^+\quad \cdots\quad Z_n^+)\qquad \boldsymbol{Z}^-=(Z_1^-\quad Z_2^-\quad Z_3^-\quad \cdots\quad Z_n^-)$$

式中，向量元素 $Z_j^+=\max\ (z_{1j}^+\quad z_{2j}^+\quad z_{3j}^+\quad \cdots\quad z_{mj}^+)$；$Z_j^-=\min\ (z_{1j}^-\quad z_{2j}^-\quad z_{3j}^-\quad \cdots\quad z_{mj}^-)$；$j=(1,2,3,\ \cdots,\ n)$ 。

(5) 计算评价单元指标值与最优值和最劣值的距离

$$D_i^+=\sqrt{\sum_{j=1}^{n}(Z_j^+-Z_{ij})^2}\qquad D_i^-=\sqrt{\sum_{j=1}^{n}(Z_j^--Z_{ij})^2}$$

式中，D_i^+ 与 D_i^- 分别表示各评价对象与最优值及最劣值的距离。

（6）计算各评价单元指标值与最优值的相对接近程度

计算公式如下：

$$C_i = \frac{D_i^-}{D_i^+ + D_i^-}$$

式中，C_i表示各评价对象与最优值的接近程度。C_i值越大，方案越优。

按接近程度大小对各评价单元优劣进行排序。

4.7.2 应用 TOPSIS 法对不同种植年限苜蓿综合指标进行评价

4.7.2.1 指标的选择

通过综合分析，选择了不同种植年限苜蓿的生长指标、土壤指标、光合指标和品质指标。不同种植年限苜蓿综合评价指标体系如图 4-25 所示。

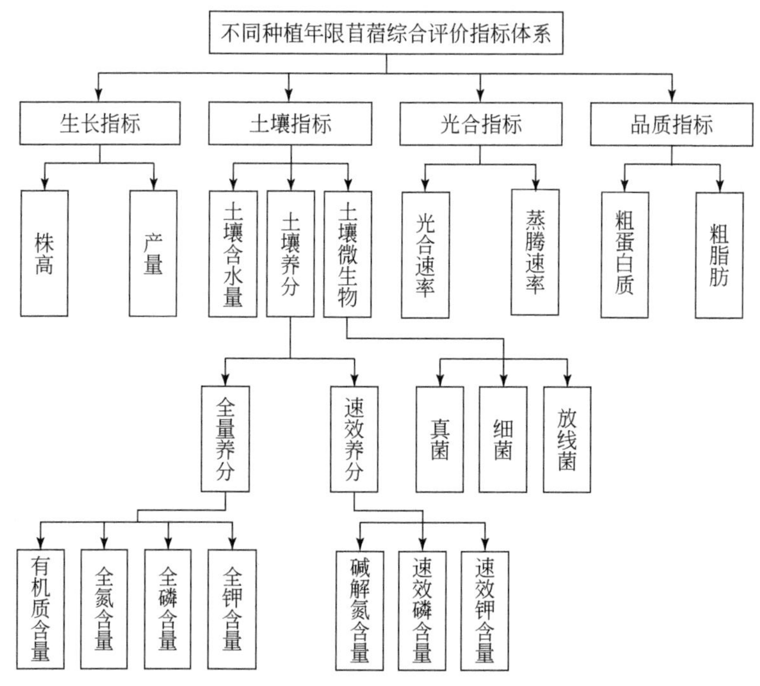

图 4-25　不同种植年限苜蓿综合评价指标体系

4.7.2.2 结果计算

不同种植年限苜蓿综合排序见表 4-5，综合评价得出各种植年限苜蓿的排名为 4 年生苜蓿>3 年生苜蓿>2 年生苜蓿>5 年生苜蓿>6 年生苜蓿>1 年生苜蓿，说明随着种植年限的延长，其生长指标、土壤指标、光合指标和品质指标均逐渐下降，苜蓿地开始退化，且只有达到一定的种植年限，才会出现退化现象。

表 4-5 不同种植年限苜蓿综合排序

苜蓿	D_i^+	D_i^-	C_i	排序结果
1 年生	47 940	248	0. 005 1	6
2 年生	21 763	26 179	0. 546 1	3
3 年生	5 919	42 405	0. 877 5	2
4 年生	145	47 939	0. 997 0	1
5 年生	28 500	21 140	0. 425 9	4
6 年生	30 682	19 516	0. 388 8	5

第5章 紫花苜蓿与羊草混播初期效应研究

宁夏最大面积的生态资源是草地，在南部黄土丘陵区和中部风沙干旱地区，草地对发展畜牧业、保持水土和维护生态平衡有着重要意义。但是长期的草地超载过牧、乱开滥垦，以及粗放经营的管理方式，致使草地资源破坏严重，生态环境急剧恶化，从而使畜牧业的发展受到制约。因此，加快多年生牧草人工草地的更新，扩大人工草地种植面积，有效地实现优质牧草的供给，提高饲草产量和增加多年生牧草优势种植区的任务迫在眉睫（王洪波和杨发林，2005）。在世界上大部分地区，豆科牧草与禾本科牧草混播人工草地因其显著提高饲草产量、改善牧草饲用品质、减少土壤侵蚀、减少病虫草害等优势备受青睐（王旭等，2007）。在中国黄土高原地区，影响植物生长和生态恢复的首要限制因子是水源，水源缺乏导致农作物生产受影响，因此土壤储水对增加和维持作物产量有着十分重要的作用。但是旱区生长的苜蓿对水分需求量大，在干旱环境中较深的根系大量消耗土壤更深层的水分，土壤干燥化加剧，形成深厚的土壤干层后在长时期内难以恢复，土壤与大气之间的水分循环利用被阻断。同时，草地严重退化，苜蓿产量下降，农牧业的持续发展受到限制。牧草套作混播可以有效地恢复苜蓿干土层水分，还可以提高土壤肥力，将退化苜蓿草地翻耕与禾本科牧草混播后，可改善苜蓿地的退化问题。在中国黄土高原半干旱地区，应该调节苜蓿草地保持适度生产力，以维持土壤水分平衡，主要措施之一就是缩短苜蓿生长年限。羊草是多年生草本牧草，叶量多、营养丰富、适口性好、生长周期长，各类家畜一年四季均喜食，其花期前粗蛋白质含量一般占干物质的12%，分蘖期高达20%，矿物质、胡萝卜素含量丰富，其产量高，具有较大的增产潜力，且在寒冷干燥地区生长良好，根系茎叶发达，有很强的无性更新能力，耐土壤贫瘠能力强，适应性强，春季返青较早，秋季进入枯黄期较晚，能在理想的时期内为牲畜源源不断地提供青饲料（刘沛松等，2010）。紫花苜蓿是众所周知的“牧草之王”，耐旱、根系发达，在保持水土和培肥土壤、改善生态环境方面有着明显的优势（李迨东，1978）。紫花苜蓿和羊草理论上是宁南山区比较适合生长的豆科和禾本科多年生优质牧草，两者混播是比较理想的草种组合。紫花苜蓿具有固氮能力，可提高土壤肥力，与羊草混播可使羊草获得更多的含氮产物，缓冲两种牧草对土壤养分和氮素的激烈竞争，对氮素需求给予补充（韩清芳和贾志宽，2004）。如果人工草地牧草品种单一，随着某些矿物质元素的大量消耗，土壤肥力就会下降，草地产量高峰期维持年限较短，随后产量开始逐年下降，草地稳定性变差。因此，建立人工草地时应该根据牧草对空间资源和养分的利用情况，以不同牧草搭配，建立优质混播草地。简单的苜蓿与禾本科牧草混播比复杂的混播优越，将两个在分枝、高度、叶分布、根系分布、矿物质吸收或者其他形态、生理习性相反的种类结合在一起，可以比单一栽植时更有效地利用环境条件，从而可以增加产量（兰兴平和王峰，2004）。在播种方式方面，混播方式比单播方式更有利于资源利用率和生态系统健康，而单播或隔行混播对增加土壤有机碳要比同行混播更为有利，同时隔行混播草地的牧草产量要高于同行混播的草地，牧草产量最低的为单播草地（王宝善，1992）。

结合宁南黄土丘陵区的实际情况，本试验选取适宜当地种植的紫花苜蓿与羊草，分别在梯田和坡耕地两种地势上设置了 3 种不同混播比例组合（紫花苜蓿与羊草比例分别为 3∶1、2∶1、3∶2），并以单播人工牧草地为对照，通过对两种牧草进行不同混播比例试验，研究宁南黄土丘陵区人工草地不同混播比例对牧草生长性状、生物量和饲用价值等指标的影响，以及了解不同混播比例下牧草生长对土壤性质主要是土壤水分变化的影响，筛选出适合当地的紫花苜蓿和羊草混播比例，为宁南黄土丘陵区紫花苜蓿和羊草人工混播草地的改良建植积累基础数据。

5.1 混播牧草农艺性状的变化

5.1.1 混播草地对牧草出苗率的影响

本试验采用条播的播种方式（图 5-1、表 5-1），设单播、隔行混播两种播种方法。试验处理以紫花苜蓿单播、行距 30cm（CK_1），羊草单播、行距 80cm（CK_2）作为对照。紫花苜蓿与羊草隔行混播比例为 3∶1（T_1）、2∶1（T_2）、3∶2（T_3），作为试验处理。混播时，苜蓿行距为 30cm，羊草行距为 60cm。每个处理设 3 次重复。共 15 个小区，单个小区面积为 30m^2。于 2013 年 6 月 25 日，在土壤墒情比较好的情况下同期播种。

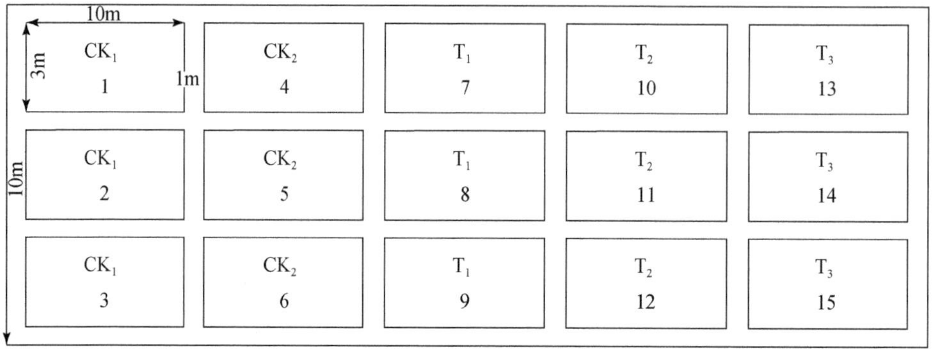

10m　3m　1m　10m

CK_1 1	CK_2 4	T_1 7	T_2 10	T_3 13
CK_1 2	CK_2 5	T_1 8	T_2 11	T_3 14
CK_1 3	CK_2 6	T_1 9	T_2 12	T_3 15

图 5-1　试验地分区示意图：N→S

表 5-1　梯田混播方案

试验处理代号	草种组合	混播比例	播种量（kg/亩）
CK_1	紫花苜蓿单播	—	1.66
CK_2	羊草单播	—	2.06
T_1	紫花苜蓿+羊草	3∶1	0.47+2.35*
T_2	紫花苜蓿+羊草	2∶1	0.33+1.65
T_3	紫花苜蓿+羊草	3∶2	0.28+2.05

* 加号前面数字是苜蓿播种量，后面数字是羊草播种量，下同

在坡耕地上，前茬是2003年的紫花苜蓿地，采用开沟撒播的播种方式，设单播、隔行混播两种播种方法（图5-2、表5-2）。试验处理以紫花苜蓿单播、行距30cm（CK_1'），羊草单播、行距80cm（CK_2'）作为对照。紫花苜蓿与羊草隔行混播比例为3∶1（P_1）、2∶1（P_2）、3∶2（P_3），作为试验处理。混播时，苜蓿行距为30cm，羊草行距为60cm。每个处理设3次重复。共15个小区，单个小区面积为$30m^2$。于2013年6月25日，在土壤墒情比较好的情况下同期播种。

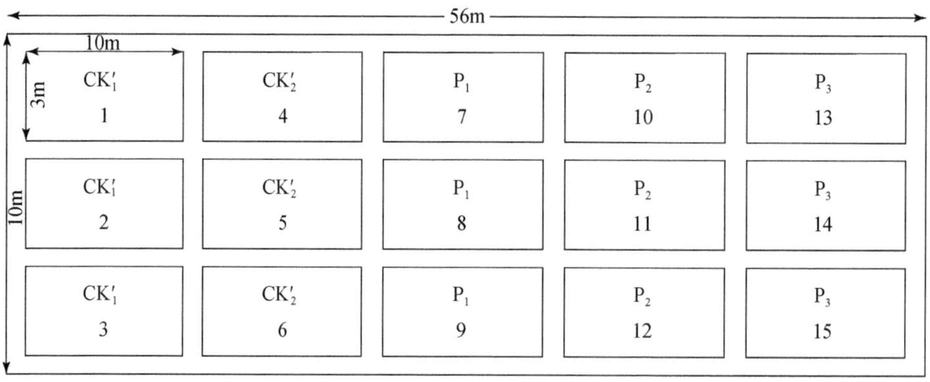

56m　10m　3m　10m

CK_1' 1	CK_2' 4	P_1 7	P_2 10	P_3 13
CK_1' 2	CK_2' 5	P_1 8	P_2 11	P_3 14
CK_1' 3	CK_2' 6	P_1 9	P_2 12	P_3 15

图 5-2　试验地分区示意图：S→N

表 5-2　坡耕地混播方案

试验处理代号	草种组合	混播比例	播种量（kg/亩）
CK_1'	紫花苜蓿单播	—	1.35
CK_2'	羊草单播	—	2.75
P_1	紫花苜蓿+羊草	3∶1	1.83+0.45
P_2	紫花苜蓿+羊草	2∶1	2.06+0.34
P_3	紫花苜蓿+羊草	3∶2	2.20+0.27

梯田内紫花苜蓿与羊草不同混播比例处理（表 5-3），即 T_1、T_2、T_3 间的紫花苜蓿的出苗率无显著差异（$P>0.05$）；坡耕地内紫花苜蓿与羊草不同比例混播处理，即 P_1、P_2、P_3 间的紫花苜蓿的出苗率无显著差异（$P>0.05$）。梯田内紫花苜蓿与羊草不同混播比例处理的紫花苜蓿的出苗率显著高于单播对照组的出苗率（$P<0.01$）。梯田内紫花苜蓿与羊草不同混播比例处理，即 T_1、T_2、T_3 间的羊草的出苗率无显著差异（$P>0.05$）；坡耕地紫花苜蓿与羊草不同混播比例处理，即 P_1、P_2、P_3 间的羊草的出苗率无显著差异（$P>0.05$）。

表 5-3　2013 年度出苗率调查　　（单位：%）

紫花苜蓿	出苗率	羊草	出苗率
CK_1	10.28cC	CK_2	6.22bB
T_1	31.32aA	T_1	7.37bB
T_2	30.77aA	T_2	7.57bB
T_3	30.74aA	T_3	6.73bB
CK_1'	13.38bB	CK_2'	10.28aA
P_1	15.32bB	P_1	10.29aA
P_2	16.39bB	P_2	10.88aA
P_3	16.45bB	P_3	10.62aA

对人工草地而言，“抓苗”是牧草草地建植成功与否的至关重要的因素，所以加强苗期的管理不容小觑。通过对出苗率的调查可以及时了解混播牧草的出苗状况，从而为苗期管理及下一步试验提供有利依据。由于两种牧草的发芽状况、苗期的生长速率及幼苗对环境适应性的不同，出苗率的调查应在羊草进入分蘖期以前进行（毛凯和周寿荣，1995）。整体来看，紫花苜蓿的出苗率明显高于羊草的出苗率。分开紫花苜蓿和羊草各自的出苗情况来看，梯田内紫花苜蓿与羊草不同混播比例处理的紫花苜蓿的出苗率高于对照组及坡耕地内紫花苜蓿与羊草不同

混播比例处理的紫花苜蓿的出苗率。不同的混播比例对紫花苜蓿的出苗率影响不明显。坡耕地内紫花苜蓿与羊草不同混播比例处理的羊草的出苗率高于对照组及梯田内不同混播比例处理的羊草的出苗率，不同的混播比例对羊草的出苗率影响不明显。由此可见，混播草地比单播草地可显著提高紫花苜蓿和羊草的出苗率，但是不同混播比例对牧草出苗率变化的影响不明显。

5.1.2 混播草地对牧草生育期的影响

2013 年紫花苜蓿和羊草物候期的观测结果表明（表 5-4）：6 月 25 日播种以后，紫花苜蓿经过 20 天的时间出苗，羊草经过 15 天出苗。7 月 13 ~ 20 日，在各个混播处理中，羊草和紫花苜蓿的幼苗期表现的差异性不明显；牧草第 1 年的生殖生长现象不明显且数量达不到代表性，8 月 15 日，羊草出现拔节现象的只占总量的 30%，无孕穗、抽穗现象。8 月 20 日，个别羊草出现抽穗现象。9 月 17 日，紫花苜蓿第一年的生长已经进入枯黄期，羊草仍然生长旺盛。整体上牧草的播种方式以及混播比例对牧草的生长期没有影响。第二年（2014 年），羊草比紫花苜蓿提前 15 天返青。

表 5-4 2013 ~ 2014 年紫花苜蓿–羊草混播牧草物候期

样地	播种期	出苗期	幼苗期	分蘖期	拔节期	孕穗期	抽穗期	收获期	返青期
羊草	2013/6/25	2013/7/10	2013/7/13	2013/7/30	—	—	—	2013/10/15	2014/3/20
样地	播种期	出苗期	幼苗期	分枝期	现蕾期	开花期	结荚期	枯黄期	返青期
紫花苜蓿	2013/6/25	2013/7/15	2013/7/20	2013/8/20	—	—	—	2014/9/17	2014/4/5

不同混播比例处理间紫花苜蓿和羊草的出苗时间无显著差异，说明不同混播比例处理对牧草的物候期基本没有影响。整体来看，羊草比紫花苜蓿出苗早 5 日左右，羊草的生长期比紫花苜蓿长了 25 天左右，紫花苜蓿提前进入枯黄期，且第一年紫花苜蓿无明显的分枝现象，羊草分蘖现象明显。由此可见，利用紫花苜蓿和羊草不同时期成熟的特点，将两者进行混播处理，可延长草地的利用时间。

5.1.3 混播草地对牧草生产性能的影响

5.1.3.1 混播比例对牧草株高的影响

株高是植物形态学调查工作中最基本的指标之一。本试验在调查期间，羊草进入分蘖期，比较特殊，株高的测定是按照植株基部到最上部展开叶鞘顶部的距离来测量的。株高和根深对生产力的影响的有关研究表明，高度对生产力有促进作用（包兴国等，2012）。

梯田不同混播比例处理下紫花苜蓿株高结果（表 5-5）显示：7 月 23 日至 8 月 10 日，幼苗期的梯田不同混播比例处理间的株高无显著差异（P>0. 05），单播对照组的株高显著高于不同混播比例处理的株高（P<0. 01）。8 月 15 日，紫花苜蓿进入生长旺期，处理 T_1 的株高高于 T_2、T_3 的株高，株高差异排序为 CK_1> T_1>T_3>T_2。9 月 9 日，紫花苜蓿由分枝期逐渐转入当年的成熟期，不同混播比例处理间的株高无显著差异（P>0. 05），株高差异排序为 CK_1> T_1=T_2=T_3。10 月 21 日，紫花苜蓿进入枯黄期，株高差异排序为 CK_1> T_1= T_2=T_3。梯田不同混播比例处理下羊草株高结果（表 5-5）显示：7 月 23 日，幼苗期的单播对照组 CK_2 和处理 T_1 的株高高于 T_2、T_3 的株高，株高差异排序为 CK_2>T_1> T_3> T_2。8 月 15 日，处理 T_2 的株高最高，株高差异排序为 T_2> T_1=T_3>CK_2。9 月 9 日，处理 T_2、对照组 CK_2 的株高高于处理 T_1 和 T_3 的株高，株高差异排序为 T_2>CK_2> T_1>T_3。10 月 21 日，收获羊草，不同混播比例处理间及与对照组间无显著差异（P>0. 05）。

表 5-5 梯田不同混播比例对牧草株高的影响 （单位：cm）

牧草	处理	测定日期				
		2013/7/23	2013/8/10	2013/8/15	2013/9/9	2013/10/21
紫花苜蓿	CK_1	9. 1aA	19. 1aA	28. 5aA	35. 3aA	39. 5bB
	T_1	4. 0bB	8. 0bB	15. 0bB	28. 3bB	31. 0cC
	T_2	3. 7bB	8. 5bB	12. 7bcBC	28. 7bB	30. 6cC
	T_3	3. 7bB	8. 4bB	13. 5bcBC	30. 6bB	34. 0cC
羊草	CK_2	5. 2aA	7. 3abAB	9. 4aA	11. 2cC	43. 7aA
	T_1	5. 0aA	8. 5aA	9. 5aA	11. 0cdCD	43. 1aA
	T_2	4. 5cC	7. 5abAB	10. 2aA	11. 4cC	44. 6aA
	T_3	4. 6abAB	8. 0aA	9. 5aA	10. 5cdCD	42. 5aA

坡耕地不同混播比例处理下紫花苜蓿株高结果（表 5-6）显示：7 月 23 日，出苗期不同混播比例处理间的株高无显著差异（P>0. 05）。8 月 1 日，幼苗期对照组的株高显著高于不同混播比例处理的株高（P<0. 01）。8 月 15 日，处理 P_1 高于对照组 CK_1' 和 P_2 的株高，株高差异排序为 P_1>P_3>CK_1'>P_2。9 月 9 日，不同混播比例处理间的株高无显著差异（P>0. 05），株高差异排序为 CK_1'>P_1=P_2=P_3。10 月 21 日，株高差异排序为 CK_1'> P_1> P_3>P_2。坡耕地不同混播比例处理下

羊草株高结果（表5-6）显示：7月23日，处理P_1、对照组CK_2'的羊草株高显著高于其他处理（$P<0.01$），不同混播比例处理的株高差异排序为$P_1>P_2>P_3$。8月1日，羊草进入幼苗期，混播比例处理的株高高于对照组，不同混播比例处理间株高无显著差异（$P>0.05$）。8月15日，各处理间羊草株高无显著差异($P>0.05$)。9月9日，对照组CK_2'的羊草株高显著高于其他处理（$P<0.01$），不同混播比例处理间株高无显著差异（$P>0.05$），株高差异排序为$CK_2'>P_1=P_2=P_3$。10月21日，收获羊草，处理P_2的株高最低，株高差异排序为$CK_2'>P_1>P_3>P_2$。

表5-6　坡耕地不同混播比例对牧草株高的影响　　　（单位：cm）

牧草	处理	测定日期				
		2013/7/23	2013/8/1	2013/8/15	2013/9/9	2013/10/21
紫花苜蓿	CK_1'	4.3bB	8.2bB	12.9bcBC	23.3bB	44.1aA
	P_1	4.0bB	5.5cC	15.8bB	21.0cC	28.8dD
	P_2	4.1bB	5.6cC	11.9cC	21.4cC	26.9deDE
	P_3	4.5bB	5.8cC	14.5bcBC	21.9cC	27.6deDE
羊草	CK_2'	4.9abAB	6.3cC	7.4bB	21.3aA	29.5bB
	P_1	5.3aA	6.8bcBC	7.6bB	17.9bB	25.3bcBC
	P_2	4.8bB	7.0bcBC	7.8bB	16.4bB	22.2cC
	P_3	4.0cC	6.8bcBC	7.7bB	14.5bB	24.5bcBC

牧草的株高变化，即植株生长速度，在一定程度上反映了牧草生产能力的高低。牧草的生长速度主要取决于牧草本身的遗传因素，其次也受栽培技术和生态条件的影响，株高的日增长速度是形态特征的主要表现，与产量有着密切的关系(贾慎修，2001)。在2013年这一个生长季内，每隔一定时间测定各处理紫花苜蓿和羊草的绝对株高，从出苗期到幼苗期，紫花苜蓿的最高株高在梯田对照组，出苗期各混播比例对紫花苜蓿株高差异的影响不大，幼苗期梯田混播处理的紫花苜蓿的株高高于坡耕地株高，不同混播比例对株高变化差异影响不明显，成熟期坡耕地对照组的株高明显高于其他各组的株高，不同混播比例对收获时的紫花苜蓿的株高无影响；不同混播比例对羊草株高的影响结果与对紫花苜蓿的影响结果基本一致。整体来看，梯田不同混播比例处理的株高高于坡耕地不同混播比例处理的株高，混播比例最适宜的是苜蓿：羊草为3：1。结果表明，适宜的混播比例可以使两种牧草的株高达到最优组合高度。

5.1.3.2 混播比例对牧草株高动态变化的影响

适宜于试验地生长的牧草大多数属于冷地型草，可以春播，也可以夏末秋初播种。春季一般干旱风大，夏季一般炎热，是杂草、病害等发生较严重的时节，所以夏末之后播种较为适宜。近年来，对牧草人工草地普通建植技术、种子生产技术等方面的研究已颇有进展，但关于秋季不同混播人工草地生长动态的研究资料较少，本研究力求了解秋播不同混播比例处理下牧草的生长规律。株高不仅与其他重要的农艺性状和经济性状，如倒伏和产量等，存在一定程度的遗传相关性，而且株高本身是一个最直观、最方便的选择指标。深入研究牧草株高的形成特性，对制定合理的人工草地栽培技术措施具有一定的理论价值与实践意义（李德全等，2004）。

由图 5-3 可知，不同混播比例处理下，紫花苜蓿株高生长动态一致，前期株高均随牧草的生长而增加，呈平缓的 S 形曲线增长，至出苗 40 天左右达最大值，以后基本不再增加。整体来看，梯田单播对照的紫花苜蓿株高生长动态变化较为明显，不同混播比例对紫花苜蓿株高生长动态变化影响不明显，在紫花苜蓿生长的最后 20 天左右，坡耕地单播对照组的紫花苜蓿株高生长动态变化呈明显上升趋势。梯田的不同混播比例处理的株高动态曲线较为显著地高于坡耕地的不同混播比例处理的株高，坡耕地不同混播比例处理的最后 20 天的折线斜率较大，说明后期坡耕地不同混播比例处理的株高动态变化较明显。

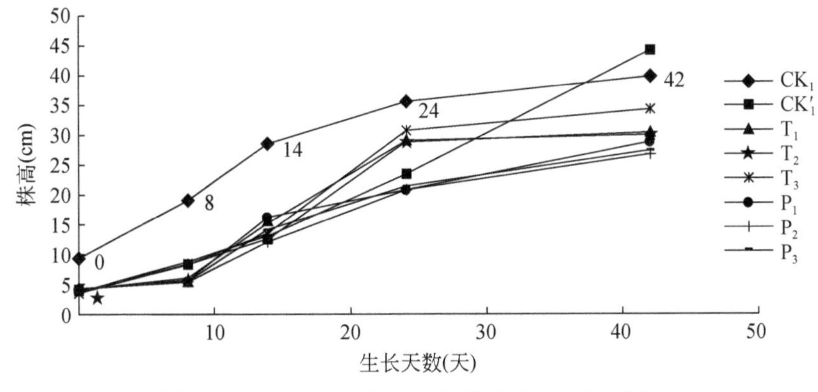

图 5-3 不同混播比例对苜蓿株高动态变化的影响

由图 5-4 可知，羊草的株高生长动态变化曲线与紫花苜蓿株高生长动态变化曲线有很大差异，羊草的株高生长动态变化曲线虽然均呈 S 形增长，但是梯田 3 个不同混播比例处理的曲线在最后 20 天呈急剧上升的变化趋势，较坡耕地不同混播比例处理的平缓的 S 形曲线有明显不同。整体株高动态同样至出苗 40 天左右达最大值，以后基本不再增加。前 15 天左右的生长期内，不同混播比例或单播对羊草株高生长动态变化影响不明显，羊草生长趋势呈缓慢增长状态，中间 10 天内，羊草开始逐渐加速生长，坡耕地对照组增速最快，坡耕地不同混播比例处理的生长增速紧随其后，梯田不同混播比例处理的羊草生长速度依然平稳缓慢，最后 20 天生长期内，梯田不同混播比例处理的羊草生长速度快速提高，超过了其他处理水平，说明生长后期，梯田不同混播比例处理为羊草的快速生长提供了更有利的条件。

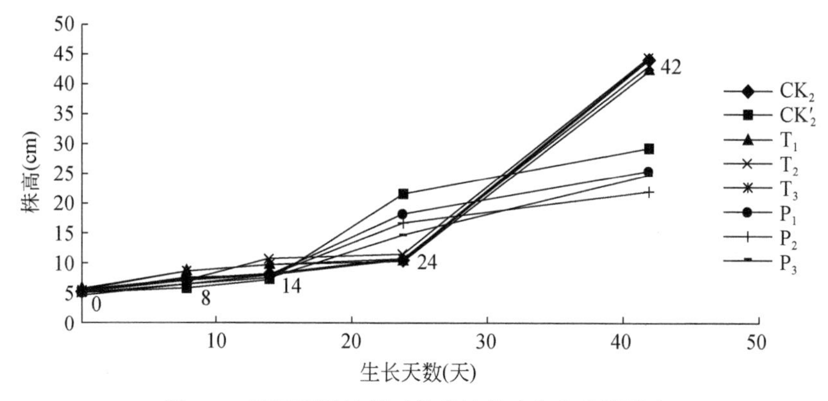

图 5-4　不同混播比例对羊草株高动态变化的影响

5.1.3.3　混播比例对羊草分蘖数的影响

禾本科牧草是生产饲料及改良草地的重要牧草之一，增加有效分蘖是提高禾本科牧草产量和质量的重要措施。多年生禾本科牧草不仅可以通过在母株附近产生分蘖节进行营养繁殖，也可以通过地下根茎进行远离母株的营养繁殖，利用这一生物学特性，能够使禾本科牧草每一棵植株在一个生长季内就形成一个拥有一定数量的个体群（孙爱华等，2000）。

本试验羊草的分蘖始期为 8 月 20 日，根据表 5-7 羊草分蘖量的测定结果可以看出，9 月 9 日至 10 月 10 日达到羊草的分蘖盛期。9 月 9 日，梯田的羊草分蘖数显著高于坡耕地的羊草分蘖数（$P<0.01$），不同混播比例处理间羊草分蘖数无显著差异（$P>0.05$），不同混播比例处理与单播对照组也无显著差异（$P>0.05$）；10 月 10 日，梯田的羊草分蘖数显著高于坡耕地的羊草分蘖数（$P<0.01$），不同混播比例处理间羊草分蘖数无显著差异（$P>0.05$），不同混播比例处理与单播对照组也无显著差异（$P>0.05$），结果与 9 月测得的结果一致，分蘖数量明显增多。

表 5-7　不同混播比例羊草分蘖数的调查　　（单位：枝/株）

处理	9 月 9 日	10 月 10 日
CK_2	13. 6aA	42. 4aA
CK_2'	7. 4bB	14. 6bB
T_1	14. 0aA	45. 0aA
T_2	12. 2aA	40. 2aA
T_3	13. 2aA	40. 8aA
P_1	8. 0bB	15. 2bB
P_2	7. 2bB	14. 8bB
P_3	7. 0bB	17. 4bB

生产者可在禾草分蘖高峰间增加施肥和强化田间管理，以促进牧草的生长，并保证其营养（史丽等，2012）。本试验结果表明，不同混播比例对羊草分蘖数的变化影响不明显，梯田的羊草分蘖数显著高于坡耕地的羊草分蘖数。9 月是羊草分蘖的盛期，至 10 月收获期时，羊草分蘖数显著增加。在相同生育期时，株高生长速度加快，同时分蘖速度相对也加快。此外，夏播羊草的株高生长、分蘖速率与水分、温度条件密切相关。

5. 1. 3. 4　混播比例对牧草茎叶鲜重比的影响

茎叶鲜重比（*S/L*）是衡量饲草品质的一个重要指标，研究证实叶中所含的可消化总养分高于茎（魏广祥等，1994）。

由表 5-8 可知，9 月 11 日测定的梯田处理 T_2 的紫花苜蓿茎叶鲜重比显著高于处理 T_1、T_3 及单播对照组（$P<0.01$），处理 T_1、T_3 及单播对照组间的紫花苜蓿茎叶鲜重比无显著差异（$P>0.05$），整体来看，梯田处理的紫花苜蓿茎叶鲜重比显著高于坡耕地处理（$P<0.01$），不同处理紫花苜蓿的茎叶鲜重比排序为 $T_2>T_3>T_1>CK_1>CK_1'>P_2>P_3>P_1$；梯田不同混播比例处理 T_1、T_2 的羊草茎叶鲜重比显著高于处理 T_3 和单播对照组（$P<0.01$），处理 T_1、T_2 间无显著差异（$P>0.05$），处理 T_3 和单播对照组间无显著差异（$P>0.05$），整体来看，梯田处理的羊草茎叶鲜重比显著高于坡耕地处理（$P<0.01$），不同处理下羊草茎叶鲜重比排序为 $T_1=T_2>CK_2>T_3>P_2>P_3>CK_2'>P_1$。

表 5-8　不同混播比例牧草茎叶鲜重比的调查

紫花苜蓿	茎叶鲜重比	羊草	茎叶鲜重比
CK_1	0.65bB	CK_2	0.46bB
CK_1'	0.57cC	CK_2'	0.40cC
T_1	0.68bB	T_1	0.53aA
T_2	0.86aA	T_2	0.53aA
T_3	0.71bB	T_3	0.43bB
P_1	0.49cC	P_1	0.38cC
P_2	0.56cC	P_2	0.42bB
P_3	0.52cC	P_3	0.41bB

由于苜蓿叶蛋白质含量非常丰富，叶片的比例越高，营养物质含量就越多，适口性就越强，牧草的品质也就越好。苜蓿从营养生长进入生殖生长过程中，叶片光合产物会不断地向花蕾和茎秆转移，这样叶中物质的积累速率低于茎的积累速率，茎叶鲜重比应呈上升趋势（张杰等，2007）。根据试验结果可以看出，梯田不同混播比例处理的紫花苜蓿茎叶鲜重比明显高于单播对照组，说明混播有利于提高苜蓿的饲用营养价值。其中，苜蓿生长期时，茎叶鲜重比最高的是混播比例为 2∶1 的处理；梯田不同混播比例处理的羊草茎叶鲜重比也基本高于对照组，茎叶鲜重比较高的混播比例为 2∶1 和 3∶1。本试验整体说明，混播有利于提高牧草茎叶鲜重比。但由于本次试验数据采集在牧草的生长期，植株内部水分含量较多，对茎叶鲜重比的测量有较大影响，为保证科学严谨性，下次应进一步测量牧草干鲜比。

5.1.3.5　混播比例对牧草生物量的影响

植物生物量的高低反映了光合产物积累的多少，是生产力的度量，也是群落功能的体现。通过生物量可以直观地得到研究对象的产量和有机物的积累量，生物量影响着植物的发育及其结构组成，植株通过改变生物量的比例分配来协调自身与环境的关系，使不利的环境对其伤害降低到最小，以便适应逆境。

从图 5-5 中可以看出，不同处理紫花苜蓿的地上生物量最高可达到 $0.07kg/m^2$，最低为 $0.03kg/m^2$，生物量高峰值出现在梯田处理 T_3 和坡耕地处理 P_1，梯田内不同混播比例处理 T_1、T_2 和 T_3 间生物量落差明显，每个处理下不同小区内的生物量也存在明显落差，坡耕地内生物量变化落差相较不明显，坡耕地不同混播比例处理的生物量相对稳定。总体来看，紫花苜蓿较高的地上生物量表现在坡耕地不同混播比例 P_1、P_2 处理。

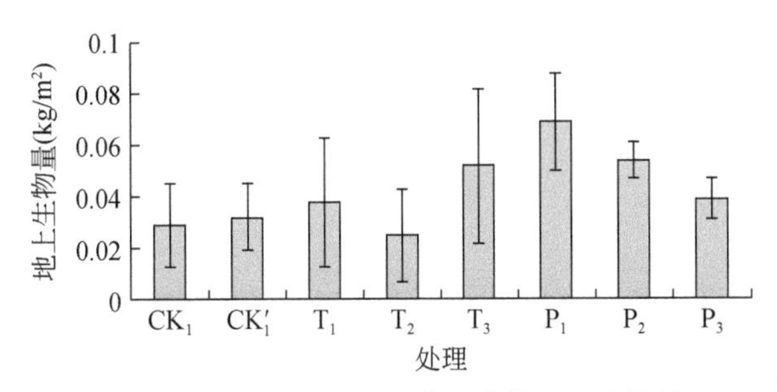

图 5-5　2013 年混播草地紫花苜蓿地上生物量

在多样性与稳定性关系的研究中，常以生物量的变化作为植被稳定性的测度指标。生物量变化越小，说明植被的稳定性越高；生物量变化越大，则说明植被的稳定性越差（刘玉华等，2003）。从结果来看，坡耕地的紫花苜蓿地上生物量变化小，稳定性较高，且不同混播比例处理下的生物量比对照组的生物量多。梯田的羊草地上生物量变化小，稳定性高。总体来看，由于播期较晚，紫花苜蓿较早进入枯黄期，第一年混播草地紫花苜蓿的最高生物量 0.1kg/m^2 远小于羊草的最高生物量 0.18kg/m^2。两种牧草的地上生物量同时达到稳定状态的最适混播比例是坡耕地处理 P_3 的比例，即紫花苜蓿与羊草混播比例为 3 : 2。

5.2　混播草地对土壤理化性质的影响

5.2.1　土壤垂直含水量的变化

土壤水是一种重要的水资源，在水资源的形成、转化与消耗过程中，它是必不可少的成分。土壤水随着土体不停运动，并不间断地供给一切陆生植物所必需的水分（范小巧，2007）。

由图 5-6 可以看出，播种前坡耕地平均土壤含水量较为平稳，在 10% 以下，土层深度为 80 ~ 100cm 时，土壤含水量平均只达到 6.41%。梯田的土壤含水量变化与坡耕地土壤含水量变化趋势相似。整体而言，0 ~ 60cm 土层深度时，梯田土壤含水量高于坡耕地土壤含水量，梯田土壤含水量在 18% 左右；20 ~ 40cm 土层深度时，梯田土壤含水量呈平缓的递增趋势；40 ~ 100cm 土层深度，土壤含水量逐渐降低。

由图 5-7、图 5-8 可以看出，7 月 24 日即幼苗期，20 ~ 40cm 土层深度时，梯田中处理 T_3，即紫花苜蓿与羊草混播比例为 3 : 2 时土壤含水量显著高于处

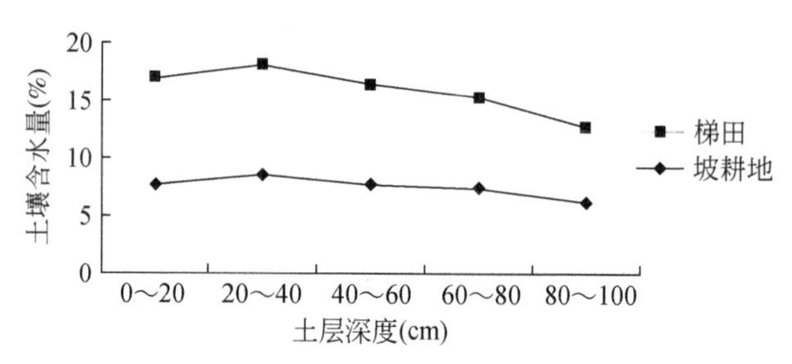

图5-6 6月25日（播种前）混播草地土壤含水量

理 T_1、T_2、对照组 CK_1 及坡耕地上的不同混播比例处理，梯田土壤含水量排序为 $T_3>T_2>T_1>CK_1$，坡耕地土壤含水量排序为 $CK_1'>P_2>P_1>P_3$。7月梯田处理的土壤含水量在不同土层深度的波动幅度较大，随着土层深度的加深，土壤水分含量呈显著的先增加后降低的趋势。

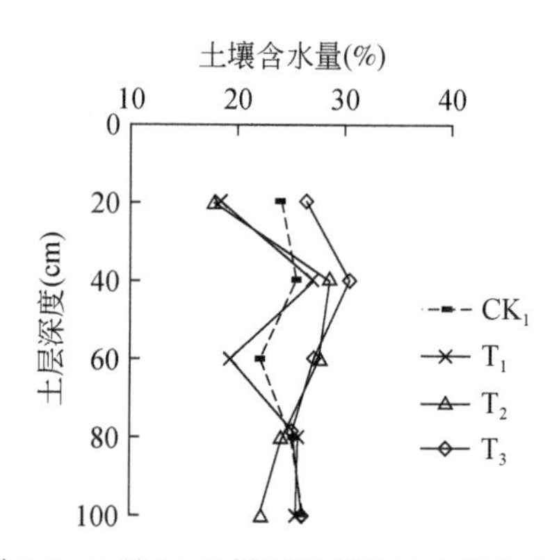

图5-7 7月24日梯田混播草地土壤含水量

8月2日苗期阶段，由图5-9、图5-10可以看出，20～60cm土层深度时，梯田土壤含水量垂直变化波动较大，CK_1 与 T_3 的变化趋势一致，T_2 与 T_1 的变化趋势一致；60～100cm土层深度时，土壤含水量无显著差异；坡耕地上的各不同混播比例处理土壤含水量垂直变化趋势比较一致，40～60cm土层深度的对照组 CK_1' 的土壤含水量变化波动异常，整体变化趋势是随着土层的加深，土壤水分含量呈先增加后降低的趋势，土层深度为20～40cm和80～100cm时，土壤含水量垂直变化无显著差异。

9月9日牧草进入第一年建植的成熟期，由图5-11、图5-12可以看出，梯田处理 T_1、T_2 的土壤含水量起伏波动显著大于处理 T_3，20～40cm土层深度时，土壤含水量排序为 $T_3>T_2>T_1>CK_1$，对照组的土壤含水量最低。坡耕地处理 P_1、P_2、P_3 与对照组土壤含水量变化波动不明显，且不同土层深度的土壤含水量无显著

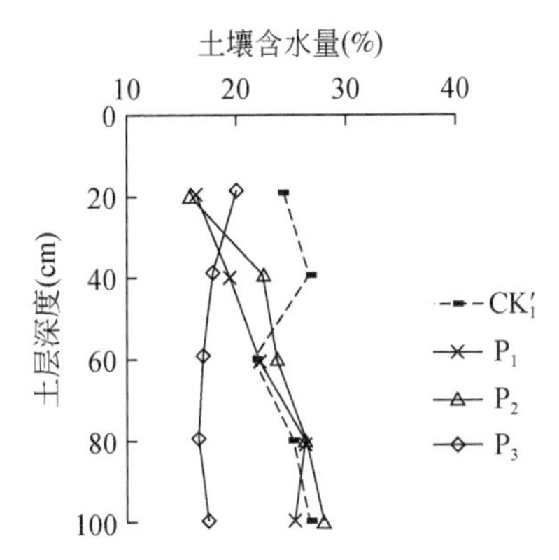

图 5-8　7 月 24 日坡耕地混播草地土壤含水量

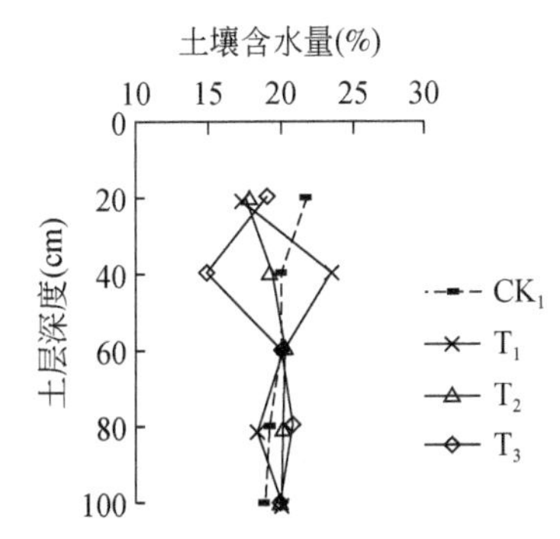

图 5-9　8 月 2 日梯田混播草地土壤含水量

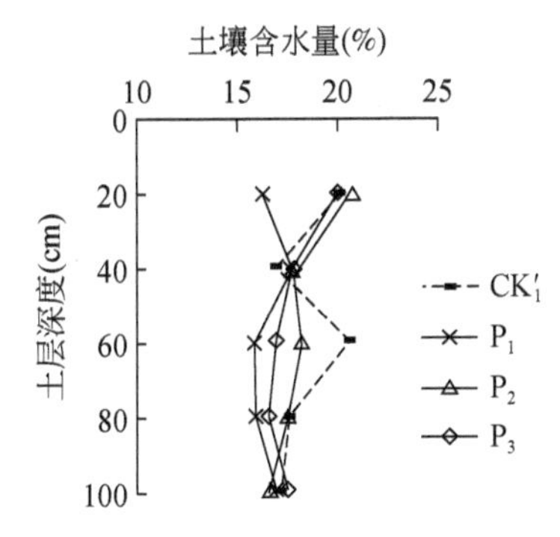

图 5-10　8 月 2 日坡耕地混播草地土壤含水量

波动差异。

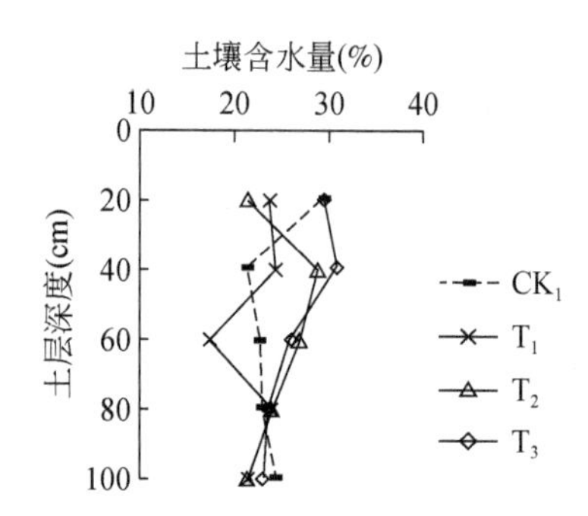

图 5-11　9 月 9 日梯田混播草地土壤含水量

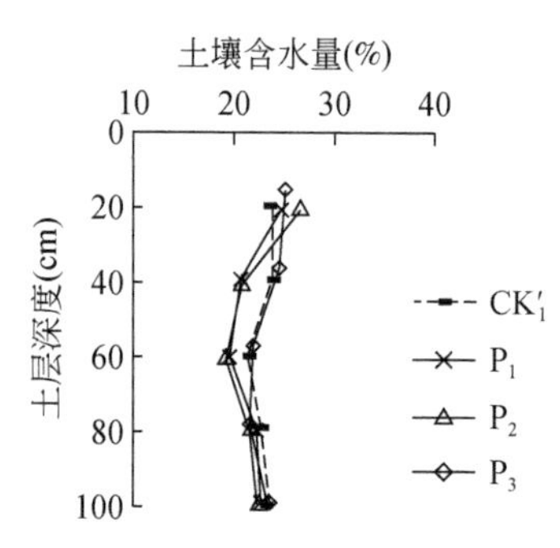

图 5-12　9 月 9 日坡耕地混播草地土壤含水量

10 月 21 日，牧草第一年的收获期，由图 5-13、图 5-14 可以看出，不同混播比例处理间土壤含水量有较为明显的起伏变化，0～20cm 土层深度，梯田土壤含水量排序为 $T_3>CK_1>T_1>T_2$，坡耕地土壤含水量排序为 $CK_1'>P_2>P_1>P_3$；20～40cm 土层深度，梯田土壤含水量排序为 $T_3>T_2>T_1>CK_1$，坡耕地土壤含水量排序为 $P_3>CK_1'>P_2>P_1$，对照组的土壤含水量变化趋势异常；60～80cm 土层深度，梯田土壤含水量排序为 $CK_1>T_1>T_2>T_3$，坡耕地土壤含水量排序为 $CK_1'>P_2>P_3>P_1$；80～100cm 土层深度，梯田土壤含水量排序为 $CK_1>T_3>T_2=T_1$，坡耕地土壤含水量排序为 $CK_1'>P_1=P_2>P_3$。梯田处理 T_1、T_2、T_3 的土壤含水量随着土层的加深呈先增加后减少的趋势，坡耕地处理 P_1、P_2 与对照组的土壤含水量随土层的加深基本呈平缓增长的趋势，达到峰值不再增加。

研究区降水稀少，土壤水库的储量和分布，容易受植物耗水的影响。长期种植多年生豆科牧草紫花苜蓿，会加剧土壤干层发育，土壤干层一旦形成，短期内难以恢复。因此，探明人工草地土壤水分及土壤干层的发展变化规律具有重要意义。根据本试验的土壤平均含水量的季节性变化曲线图可以得到，6 月中下旬，

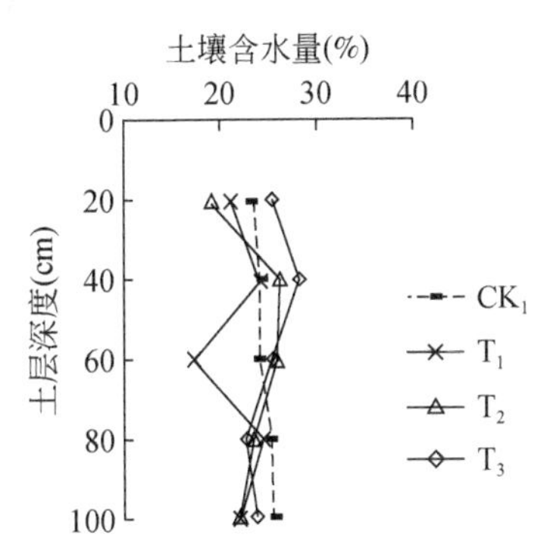

图 5-13　10 月 21 日梯田混播草地土壤含水量

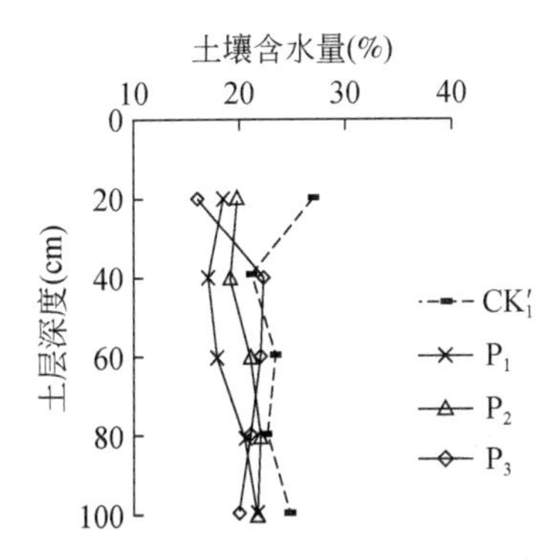

图 5-14　10 月 21 日坡耕地混播草地土壤含水量

由于由旱季逐渐转变为多雨季节，随着降雨量的增加，试验地各层土壤水分不同程度地得到补充，其中，表层土壤水分补充最快，土壤含水量高于深层。因为羊草种子小，顶土能力弱，发芽时需水较多，所以应在 6 月下旬开始有降雨条件时进行播种试验，为羊草发芽出苗创造良好的条件。7 月牧草从出苗期至幼苗期，外界降雨量不断增多，土壤储水量得到补充，紫花苜蓿和羊草生长开始蒸散耗水。此时紫花苜蓿和羊草都处于幼苗阶段，因而蒸散耗水竞争不明显，40～60cm 土层深度除处理 T_2 外，各不同混播比例处理间土壤含水量变化波动较明显，这可能是因为 T_2 处理下的紫花苜蓿和羊草根系生长相对较弱，耗水少，说明耗水量最低的是梯田处理 T_2，即紫花苜蓿与羊草混播比例为 2∶1。8 月牧草完全进入生长期，降雨量持续增加，40～60cm 土层深度紫花苜蓿、羊草耗水量与前期变化特点基本一致，仍是梯田处理 T_2 耗水量最低。但在 80～100cm 土层深度，第一年牧草根系生长达不到该深度，所以随雨水的不断补充，土壤水分得到补充开始升高。9 月成熟期，随着牧草的成熟，耗水量逐渐降低，土壤表层水分含量整体上升，在80～100cm土层深度，土壤含水量相对降低，40～60cm土层深度，仍是梯田处理T_2耗水量最低。10月牧草收获期，土壤含水量仍然随土层的增加呈先增加后降低的趋势，由于不同混播比例处理的紫花苜蓿、羊草的长势、密度不同，土壤含水量差异较大，0～60cm土层深度，梯田处理T_3耗水量最低；60～80cm土层深度，梯田处理T_1耗水量最低；80～100cm土层深度，梯田处理T_3耗水量最低。

5.2.2 土壤pH与土壤养分的变化

土壤有机质是土壤的重要组成物质，对土壤的一系列性质和功能产生重大的影响，它是植物矿质营养和有机营养的重要源泉，土壤有机质能促进土壤团粒结构的形成，改善土壤结构，协调土壤水、肥、气、热状况。由于牧草种植当年根系生长发育主要集中在土层表面，本试验数据主要展示0～20cm土层的土壤肥力变化情况（表5-9）。

表5-9 不同混播比例下常规土壤理化性质结果（0～20cm）

处理		pH	有机质(g/kg)	全氮(g/kg)	全磷(g/kg)	全钾(g/kg)	速效氮(mg/kg)	速效磷(mg/kg)	速效钾(mg/kg)
梯田	播种前	7.98	11.4	0.80	0.72	18.0	69	18.2	145
	CK_1	7.99	11.3	0.74	0.70	17.8	47	22.4	135
	CK_2	7.99	11.2	0.73	0.71	17.9	56	19.9	130
	T_1	8.01	12.4	0.78	0.75	17.8	57	19.7	125
	T_2	7.97	12.1	0.80	0.72	17.5	52	23.5	135
	T_3	7.99	11.8	0.80	0.70	17.3	56	19.8	120
坡耕地	播种前	7.97	8.97	0.78	0.74	18.2	54	13.8	155
	CK_1'	7.97	9.87	0.78	0.73	17.8	41	17.6	140
	CK_2'	7.98	9.99	0.81	0.74	17.1	40	22.4	130
	P_1	7.96	11.0	0.80	0.72	17.8	47	18.7	125
	P_2	7.97	10.6	0.83	0.74	17.5	45	19.3	130
	P_3	7.98	11.2	0.72	0.71	17.4	46	19.9	125

混播前后、不同混播比例处理间土壤pH均无明显变化，pH接近8.00；梯田土壤有机质含量平均为11.5g/kg，坡耕地土壤有机质含量平均为10g/kg；梯田、坡耕地全氮含量平均为0.80g/kg；梯田、坡耕地全磷含量平均为0.73g/kg；梯田、坡耕地全钾含量平均为17.8g/kg；梯田速效氮含量平均为57mg/kg，坡耕

地速效氮含量平均为 50mg/kg；梯田速效磷含量平均为 20mg/kg，坡耕地速效磷含量平均为 18.7mg/kg；梯田速效钾含量平均为 130mg/kg，坡耕地速效钾含量平均为 125mg/kg；整体来看，梯田不同混播比例处理下土壤 pH、有机质、全氮、全磷、全钾的含量变化不明显，速效氮、速效钾的含量与播种前相比减少，速效磷的含量增加；坡耕地不同混播比例处理下土壤 pH、有机质、全氮、全磷、全钾的平均含量变化不明显，速效氮、速效磷、速效钾的变化情况与梯田的变化情况一致。

整体来看，混播当年对土壤肥力的影响不明显，各不同混播比例对土壤 pH、养分含量等指标均无明显的影响。

5.3 混播草地对牧草营养价值的影响

5.3.1 紫花苜蓿的营养成分

由表 5-10 可以看出，梯田的紫花苜蓿粗蛋白质含量平均为 210g/kg，对照组 CK_1 的粗蛋白质含量略高，坡耕地紫花苜蓿粗蛋白质含量平均为 188g/kg，处理 P_3 的粗蛋白质含量略高；梯田紫花苜蓿粗脂肪含量排序为 $CK_1>T_2=T_3>T_1$，坡耕地粗脂肪含量排序为 $P_2>P_1>CK_1'>P_3$；梯田中性洗涤纤维含量排序为 $CK_1>T_3>T_2>T_1$，坡耕地中性洗涤纤维含量排序为 $CK_1'>P_2>P_1>P_3$；梯田酸性洗涤纤维含量排序为 $T_3>T_1>T_2>CK_1$，坡耕地酸性洗涤纤维含量排序为 $CK_1'>P_1>P_3>P_2$；梯田粗灰分含量排序为 $CK_1>T_2>T_3>T_1$，坡耕地粗灰分含量排序为 $P_2>P_3>P_1>CK_1'$。粗蛋白质含量最高的是梯田对照组 CK_1，即单播地紫花苜蓿粗蛋白质含量高，但这个特点使紫花苜蓿缺乏可溶性碳水化合物，营养不如两种牧草混播后均衡。单播紫花苜蓿的粗蛋白质含量比 3 个混播比例处理的粗蛋白质含量高，混播比例处理 T_2 的粗蛋白质含量较 T_3、T_1 相对含量高。综合 5 个指标来看，T_3 条件下紫花苜蓿的饲用价值较好。

表 5-10 不同混播比例紫花苜蓿营养成分含量 （单位：10g/kg）

指标	CK_1	CK_1'	T_1	T_2	T_3	P_1	P_2	P_3
粗蛋白质	22.5	17.0	20.8	21.4	20.9	18.3	19.0	19.2
粗脂肪	1.5	1.4	1.2	1.3	1.3	1.5	1.6	1.3
中性洗涤纤维	39.4	41.8	34.9	35.5	38.5	37.4	38.1	36.5
酸性洗涤纤维	28.6	34.2	32.6	32.5	33.4	30.1	27.1	29.6
粗灰分	16.7	10.3	13.8	16.0	14.6	11.8	13.4	12.7

牧草由碳水化合物、蛋白质、脂肪、矿物质等和一些独特的复合物构成，其中最重要的是纤维素，牧草的营养价值取决于碳水化合物的独特构造及其与蛋白质、木质素之间的复杂关系，脂肪、维生素和矿物质对牧草利用率的影响很小，除非其中一种或几种在日粮中处于缺乏或过量状态，才会对其他营养成分及饲料的消化造成影响。粗蛋白质是植物蛋白质的重要组成部分，是评定牧草营养价值最重要的指标。粗纤维是由纤维素、半纤维素、木质素及果胶等组成的混合物，主要存在于植物的细胞壁中，其高低直接影响家畜对饲料的利用率（芦满济等，1994）。苜蓿作为高蛋白质优质牧草，牧草品质远高于禾本科的羊草。综合各项养分指标排序来看，梯田不同混播比例处理 T_3，即紫花苜蓿与羊草混播比例为 3∶2 条件下牧草的饲用价值较高；坡耕地处理 P_2，即紫花苜蓿与羊草混播比例为 2∶1 条件下牧草的饲用价值较高。结果表明，混播处理确实提高了牧草的饲用价值，适宜的混播比例也可提高牧草的饲用价值。

5.3.2 羊草的营养成分

不同的混播比例及方式改变了两种牧草对水、热、土壤等资源的利用，使不同混播比例及方式的牧草的粗蛋白质、纤维素等营养成分含量呈现出差异，这些指标含量的差异基本可以代表牧草质量的好坏。

由表 5-11 可以看出，羊草粗蛋白质含量排序为 $P_2>T_3>CK_2>CK_2'>P_1>T_2>T_1>P_3$，最高是坡耕地处理 P_2；粗脂肪含量排序为 $CK_2'>P_2>P_1>T_3>CK_2>P_3>T_2>T_1$，最高是坡耕地对照 CK_2'；中性洗涤纤维含量排序为 $P_2>CK_2'>P_1>T_1>T_3>CK_2>T_2>P_3$，最高是坡耕地处理 P_2；酸性洗涤纤维含量排序为 $P_2>CK_2'>P_1>T_3>P_3>T_1>T_2>CK_2$，最高是坡耕地处理 P_2；粗灰分含量排序为 $P_2>CK_2'>P_1>T_3>CK_2>T_2>P_3>T_1$，最高是坡耕地处理 P_2。综合来看，坡耕地处理 P_2 下羊草的饲用价值最高。

表 5-11 不同混播比例羊草营养成分含量 （单位：10g/kg）

指标	CK_2	CK_2'	T_1	T_2	T_3	P_1	P_2	P_3
粗蛋白质	13.1	12.7	10.3	10.6	13.4	11.8	15.3	9.23
粗脂肪	1.7	2.2	1.3	1.5	1.8	1.9	2.1	1.6
中性洗涤纤维	33.1	38.7	34.7	31.8	34.6	35.7	39.8	31.2
酸性洗涤纤维	15.5	19.7	16.3	16.0	17.6	18.4	21.9	16.6
粗灰分	8.1	9.1	7.0	7.8	8.6	8.8	10.7	7.3

5.4 混播草地对杂草调控的影响

杂草一年主要有两个高峰发生期，分别在秋季和夏季。近年来，随着宁夏农业产业结构的调整和农田化学除草的大面积推广，农田杂草群落在组成和分布上发生了新变化，为了更好地了解、认识杂草，减少杂草危害，开展科学合理的农田除草工作，有效地采取各种防治措施，从根本上抑制杂草的滋生，创造良好的农田环境，急需对田间杂草的多样性进行大量调查。

5.4.1 梯田不同混播比例杂草调查结果

经过对梯田 3 个不同混播比例和 2 个单播对照组的人工草地调查，鉴于对杂草种类认知有限、统计工作量大，本试验为了统计分析方便，筛选出了各小区共有的杂草种类，其中以禾本科杂草稗草、芸香科的狭叶山苦荬、藜科的灰条、旋花科的银灰旋花为代表。结果表明，试验地夏季常见的杂草至少有 7 种，隶属 3 个科，其中，菊科杂草至少有 4 种；禾本科杂草 1 种（表 5-12）。

表 5-12 梯田不同混播比例杂草调查 （单位:%）

科名	杂草名称	杂草频度					相对密度				
		CK_1	CK_2	T_1	T_2	T_3	CK_1	CK_2	T_1	T_2	T_3
菊科	米蒿	65	100	100	100	100	6. 6	35	69. 8	17	65
	黄蒿	100	65	25	100	25	20	10	7	8	19
	艾蒿	100	75	25	25	25	15	7	11	7	6
	狭叶山苦荬	100	25	25	50	50	35	13	7	15	5
禾本科	稗草	100	100	50	65	100	44	30	15	20	10
藜科	灰绿藜	100	65	100	100	100	30	20	12	24	11
	碱蓬	50	100	50	50	60	26. 6	35	7	4	3

表 5-12 的不完全调查结果表明，梯田出现频度最高的杂草是菊科的米蒿和藜科的灰绿藜，分布最广的杂草是菊科的米蒿和禾本科的稗草。米蒿杂草频度在不同混播比例处理下高居 100% 没有变化，单播苜蓿对照组里的米蒿杂草频度最低（65%），不同混播比例处理 T_1 的米蒿相对密度最高（69. 8%），不同混播比例处理 T_2 和苜蓿单播对照组的米蒿相对密度较低；不同混播比例处理 T_1 和 T_3 的黄蒿杂草频度最低，不同混播比例处理 T_1、T_2 的黄蒿相对密度较低；不同混播比例处理 T_1、T_2、T_3 的艾蒿杂草频度一样，较对照组较低，不同混播比例处

理 T_3 的艾蒿相对密度最低；单播羊草对照组和不同混播比例处理 T_1 的狭叶山苦荬杂草频度最低，不同混播比例处理 T_1、T_3 的狭叶山苦荬相对密度最低；不同混播比例处理 T_1 的稗草杂草频度最低，不同混播比例处理 T_3 的稗草相对密度最低；单播羊草对照组的灰绿藜杂草频度最低，不同混播比例处理 T_1、T_3 的灰绿藜杂草相对密度最低；单播羊草对照组的碱蓬杂草频度最高，不同混播比例处理 T_2、T_3 的碱蓬相对密度最低。综上所述，梯田不同混播比例处理 T_1、T_3 的杂草相对密度最低。

5.4.2 坡耕地不同混播比例杂草调查结果

对坡耕地 3 个不同混播比例和 2 个单播对照组的人工草地进行调查，结果如表 5-13 所示。

表 5-13 坡耕地不同混播比例杂草调查 （单位：%）

科名	杂草名称	杂草频度					相对密度				
		CK_1'	CK_2'	P_1	P_2	P_3	CK_1'	CK_2'	P_1	P_2	P_3
禾本科	稗草	25	25	100	50	100	4.6	2	5.6	6	4
	虎尾草	100	100	100	100	100	14	4	8	10	35
菊科	艾蒿	80	20	10	10	10	21	12	19	11	18
	米蒿	100	100	100	100	100	38	41.7	25.6	20	32
藜科	碱蓬	50	75	75	50	50	6	8	7	8.2	5.9
	灰绿藜	100	100	100	100	100	34.5	21	25	25	36
牻牛儿苗科	牻牛儿苗	100	100	50	25	50	6	5	3.3	2.5	4.3

表 5-13 的调查结果表明，坡耕地出现频度最高的杂草是禾本科的虎尾草、菊科的米蒿和藜科的灰绿藜，分布最广的杂草是菊科的米蒿和藜科的灰绿藜。不同混播比例处理 P_1、P_3 的稗草杂草频度最高，单播对照组的稗草杂草频度最低，羊草单播对照组的稗草杂草相对密度最低；不同处理下虎尾草杂草频度均达到 100%，羊草单播对照组的虎尾草杂草相对密度最低；不同混播比例处理 P_1、P_2、P_3 的艾蒿杂草频度均较低；米蒿在不同混播比例处理下杂草频度均高达 100%，其相对密度整体较高，不同混播比例处理 P_2 的相对密度最低；碱蓬杂草频度和相对密度较低；不同混播比例处理下灰绿藜杂草频度均达到 100%，羊草单播对照组的灰绿藜相对密度最低；不同混播比例处理 P_1、P_2、P_3 的牻牛儿苗杂草频度均较低，其杂草相对密度同样较低。综上所述，坡耕地不同混播比例处理 P_1、P_2、P_3 的杂草频度和相对密度整体最低，且不同混播比例处理间无显著差异。

杂草具有多种繁殖方式，通常一年生及相当一部分多年生杂草的有性繁殖能力极强，有的能产生多达百万粒种子，进入土壤后形成的杂草种子库对干扰环境的杂草群落的恢复具有严重影响，大部分杂草具有无性繁殖的能力，有些杂草还可能对人畜有害，人畜食用会造成中毒，而且杂草还会传播病虫害、加重人工草地的病虫害，缩短人工草地的更换周期，增加人工草地管理投入费用，降低其使用价值（苏加楷等，1993）。根据本试验结果可以得出，梯田和坡耕地的不同混播比例处理均可降低整体杂草频度和相对密度，梯田中菊科杂草较多，坡耕地中禾本科杂草较多。说明混播草地较单播对照组草地有明显的抑制杂草生长的优势。由于本试验播种时间晚，牧草生长期短暂，以及调查过程中对杂草种类认知不够，未得出不同混播比例处理草地间的抑制杂草能力强弱的结果。

5.4.3 牧草返青率

牧草返青除受长期形成的自身遗传机制影响以外，还受水分条件和热量条件等影响，牧草返青的早晚对牲畜恢复膘情和水土保持具有重要意义。虽然羊草耐碱、耐寒、耐旱，理论上适宜于宁南山区的气候条件建植，但是北方冬季温度过低，且当地之前没有引进过羊草人工种植技术，所以羊草返青率的调查有助于检验引进羊草对退化苜蓿地的改善效果。

根据表 5-14 可以看出，紫花苜蓿的返青率平均可达 80%，其中，坡耕地单播对照组的返青率显著高于不同混播比例处理（$P<0.01$），不同混播比例处理间紫花苜蓿返青率无显著差异（$P>0.05$）；羊草的返青率可达 55% 以上，梯田中单播对照组的返青率显著高于不同混播比例处理（$P<0.01$），不同混播比例处理间羊草返青率无显著差异。

表 5-14　2014 年牧草返青率调查　（单位：%）

紫花苜蓿	返青率	羊草	返青率
CK_1	81.65aA	CK_2	64.29bB
CK_1'	80.11bB	CK_2'	68.31aA
T_1	81.48aA	T_1	55.55cC
T_2	80.27bB	T_2	56.57cC
T_3	81.81aA	T_3	59.21cC
P_1	77.78cC	P_1	67.23aA
P_2	77.43cC	P_2	63.54bB
P_3	78.31cC	P_3	66.67aA

结果表明，混播草地建植当年，不同混播比例对紫花苜蓿和羊草的返青率均无显著的影响，羊草顺利返青说明引进羊草对退化苜蓿草地的改善有指导意义。虽然第一年的羊草返青率低于紫花苜蓿的返青率，但是羊草与紫花苜蓿在宁南黄土丘陵区的混播种植方式是可用的。

第6章 两种引种灌木抗旱生理特性研究

宁南山区属于典型的干旱、半干旱地区，是植被单一、水土流失严重、草地退化严重、生态环境最脆弱的地区之一（程序和毛留喜，2003）。该地区独特的自然条件，尤其是水分条件的限制，使该地区的生态修复与治理难度相当大（张雷明和上官周平，2002）。因此部分学者认为，引进一些水分利用效率较高的植被是改善该地区草地生态环境最有效的途径，但是研究发现，大面积种植沙打旺与苜蓿，随着种植年份的增加，在土壤中会形成干层（杜世平等，1999；王志强等，2003），这对该地区草地恢复、生态治理极为不利。随着该地区退耕还草（林）政策力度的加大，以及生态治理与修复力度的加强，从草地生态恢复、生态环境治理的角度引进一些适应性较强的耐旱物种、抗旱物种迫在眉睫。

在干旱、半干旱地区，植被的分布由于水分条件的制约在景观上也呈现出独有的特性（Klausmeier，1999；魏天兴等，2001），植被对土壤水分吸收作用的强弱在一定程度上也影响植被分布。从土壤水分平衡的角度考虑，在干旱、半干旱地区土壤水分的多少需要与植被所需水分相吻合，否则植被会衰退，也会间接地影响气候的变化（曾庆存等，1994；高琼等，1996）。对于水分受到限制的条件下植被与土壤水分的相互关系，以往的研究大部分偏重于从机理上阐述，而对干旱、半干旱地区如何有针对性地引进一些较适合的耐旱、抗旱性物种，达到草地修复、草地物种多样性增加的目的，涉及具体植物的研究较少。本研究针对宁南山区草地物种单一、生态建设中水分流失严重和种质资源匮乏等现状，选择引进抗逆性较强的华北驼绒藜和四翅滨藜两种灌木，从其生长、根系、生理生化、光合特性及营养成分等方面展开研究，分析两种植物在不同水分梯度下的耐旱能力，综合比较两种植物抗旱性的强弱，并拟在大田推广，为抗旱品种的选育、草地物种多样性的改善、草地生态恢复与资源环境的改善提供理论依据。

6.1 干旱胁迫对两种植物水分状况的影响

在彭阳县中庄村进行试验，采用人工简易塑料膜防止降雨的干扰，2015年4月初选取长势基本一致的一年生实生苗，移栽于内径26cm、深30cm的塑料桶中，每桶1株，移栽基质为表层土，每桶土重约20kg，土壤田间持水量约

23.0%。从栽种至试验起始期间，保证土壤水分充足，确保其正常生长，以保苗木成活和试验处理的一致性。本试验采用完全随机设计，设定4个水分梯度，土壤含水量分别为田间持水量的85%～90%（土壤含水量为19.55%～20.7%）、65%～70%（土壤含水量为14.95%～16.10%）、50%～55%（土壤含水量为11.5%～12.65%）和35%～40%（土壤含水量为8.05%～9.2%），依次用CK、T_1、T_2、T_3表示。每个水分梯度9个重复，2种植物，共72个重复。7月底通过盆栽试验可以观察到，华北驼绒藜分枝多集中于上部，较长，通常长10～25cm。叶片较长，叶柄短；叶片披针形或矩圆状披针形，长2～5cm，宽10～15mm，向上渐狭，先端急尖或钝，基部圆楔形或圆形，通常具明显的羽状叶脉。四翅滨藜为典型灌木，高约50cm。枝条密集，嫩枝灰绿色。叶片互生，基本为条形和披针形，全绿，长1.5～4.3cm，宽7～10mm；叶片正面绿色，带有少量白色粉粒，叶背面灰绿色，粉粒较多，被毛密集。分枝较多，无明显主茎，当年生嫩枝绿色或灰绿色。所有的试验土在7月底都达到预定含水量后即开始控水，采用称重法保持土壤水分维持在一定范围内，每天下午定时称取桶重，计算当天散失和蒸腾的水分，并采用1000ml的量筒及时补充散失的水分，使各处理土壤含水量保持在设定的水平，干旱胁迫24天后测定各处理植株的光合生理指标。

6.1.1 干旱胁迫对叶片形态的影响

表6-1表明，在干旱胁迫下，华北驼绒藜表现为个别叶片发黄，而四翅滨藜表现为个别叶尖卷曲、叶缘干枯的现象。随着干旱时间的延长，胁迫24天时，T_1处理下华北驼绒藜表现为部分底叶发黄、少量叶片干枯，而四翅滨藜则表现正常；T_2处理下华北驼绒藜表现为部分叶片脱落，而四翅滨藜则表现为少量叶片发黄干枯；T_3处理下，华北驼绒藜表现为大量叶片整叶发黄、脱落，而四翅滨藜则表现为部分叶片发黄脱落。从叶片的受害症状来看，华北驼绒藜受害严重，四翅滨藜次之。

表6-1 干旱胁迫下华北驼绒藜、四翅滨藜叶片受害症状

种类	处理	胁迫症状	
		0天	24天
华北驼绒藜	CK	正常	正常
	T_1	正常	部分底叶发黄、少量叶片干枯
	T_2	正常	部分叶片脱落
	T_3	个别叶片发黄	大量叶片整叶发黄、脱落

续表

种类	处理	胁迫症状	
		0 天	24 天
四翅滨藜	CK	正常	正常
	T_1	正常	正常
	T_2	正常	少量叶片发黄干枯
	T_3	个别叶尖卷曲、叶缘干枯	部分叶片发黄脱落

6.1.2 干旱胁迫对叶片、根系含水量的影响

叶片相对含水量（RWC）的高低能真实地反映土壤缺水时植物体内的水分亏缺状况。很多研究表明，植物相对含水量的高低与其抗旱性呈正相关（Araus et al.，1997；闫艳霞等，2008）。由表 6-2 看出，两种植物的叶片相对含水量随着干旱胁迫程度的加剧总体呈现 CK>T_1>T_2>T_3的规律，T_1、T_2及 T_3处理下，华北驼绒藜叶片相对含水量较对照相比各下降了 14.44、17.83、23.35，四翅滨藜叶片相对含水量在 T_1、T_2及 T_3处理下与对照相比各下降了 20.37、27.4、39.6，两种植物的叶片相对含水量在 T_3处理下均最小，分别为 17.25、21.05。从显著性来看，华北驼绒藜叶片相对含水量在各处理下与对照差异显著（$P<0.05$），在 T_3处理下差异达到极显著（$P<0.01$）；四翅滨藜叶片相对含水量在 T_1处理下与对照无明显差异（$P>0.05$），T_3与对照相比达到极显著（$P<0.01$），T_2与 T_3之间无明显差异（$P>0.05$）。由此看出，随着水分胁迫梯度的增加，华北驼绒藜、四翅滨藜叶片相对含水量降低，叶片保水能力下降，但是两种植物下降幅度略有不同。在干旱胁迫 24 天后，华北驼绒藜叶片相对含水量，各处理与对照相比，下降幅度较大，各处理间下降幅度不大；四翅滨藜叶片相对含水量在各处理下与对照相比下降平缓。

表 6-2　水分胁迫对两种灌木叶片、根系相对含水量及叶片水分饱和亏的影响

种类	处理	叶片相对含水量	根系相对含水量	叶片水分饱和亏
华北驼绒藜	CK	40.60±14.86aA	81.22±29.72aA	59.4±14.86bB
	T_1	26.16±9.57bA	49.53±18.12bA	73.84±9.57aA
	T_2	22.77±8.33bA	16.17±5.92cB	77.23±8.33aA
	T_3	17.25±6.31bB	3.70±1.35dC	82.75±6.31aA

续表

种类	处理	叶片相对含水量	根系相对含水量	叶片水分饱和亏
四翅滨藜	CK	60. 65±22. 19aA	58. 87±21. 54aA	39. 35±22. 1bB
	T_1	40. 28±14. 74aA	40. 05±14. 66aA	59. 72±14. 74abAB
	T_2	33. 25±12. 17abAB	33. 44±12. 24abAB	66. 75±12. 17aA
	T_3	21. 05±7. 70bB	15. 48±5. 66bB	78. 95±7. 70aA

同样，根系相对含水量与叶片相对含水量一样，在研究抗旱植物与水分利用关系时，已被广泛用作反映植物根系水分状况的重要指标。由表 6-2 可知，两种植物的根系相对含水量与叶片相对含水量呈现相同的变化规律，即随着水分胁迫程度的增加，根系相对含水量呈现 $CK>T_1>T_2>T_3$ 的变化规律，华北驼绒藜根系相对含水量各处理与对照相比各下降 39%、80%、95%，四翅滨藜根系相对含水量各处理与对照相比各下降 32%、43%、74%，两种植物根系含水量在 T_3 处理下均最小，为 3. 70、15. 48。从显著性水平来看，华北驼绒藜根系相对含水量各处理与对照间差异显著（$P<0.05$），各处理之间差异达到极显著（$P<0.01$）；四翅滨藜根系相对含水量与对照相比，各处理呈现下降趋势，不过 T_1、T_2 与对照相比降幅不显著（$P>0.05$），T_3 与 T_1、CK 相比下降幅度达到极显著（$P<0.01$）。由此看出，在水分胁迫下，华北驼绒藜根系相对含水量的变化较四翅滨藜更敏感，根系保水性能较差。

水分饱和亏是衡量叶片水分状况的又一重要指标，当植物体内水分供应不足、水分代谢受到抑制时，可以通过水分饱和亏的测定来反映植物的需水状况。水分饱和亏反映的是植物体内水分的亏缺程度。由表 6-2 可以看出，随着水分胁迫程度的增加，两种植物幼苗的水分饱和亏呈上升的趋势，且均在 T_3 处理下水分亏缺最严重，华北驼绒藜各处理与对照相比差异达到极显著（$P<0.01$），四翅滨藜在 T_2、T_3 处理下与 CK 相比，差异达到极显著（$P<0.01$）。

6. 1. 3　干旱胁迫对地上部茎叶干重、根系干重及根冠比的影响

由表 6-3 可知，随着干旱程度的增加，华北驼绒藜根系干重呈现先增后降的趋势，且均大于对照，四翅滨藜根系干重各处理与对照相比均增加。华北驼绒藜在 T_2 处理下，根系干重最大，为 12. 69g，与 CK 相比，根系干重增加了 4. 75g；而四翅滨藜在 T_3 处理下，根系干重达到最大，为 15. 38g，与 CK 相比，增加了 6. 02g。从显著性水平来看，华北驼绒藜根系干重各处理与 CK 相比，差异达到显著（$P<0.05$），各处理间差异不显著（$P>0.05$）；四翅滨藜根系干重在 T_1、T_3 处

理下与 CK 相比存在显著差异（$P<0.05$），T_2与 CK 间无显著差异（$P>0.05$）。

表 6-3　干旱胁迫下华北驼绒藜、四翅滨藜干重及根冠比的变化

种类	处理	根系干重（g）	地上部茎叶干重（g）	根冠比
华北驼绒藜	CK	7.94±0.82b	27.96±0.95a	0.28±0.11b
	T_1	9.70±0.87a	23.98±0.22a	0.41±0.02a
	T_2	12.69±0.70a	25.66±0.13a	0.50±0.07a
	T_3	11.18±1.04a	18.63±1.67b	0.61±0.03a
四翅滨藜	CK	9.36±1.12b	11.58±0.73a	0.80±0.05b
	T_1	10.73±0.74a	10.46±1.32a	1.03±0.08b
	T_2	10.15±0.61b	8.04±0.27b	1.28±0.05b
	T_3	15.38±1.36a	8.16±0.67b	1.89±0.04a

由表 6-3 还可知，随着水分胁迫程度的增加，华北驼绒藜地上部茎叶干重呈现先增加后减少的趋势，且均低于对照，四翅滨藜地上部茎叶干重则表现出随着干旱程度的增加下降的趋势。就华北驼绒藜来说，与 CK 相比，T_3处理下地上部茎叶干重最小，为 18.63g，四翅滨藜在 T_2 处理下地上部茎叶干重最小，为 8.04g，与对照相比下降了 3.54g。华北驼绒藜在 T_3处理下，地上部茎叶干重与对照及 T_1、T_2差异均达到显著（$P<0.05$）；四翅滨藜地上部茎叶干重，T_3处理与 CK、T_1差异显著（$P<0.05$），与 T_2无显著差异（$P>0.05$）。

从表 6-3 还可以看出，与对照组相比，随着干旱程度的增加，两种植物的根冠比均表现出增大的趋势，且两种植物在 T_3处理下，根冠比均达到最大，分别是 0.61、1.89，对照组 CK 根冠比最小。就华北驼绒藜而言，各处理与对照组之间根冠比达到显著差异（$P<0.05$），各处理之间差异不明显（$P>0.05$）；而四翅滨藜在 T_3处理下，与 CK、T_1及 T_2处理相比根冠比达到显著差异（$P<0.05$），T_1、T_2与 CK 间无明显差异（$P>0.05$）。说明当两种植物受到水分胁迫时，对地上部茎叶的影响比对根系的影响更大，使得根冠比增加。从根冠比来看，在相同的水分胁迫条件下，四翅滨藜的根冠比较大。

6.2　干旱胁迫对两种植物生理生化指标的影响

6.2.1　干旱胁迫对质膜透性和丙二醛含量的影响

植物细胞质膜是细胞与外界环境的一道分界面，维持细胞的微环境和正常代谢，但是当植物常受到外界不良因子的干扰和影响时，细胞质膜会遭到破坏，导致质膜透性变化，电解质外渗率增大，可以用电解质外渗率的大小表示细胞质膜受破坏程度的强弱，不同植物种类因其抗逆性不同，电解质外渗率各有差异。图6-1（a）显示，与对照相比，随着干旱程度的增加，华北驼绒藜质膜透性呈现阶梯形增长趋势，在 T_2、T_3处理下分别增加了0.07%、0.19%，在 T_3处理下质膜透性达到最高，为0.63%，四翅滨藜质膜透性随着干旱程度的增加呈现 $CK<T_1<T_2<T_3$ 的规律，T_1、T_2处理与CK相比，各增加了0.12%、0.13%，在 T_3处理下质膜透性达到最高，为0.90%（表6-4）。从显著性方面看，两种植物质膜透性在 T_3处理下与对照存在极显著差异（$P<0.01$），T_1与 T_3处理达到极显著差异（$P<0.01$）；而 T_1与 T_2处理差异不显著。

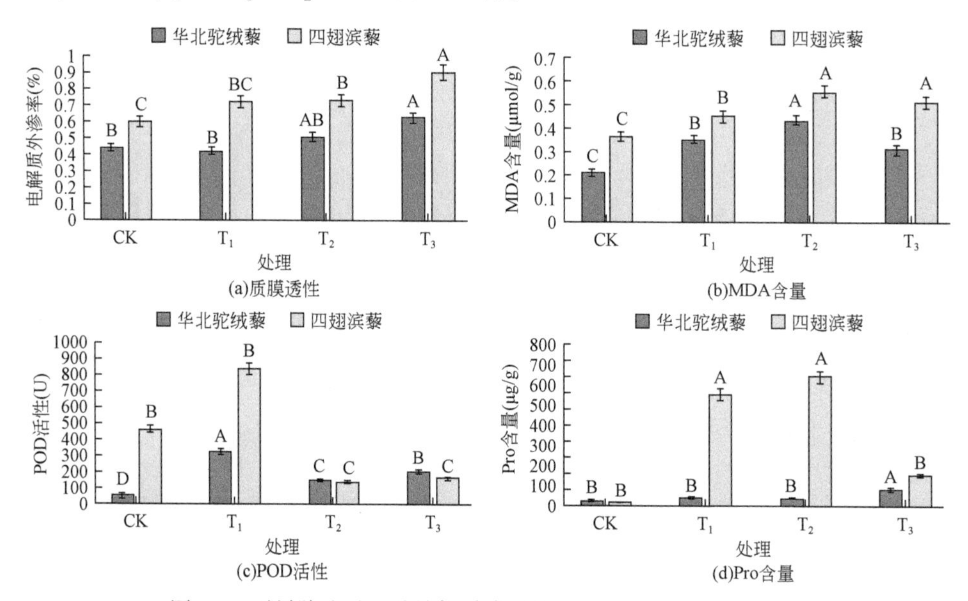

图6-1　干旱胁迫对两种植物质膜透性、丙二醛（MDA）含量、过氧化物酶（POD）活性及脯氨酸（Pro）含量的影响

表6-4　干旱胁迫下两种植物POD活性、MDA含量及Pro含量及质膜透性的变化

种类	处理	POD活性（U）	MDA含量（μmol/g）	Pro含量（μg/g）	电解质外渗率（%）
华北驼绒藜	CK	64.14±23.47	0.21±0.02	27.86±17.40	0.44±0.12
	T_1	340.83±16.78	0.35±0.02	43.74±25.94	0.42±0.01
	T_2	156.37±12.75	0.43±0.04	38.22±21.87	0.51±0.09
	T_3	212.58±12.00	0.31±0.01	88.26±25.38	0.63±0.08

续表

种类	处理	POD 活性（U）	MDA 含量（μmol/g）	Pro 含量（μg/g）	电解质外渗率（%）
四翅滨藜	CK	479.65±43.46	0.36±0.01	23.26±10.35	0.60±0.03
	T_1	862.93±128.92	0.45±0.01	561.62±179.32	0.72±0.08
	T_2	144.25±15.21	0.55±0.02	651.35±21.55	0.73±0.08
	T_3	171.05±6.38	0.51±0.04	157.85±51.77	0.90±0.04

当植物受到逆境胁迫时，细胞质膜会发生过氧化作用，丙二醛（MDA）是脂质过氧化作用的主要产物之一，其含量的高低在某种程度上反映质膜过氧化作用的强弱及膜结构的受害程度。图 6-1（b）显示，与对照相比，各处理下两种植物的 MDA 含量均呈先上升后下降的趋势，且均高于 CK，两种植物在 T_2 处理下，MDA 的含量均达到最高，分别为 0.43μmol/g、0.55μmol/g；就华北驼绒藜而言，在 T_3 处理下 MDA 的含量低于 T_1，而四翅滨藜正好相反。两种植物 MDA 的含量各处理与对照均存在极显著差异（$P<0.01$）；华北驼绒藜 T_1 与 T_3 处理间差异未达到极显著（$P>0.01$）；而四翅滨藜 T_2 与 T_3 处理间差异未达到极显著（$P>0.01$）。

6.2.2 干旱胁迫对过氧化物酶活性的影响

在逆境条件下植物酶促防御系统中有很多关键酶，其中过氧化物酶（POD）是关键酶之一，它与超氧化物歧化酶（SOD）、过氧化氢酶（CAT）相互协调配合，清除植物体内过剩的自由基，使体内自由基保持在一个正常的动态平衡水平，以提高植物的抗逆性。由图 6-1（c）可知，华北驼绒藜叶片 POD 活性在各处理下与对照相比均增加，分别是对照的 5 倍、2 倍、3 倍，且在 T_1 处理下 POD 活性达到最高，为 340.83U。与 CK 相比，四翅滨藜叶片 POD 活性在各处理下呈先增后减的趋势，且在 T_1 处理下 POD 活性达到最高，为 862.93U，基本是 CK 的 2 倍，而在 T_2、T_3 处理下，POD 活性却低于 CK。由此推测，POD 并非是四翅滨藜在受到水分胁迫时，酶促防御系统中起关键作用的酶。从显著性水平来看，华北驼绒藜、四翅滨藜各处理与 CK 相比，POD 活性均存在极显著差异（$P<0.01$），而华北驼绒藜各处理间 POD 的活性也达到极显著差异（$P<0.01$），四翅滨藜 T_2 与 T_3 处理之间差异未达到极显著（$P>0.01$）。

6.2.3 干旱胁迫对渗透调节物质脯氨酸的影响

脯氨酸（Pro）具有较强的水合力，它的积累可增加植物的抗旱或者抗渗透胁迫能力，也是最重要和最有效的有机渗透调节物质。几乎所有的逆境（如干旱、低温、冰冻、盐渍、低 pH、营养不良、高温、病害、大气污染等）都会或多或少地造成植物体内脯氨酸的累积。从图 6-1（d）看出，随着水分胁迫程度的增加，两种植物 Pro 含量与 CK 相比，总体呈上升趋势。在 T_1、T_2处理下，华北驼绒藜 Pro 含量与 CK 相比各上升了 15. 87μg/g、10. 35μg/g，T_3处理与对照相比 Pro 含量上升了 2. 15 倍，四翅滨藜 Pro 含量在 T_1、T_2及 T_3处理下与 CK 相比各增加了 23 倍、27 倍、6 倍（表 6-4）。从显著性来看，华北驼绒藜虽在 T_1、T_2处理下 Pro 含量有所增加，但增加的幅度不明显（$P>0.01$），而 T_3处理下 Pro 含量与 CK 相比差异达到极显著（$P<0.01$）；四翅滨藜各处理与 CK 相比，差异均达到极显著（$P<0.01$），T_1与 T_2处理间 Pro 含量差异不明显（$P>0.01$），但与 CK 相比，Pro 含量远高于 CK，增幅甚至达到了二十几倍。

6.3 干旱胁迫对光合特性的影响

6.3.1 干旱胁迫对光合色素的影响

植物叶片中的光合色素参与光合作用过程中光能的吸收、传递和转化，简言之，光合色素含量的高低直接决定植物光合能力的强弱。从表 6-5 可以看出，随着干旱胁迫程度的加剧，华北驼绒藜叶绿素 a、类胡萝卜素含量呈先降后增趋势，但下降幅度不明显，差异不显著（$P>0.05$）；叶绿素 b 呈现先增后降趋势，T_2处理与对照相比，叶绿素 b 增加了 0. 33，同样增加幅度不明显（$P>0.05$）。而四翅滨藜叶绿素 a、叶绿素 b 及类胡萝卜素含量较对照均在 T_1处理下达到最大，分别为 7. 12mg/g、2. 77mg/g 和 1. 67mg/g；在 T_3处理下，下降幅度最大，与对照相比分别下降了 3. 10mg/g、1. 15mg/g、0. 34mg/g，与 CK 相比，下降显著，差异明显（$P<0.05$）。由此说明，不同程度的干旱胁迫使华北驼绒藜光合色素的含量有所降低，但降幅不明显；在适度的干旱胁迫（T_1）下，四翅滨藜光合色素出现一定程度的升高，有助于该植物适应一定的水分胁迫环境。

表 6-5　干旱胁迫下两种植物光合色素的变化　　(单位：mg/g)

种类	处理	叶绿素 a	叶绿素 b	类胡萝卜素
华北驼绒藜	CK	3.94±0.30a	1.31±0.02a	1.01±0.02a
	T_1	3.14±0.31a	0.94±0.02a	0.80±0.12a
	T_2	2.08±0.22a	1.65±0.15a	0.71±0.12a
	T_3	2.92±0.27a	0.90±0.05a	0.94±0.06a
四翅滨藜	CK	6.31±1.03a	2.43±0.22a	1.40±0.22a
	T_1	7.12±1.05a	2.77±0.27a	1.67±0.13a
	T_2	4.32±1.10a	1.83±0.15a	1.11±0.02a
	T_3	3.21±0.20b	1.29±0.22b	1.06±0.02b

6.3.2　干旱胁迫对气体交换参数的影响

净光合速率反映植物的光合生产力，蒸腾速率反映水分在植物体内的运转状况，两者之比可以表示植物的水分利用效率。耐旱的植物对水分的反应比较迟钝，水分利用效率较高（曲桂敏等，2000）。

干旱胁迫对两种植物叶片气体交换参数有重要影响。从表 6-6 中可以看出，不同处理条件下叶片蒸腾速率呈现出不同的变化特征，华北驼绒藜在不同处理中叶片蒸腾速率呈现出 $CK>T_1>T_2>T_3$ 的变化特征；四翅滨藜在 T_2 处理中叶片蒸腾速率达到最大，为 8.05mmol/(m² · s)，CK 叶片蒸腾速率次之，为 7.52mmol/(m² · s)，在 T_1 处理中叶片蒸腾速率达到最小，为 6.43mmol/(m² · s)，且 T_2 处理与 T_1 处理叶片蒸腾速率达到极显著差异（$P<0.01$）。

华北驼绒藜在不同处理中叶片净光合速率的变化特征与不同处理中叶片蒸腾速率的变化呈现出相同趋势，即 $CK>T_1>T_2>T_3$；四翅滨藜在对照组 CK 处理中叶片净光合速率达到最大，为 9.19μmol/(m² · s)，T_2 处理叶片净光合速率次之，为 8.10μmol/(m² · s)，在 T_3 处理中叶片净光合速率达到最小，为 5.47μmol/(m² · s)，且 CK 处理与 T_3 处理叶片净光合速率差异达到极显著（$P<0.01$）。

水分利用效率在华北驼绒藜和四翅滨藜的各处理中呈现出相同的变化趋势，即 $CK>T_1>T_2>T_3$，即随着干旱胁迫的增加，两种植物的水分利用效率降低，华北驼绒藜对照组 CK 处理与其他三个处理间水分利用效率差异达到极显著（$P<0.01$），但各处理间水分利用效率差异不显著；四翅滨藜 CK 和 T_1 处理水分利用效率差异不明显，但与 T_3 处理差异极显著（$P<0.01$）。

表 6-6　干旱胁迫下两种植物叶片气体交换参数的变化

种类	处理	蒸腾速率 [mmol/(m² · s)]	净光合速率 [μmol/(m² · s)]	水分利用效率 (μmol/ mmol)
华北驼绒藜	CK	9.64±1.12A	4.67±1.62A	0.49±0.15A
	T_1	9.46±0.76AB	3.52±0.84B	0.37±0.09B
	T_2	8.53±0.63BC	2.76±1.01BC	0.33±0.12B
	T_3	7.92±1.38C	2.44±0.93C	0.31±0.09B
四翅滨藜	CK	7.52±0.84A	9.19±2.31A	1.25±0.39A
	T_1	6.43±0.89B	7.46±2.53AB	1.21±0.55A
	T_2	8.05±0.70A	8.10±1.94A	1.00±0.20AB
	T_3	7.28±1.04A	5.47±2.44B	0.78±0.39B

6.4　干旱胁迫对两种植物营养成分的影响

干旱胁迫对两种植物营养成分有重要影响。从表 6-7 可以看出，不同水分胁迫条件下茎叶粗灰分含量呈现出不同的变化特征，华北驼绒藜茎叶在三个处理下粗灰分含量均低于对照，在 T_2 处理下达到最小，为 24.02%，CK 粗灰分含量达到最大，为 29.14%；而四翅滨藜茎叶粗灰分含量则呈现了不同的变化情况，在 T_2 处理下达到最小，为 19.04%，在 T_3 处理下达到最大，为 21.20%，比 CK 增加了 0.45%。从显著性水平来看，华北驼绒藜茎叶粗灰分含量 T_2 与 CK 相比，差异显著（$P<0.05$），各处理间差异不显著（$P>0.05$）；四翅滨藜各处理与对照相比差异均达到显著（$P<0.05$），且各处理间差异也达到显著（$P<0.05$）。说明当受到水分胁迫时，四翅滨藜茎叶粗灰分含量的变化更明显。

表 6-7　干旱胁迫下两种植物茎叶粗灰分、粗蛋白质、粗脂肪和粗纤维的变化

（单位：%）

种类	处理	粗灰分	粗蛋白质	粗脂肪	粗纤维
华北驼绒藜	CK	29.14a	22.44b	1.20b	8.33ab
	T_1	27.04ab	24.65a	1.33a	8.90a
	T_2	24.02b	22.20b	1.30a	8.36ab
	T_3	27.70ab	21.90b	1.15b	8.04b
四翅滨藜	CK	20.75b	20.83b	1.00b	9.48a
	T_1	19.80c	22.60a	1.24a	9.80a
	T_2	19.04d	21.19b	0.71d	9.78a
	T_3	21.20a	21.50b	0.80c	9.96a

不同水分胁迫条件下茎叶粗蛋白质的含量呈现出不同的变化特征（表 6-7）。华北驼绒藜茎叶粗蛋白质的含量在 T_1 处理下达到最大，为 24.65%，且高于 CK，在 T_3 处理下达到最小，为 21.90%，与 CK 相比降低了 0.54%；而四翅滨藜茎叶粗蛋白质的含量均高于对照，且在 T_1 处理下达到最大，为 22.60%，与 CK 相比增加了 1.77%。从显著性水平来看，两种植物茎叶粗蛋白质含量均在 T_1 处理下显著高于 CK、T_2 及 T_3（$P<0.05$），其他各处理间差异不显著（$P>0.05$）。由此可以得出，当四翅滨藜受到水分胁迫时，粗蛋白质含量增加，而华北驼绒藜变化不大。

不同水分胁迫条件下茎叶粗脂肪的含量呈现出不同的变化特征（表 6-7）。华北驼绒藜茎叶粗脂肪的含量在 T_1 处理下达到最大，为 1.33%，之后随着水分胁迫程度的增加呈降低趋势，在 T_3 处理下达到最小，为 1.15%，低于对照；四翅滨藜茎叶粗脂肪的含量在 T_1 处理下达到最大，在 T_2 处理下达到最小，分别为 1.24%、0.71%。从显著性水平来看，华北驼绒藜茎叶粗脂肪的含量在 T_1 处理下与 CK、T_3 存在显著差异（$P<0.05$），与 T_2 无明显差异（$P>0.05$）；四翅滨藜茎叶粗脂肪的含量各处理与对照均存在显著差异（$P<0.05$），且各处理间差异也达到显著（$P<0.05$）。由此看来，随着水分胁迫程度的增加，四翅滨藜茎叶粗脂肪含量变化较大。

由表 6-7 还可以看出，不同水分胁迫条件下茎叶粗纤维的含量呈现出不同的变化特征。华北驼绒藜茎叶粗纤维的含量在 T_1 处理下达到最大，为 8.90%，之后随着水分胁迫程度的增加呈降低趋势，在 T_3 处理下达到最小，为 8.04%，且低于对照；四翅滨藜茎叶粗纤维的含量随着水分胁迫程度的增加均高于对照，在 T_3 处理下达到最大，为 9.96%。从显著性水平来看，华北驼绒藜茎叶粗纤维的含量 T_1 与 T_3 处理存在显著差异（$P<0.05$）；四翅滨藜茎叶粗纤维的含量各处理与对照相比，虽增加，但增幅不明显（$P>0.05$）。由此看来，随着水分胁迫程度的增加，四翅滨藜茎叶粗纤维的含量相对比较稳定。

6.5 两种植物生理生化指标相关性分析

用 DPS14.0 软件对两种灌木相对含水量、水分饱和亏、根冠比、过氧化物酶活性、脯氨酸含量、丙二醛含量、光合色素、净光合速率等 16 个指标进行相关性分析，结果见表 6-8。

表 6-8　干旱胁迫下两种植物各指标间的相关性分析

指标	叶片相对含水量	根系相对含水量	水分饱和亏	根系干重	地上部茎叶干重	根冠比	POD 活性	MDA 含量	Pro 含量	电解质外渗率	叶绿素 a	叶绿素 b	类胡萝卜素	蒸腾速率	净光合速率	水分利用效率
叶片相对含水量	1.0000															
根系相对含水量	0.7317*	1.0000														
水分饱和亏	-1.0000**	-0.7317*	1.0000													
根系干重	-0.5915	-0.7804*	0.5915	1.0000												
地上部茎叶干重	-0.2107	0.2841	0.2107	-0.3660	1.0000											
根冠比	-0.1194	-0.4151	0.1194	0.6909	-0.8644**	1.0000										
POD 活性	0.4372	0.1056	-0.4372	-0.1117	-0.3852	0.0810	1.0000									
MDA 含量	-0.1826	-0.5148	0.1826	0.6110	-0.7411*	0.7980*	0.1475	1.0000								

续表

指标	叶片相对含水量	根系相对含水量	水分饱和亏	根系干重	地上部茎叶干重	根冠比	POD活性	MDA含量	Pro含量	电解质外渗率	叶绿素a	叶绿素b	类胡萝卜素	蒸腾速率	净光合速率	水分利用效率
Pro含量	0.0601	-0.1288	-0.0601	0.0145	-0.6508	0.4946	0.3724	0.7724*	1.0000							
电解质外渗率	-0.1343	-0.5144	0.1343	0.6779	-0.8840**	0.9592**	0.1640	0.7360*	0.5355	1.0000						
叶绿素a	0.7976*	0.4408	-0.7976*	-0.3728	-0.5330	0.1696	0.8079*	0.0906	0.4715	0.2338	1.0000					
叶绿素b	0.7141*	0.2355	-0.7141*	-0.1379	-0.5091	0.2179	0.7338*	0.3415	0.5078	0.2736	0.8588**	1.0000				
类胡萝卜素	0.6639	0.2632	-0.6639	-0.1718	-0.6516	0.3474	0.7985*	0.1968	0.5365	0.4420	0.9664**	0.8405**	1.0000			
蒸腾速率	-0.1625	0.4215	0.1625	-0.4572	0.8228*	-0.6724	-0.6490	-0.5808	-0.5220	-0.7998*	-0.5906	-0.6597	-0.7454*	1.0000		
净光合速率	0.7887*	0.3824	-0.7887*	-0.2211	-0.7288*	0.4491	0.4598	0.3959	0.5384	0.4176	0.8300*	0.7876*	0.7961*	-0.5214	1.0000	
水分利用效率	0.7264*	0.2531	-0.7264*	-0.0873	-0.7922*	0.5158	0.6248	0.4492	0.5774	0.5232	0.8907**	0.8659**	0.8973**	-0.7023	0.9668**	1.0000

从两种灌木各指标的相关性来看，叶片相对含水量与叶绿素 a、叶绿素 b、净光合速率、水分利用效率呈显著正相关，叶绿素 a、叶绿素 b、类胡萝卜素与净光合速率呈显著正相关，与水分利用效率呈极显著正相关，说明叶片相对含水量越大，两种植物光合能力越强，水分利用效率越高；根冠比、脯氨酸含量、电解质外渗率与丙二醛含量呈显著正相关，说明当植物受到水分胁迫时，质膜透性增大，过氧化物质丙二醛含量增加，体内渗透调节物质脯氨酸含量也增加，植物为了吸收更多的水分使自身保持水分动态平衡，根系的生长量较地上部增加较大。

6.6 两种灌木在不同处理下抗旱性综合评价

6.6.1 抗旱指标计算方法

植物的抗旱能力是一种复合性状，抗旱性能的评价需要建立合适的量化评价体系或者选择合适的研究方法，本试验采用模糊函数法对两种植物在不同干旱胁迫下测得的 16 个指标（叶片相对含水量、根冠比、Pro 含量等）进行分析，并对两个品种的抗旱性进行综合评价。

1）对已测各性状用式（6-1）、式（6-2）求出两品种不同处理下各性状的具体函数值：

$$X_{ij} = (X_i - X_{j_{\min}})/(X_{j_{\max}} - X_{j_{\min}}) \tag{6-1}$$

$$X_{ij} = 1 - (X_i - X_{j_{\min}})/(X_{j_{\max}} - X_{j_{\min}}) \tag{6-2}$$

式中，X_{ij}为 i 品种的 j 性状的隶属函数值；X_i为 i 品种的指标测定值；$X_{j_{\max}}$为各品种 j 性状的最大值；$X_{j_{\min}}$为各品种 j 性状的最小值。当 j 性状与植物的抗旱性呈正相关时，用式（6-1）；当 j 性状与植物的抗旱性呈负相关时用式（6-2）。

2）把两个品种各处理下各个性状的具体抗旱隶属函数值进行累加，求平均值：

$$\overline{X_i} = \frac{1}{n}\sum_{j=1}^{n} X_{ij} \tag{6-3}$$

式中，$\overline{X_i}$ 为 i 品种的抗旱隶属函数平均值。$\overline{X_i}$ 越大，抗旱性越强；反之越弱。

6.6.2 抗旱性综合分析结果

对华北驼绒藜、四翅滨藜在不同干旱条件下不同指标的平均值运用隶属函数法进行分析，对两种引种灌木的抗旱性进行综合分析，分析结果见表 6-9 ~ 表 6-11。

表 6-9　两种灌木在干旱条件下各项指标的平均值

测定指标	华北驼绒藜（CK）	华北驼绒藜（T_1）	华北驼绒藜（T_2）	华北驼绒藜（T_3）	四翅滨藜（CK）	四翅滨藜（T_1）	四翅滨藜（T_2）	四翅滨藜（T_3）
叶片相对含水量	40. 60	26. 16	22. 77	17. 25	60. 65	40. 28	33. 25	21. 05
根系相对含水量	81. 22	49. 53	16. 17	3. 70	58. 87	40. 05	33. 44	15. 48
水分饱和亏	59. 40	73. 84	77. 23	82. 75	39. 35	59. 72	66. 75	78. 95
根系干重（g）	7. 94	9. 70	12. 69	11. 18	9. 36	10. 73	10. 15	15. 38
地上部茎叶干重（g）	27. 96	23. 98	25. 66	18. 63	11. 58	10. 46	8. 04	8. 16
根冠比	0. 28	0. 41	0. 50	0. 61	0. 80	1. 03	1. 28	1. 89
POD 活性（U）	64. 14	340. 83	156. 37	212. 58	479. 65	862. 93	144. 25	171. 05
MDA 含量（μmol/g）	0. 21	0. 35	0. 43	0. 31	0. 36	0. 45	0. 55	0. 51
Pro 含量（μg/g）	27. 86	43. 74	38. 22	88. 26	23. 26	561. 62	651. 35	157. 85
电解质外渗率（%）	0. 44	0. 42	0. 51	0. 63	0. 60	0. 72	0. 73	0. 90
叶绿素 a（mg/g）	3. 94	3. 14	2. 08	2. 92	6. 31	7. 12	4. 32	3. 21
叶绿素 b（mg/g）	1. 31	0. 94	1. 65	0. 90	2. 43	2. 77	1. 83	1. 29
类胡萝卜素（mg/g）	1. 01	0. 80	0. 71	0. 94	1. 40	1. 67	1. 11	1. 06
水分利用效率（μmol/mmol）	0. 49	0. 37	0. 33	0. 31	1. 25	1. 21	1. 00	0. 78

表 6-10　两种灌木在干旱条件下的隶属函数值

测定指标	华北驼绒藜（CK）	华北驼绒藜（T_1）	华北驼绒藜（T_2）	华北驼绒藜（T_3）	四翅滨藜（CK）	四翅滨藜（T_1）	四翅滨藜（T_2）	四翅滨藜（T_3）
叶片相对含水量	0. 54	0. 21	0. 13	0. 00	1. 00	0. 53	0. 37	0. 09
根系相对含水量	1. 00	0. 59	0. 16	0. 00	0. 71	0. 47	0. 38	0. 15
水分饱和亏	0. 54	0. 21	0. 13	0. 00	1. 00	0. 53	0. 37	0. 09
根系干重	0. 00	0. 24	0. 64	0. 44	0. 19	0. 38	0. 30	1. 00
地上部茎叶干重	1. 00	0. 80	0. 88	0. 53	0. 18	0. 12	0. 00	0. 01
根冠比	0. 00	0. 08	0. 14	0. 20	0. 32	0. 47	0. 62	1. 00
POD 活性	0. 00	0. 35	0. 12	0. 19	0. 52	1. 00	0. 10	0. 13
MDA 含量	0. 00	0. 41	0. 65	0. 29	0. 44	0. 71	1. 00	0. 88
Pro 含量	0. 01	0. 03	0. 02	0. 10	0. 00	0. 86	1. 00	0. 21
电解质外渗率	0. 96	1. 00	0. 81	0. 56	0. 63	0. 38	0. 35	0. 00
叶绿素 a	0. 37	0. 21	0. 00	0. 17	0. 84	1. 00	0. 44	0. 22
叶绿素 b	0. 22	0. 02	0. 40	0. 00	0. 82	1. 00	0. 50	0. 21
类胡萝卜素	0. 31	0. 09	0. 00	0. 24	0. 72	1. 00	0. 42	0. 36
水分利用效率	0. 19	0. 06	0. 02	0. 00	1. 00	0. 96	0. 73	0. 50

表 6-11　两种灌木在干旱条件下的隶属函数平均值及排序

项目	华北驼绒藜（CK）	华北驼绒藜（T_1）	华北驼绒藜（T_2）	华北驼绒藜（T_3）	四翅滨藜（CK）	四翅滨藜（T_1）	四翅滨藜（T_2）	四翅滨藜（T_3）
隶属函数平均值	0. 37	0. 31	0. 29	0. 19	0. 60	0. 67	0. 47	0. 35
排序	4	6	7	8	2	1	3	5

从表 6-9、表 6-10 可以看出，植物的抗旱能力是受多重因素影响的一种复合性状，每个抗旱指标对植物的抗旱性都有一定的影响作用，但影响作用是微小的，用单一指标判断出的抗旱性强弱不具有明显的说服力，多个单一因素的综合作用最终促成植物抗旱性的形成，因此，植物抗旱性的评价应尽可能多地选择抗旱指标进行综合分析。隶属函数法是常用的综合评价方法，在选取多个测定指标的基础上，对植物的抗旱性进行较为全面的综合评价，避免了使用单一指标进行评价的不准确性。华北驼绒藜、四翅滨藜两种灌木在不同的水分胁迫下，各项生理指标的变化趋势并不完全相同，运用单一指标不能准确评价其抗旱性。两种植物不同水分胁迫下的抗旱性综合评价结果见表 6-11，从表 6-11 中可以看出，两种植物在不同的水分胁迫下抗旱性顺序为四翅滨藜（T_1）>四翅滨藜（CK）>四翅滨藜（T_2）>华北驼绒藜（CK）>四翅滨藜（T_3）>华北驼绒藜（T_1）>华北驼绒藜（T_2）>华北驼绒藜（T_3），由此可以得出，四翅滨藜在 T_1 水分胁迫梯度下抗旱性最强，且抗旱性总体高于华北驼绒藜。

第7章 结　论

7.1 紫花苜蓿种质材料的耐盐性综合评价研究

7.1.1 研究结论

本研究对60个紫花苜蓿品种种子萌发期和苗期进行盐胁迫处理后，测定不同生育时期的各个指标，得到的结论有以下几点。

1）通过对盐浓度为0（CK）、150 mmol/L、250 mmol/L、350 mmol/L NaCl处理下，测定60个紫花苜蓿品种种子的发芽势、相对发芽势、发芽率、相对发芽率、发芽指数、相对发芽指数、活力指数、相对活力指数、胚根长、胚轴长和相对盐害率指标，对这些指标进行相关分析可知，11个指标之间基本呈极显著正相关；对这些指标进行主成分分析后，结果表明，发芽势、发芽率、相对发芽率、发芽指数、相对发芽指数对60个紫花苜蓿品种的耐盐性影响较大；最后对60个紫花苜蓿品种种子萌发期测定的各个指标进行聚类分析可将其分为两类。

2）对60个紫花苜蓿品种用350mmol/L NaCl处理后，测定其农艺性状（株高、叶面积和生物量）、生理指标（脯氨酸含量、丙二醛含量、过氧化物酶活性、超氧化物歧化酶活性和过氧化氢酶活性）和光合指标（气孔导度、光合速率、蒸腾速率和胞间二氧化碳浓度），对这些指标进行相关分析可知，部分指标之间存在一定的相关性；对这些指标进行主成分分析可知，丙二醛含量、超氧化物歧化酶活性、气孔导度、光合速率、胞间二氧化碳浓度对60个紫花苜蓿品种的耐盐性影响较大；最后经各指标聚类分析，将60个紫花苜蓿品种分为耐盐品种和敏盐品种两类。

3）分别对种子萌发期和苗期两个生育期的指标进行聚类分析，其结果存在差异。因此采用隶属函数法对两个生育期测定的指标进行综合评价。综合评价值（*D*）的大小反映各紫花苜蓿种质资源耐盐能力的大小，其数值越大说明耐盐能力越强。甘农21、阿迪娜、英国一号、肇东、140澳大利亚、东德、Synb、荷兰向阳、杂23、罗马尼亚为耐盐品种；骑士3、草原2号、抗旱15、杰克林、敖汉、陇东苜蓿、国产苜蓿、阿尔冈金、蒺藜、皇后2000为敏盐品种。

7.1.2 研究展望

对60个紫花苜蓿品种的两个生育期测定的各指标进行相关性分析和主成分分析，筛选出对耐盐性影响较大的指标，可为后期进一步的耐盐性鉴定的指标筛选提供依据。

本研究通过对60个紫花苜蓿品种种子萌发期和苗期的耐盐性鉴定，筛选出10个耐盐和10个敏盐的紫花苜蓿品种，对筛选出的20个紫花苜蓿品种需一步通过盆栽、田间筛选，为紫花苜蓿分子育种提供种质资源。

7.2 苜蓿种植年限对其生产力及土壤质量的影响

通过对苜蓿初花期的产量、农艺性状、土壤含水量、容重、土壤养分、苜蓿光合特性及其品质的变化与种植年限进行分析，得出主要结论如下。

1）随着种植年限的增加，苜蓿的年总干草产量呈先升高后降低的变化趋势，4年生苜蓿的年总干草产量最高，且与其他各种植年限苜蓿的年总干草产量的差异达到极显著水平。苜蓿种植4年后产量开始明显下降，出现衰退现象。种植年限与年总干草产量之间的相关系数达到0.9596。

2）不同种植年限苜蓿的生物学性状研究表明，株高、单株分枝数、单位面积株数与产量的变化类似，即随种植年限的增加呈先升高后降低的变化趋势，3～5年生苜蓿各项指标均最高。根据相关性分析，苜蓿年总干草产量与株高、单位面积株数具有极显著相关性，与单株分枝数有显著相关性，说明产量构成因素对产量的形成具有重要的作用。

3）不同种植年限苜蓿土壤含水量的时空变化表明，随着季节的推移，土壤含水量的变化呈不规则的M形分布，在生长季节内各种植年限苜蓿地0～100cm土层土壤平均含水量的大体顺序为4年生>1年生>5年生>2年生>3年生>6年生；随土层深度的增加，土壤含水量大体呈先增加后降低的变化趋势，不同种植年限苜蓿地各层次土壤平均含水量的顺序为20～40cm>40～60cm>60～80cm>0～20cm>80～100cm。

4）对不同种植年限苜蓿土壤结构变化的分析表明，6年生苜蓿地的土壤容重最小，土壤孔隙度、土壤饱和含水率均最大，3年生苜蓿地基本与其相反。随着苜蓿种植年限的增加，土壤容重逐渐减小，土壤孔隙度、土壤饱和含水率及土壤田间持水量则逐渐增加。可见苜蓿的种植能够改善土壤结构，但达到一定的种植年限，改良效果逐步减弱，甚至起反作用。

5）土壤全量养分含量表征土壤养分的总存储量，对不同种植年限苜蓿地土壤全量养分变化的研究表明，随种植年限的增加，土壤有机质、全钾含量总体呈递增趋势，土壤全氮和全磷含量则呈先增加后降低的变化趋势；随土层深度的增加，土壤有机质先降低后增加，土壤全氮、全磷、全钾含量均为表层最高，随土层深度的增加逐渐降低。

6）对不同种植年限苜蓿地0～100cm土层速效养分含量变化的研究表明，土壤碱解氮含量随种植年限的增加逐渐增加，速效磷和速效钾含量随种植年限的增加则呈先增加后降低的变化趋势；随土层深度的增加，土壤碱解氮和速效钾含量大体逐渐下降，而土壤速效磷含量则先降低后增加，80～100cm土层的速效磷含量较上层有所增加。

7）土壤微生物是土壤中活的有机体及物质转化的作用者，是土壤肥力水平的活指标。不同种植年限苜蓿地0～20cm土层土壤微生物的变化分析表明，细菌和放线菌都随着种植年限的增加呈先增加后降低的变化趋势，真菌则无明显的变化趋势。4年生苜蓿地土壤细菌和放线菌数量均最多，1年生最少，且两者差异极显著。

8）对不同种植年限苜蓿光合生理生态特性的季节性变化进行研究。结果表明，不同种植年限苜蓿的叶片光合速率、蒸腾速率、气孔导度、叶面温度随着季节的推移总体呈下降趋势，胞间二氧化碳浓度、光合有效辐射大体呈先降低后升高的变化趋势；5年生和6年生苜蓿光合速率、蒸腾速率、气孔导度较高，胞间二氧化碳浓度较低，表明生产能力较强；各生理生态因子间存在一定的相关性，从相关系数大小来看，对光合速率影响最大的因子是光合有效辐射，其次是光能利用效率；对蒸腾速率影响最大的因子是光合有效辐射和气孔导度，然后是叶温。

9）对不同种植年限苜蓿营养成分的分析表明，随种植年限的增加，粗蛋白质、粗脂肪、粗灰分含量均呈先增加后降低的变化趋势，粗纤维含量逐渐增加，无氮浸出物含量则逐渐降低。根据相关性分析，粗蛋白质与粗纤维、无氮浸出物呈负相关，与粗脂肪、粗灰分、消化率呈正相关；粗纤维与粗脂肪、粗灰分、消化率呈极显著负相关，说明粗纤维含量越高，粗脂肪、粗灰分含量越低，消化率越低；粗脂肪与粗灰分、消化率呈极显著正相关，即粗脂肪含量越高，粗灰分含量也相应越高，消化率越高。

10）应用TOPSIS法对不同种植年限苜蓿综合指标进行了评价，结果表明，4年生苜蓿的综合排名为第一，6年生苜蓿的综合排名为第五，1年生苜蓿的综合排名为第六，说明随着种植年限的延长，其综合指标逐渐下降，苜蓿地开始退化，且只有达到一定的种植年限，才会出现退化现象。

7.3　宁南黄土丘陵区紫花苜蓿与羊草混播初期效应研究

7.3.1　研究结论

1）不同混播比例处理对牧草的物候期基本没有影响。第一年紫花苜蓿无明显的分枝现象，羊草分蘖现象明显。紫花苜蓿提前进入枯黄期。

2）紫花苜蓿的出苗率明显高于羊草的出苗率。混播草地比单播草地可显著提高紫花苜蓿和羊草的出苗率，但是不同混播比例对牧草出苗率变化的影响不明显。

3）梯田不同混播比例处理的株高高于坡耕地不同混播比例处理，最适混播比例为 3∶1 时，苜蓿与羊草株高达到最优组合状态。两种牧草的地上生物量同时达到稳定状态的最适混播比例是坡耕地紫花苜蓿与羊草混播比例为 3∶2。不同混播比例对羊草的分蘖性能无影响。混播比例为 2∶1 时，紫花苜蓿的茎叶鲜重比最高，混播比例为 2∶1 和 3∶1 时，羊草的茎叶鲜重比较高。

4）不同混播比例对牧草耗水量的影响不显著，对土壤 pH、养分含量等的影响也不显著。

5）梯田紫花苜蓿与羊草混播比例为 3∶2 时，牧草的饲用价值较高；坡耕地紫花苜蓿与羊草混播比例为 2∶1 时，牧草的饲用价值较高。

6）不同混播比例处理与单播对照相比可降低牧草地整体的杂草频度和相对密度，梯田中菊科杂草较多。

7）不同混播比例对牧草返青率影响不显著。

7.3.2　研究展望

对退化草地的治理和环境的保护已引起了国内许多专家学者的重视，开展了一系列有意义的研究工作。有的从草地的地上生物学性状动态变化等领域进行研究，有的从地下土壤理化性质等领域进行研究，发现随着草地退化程度的加剧，草地的地上生物学性状、土壤理化性质等存在差异，所以人工草地混播从各领域来说对退化草地的改良意义重大。有的专家学者对混播草地改制退化草地的效益开展了许多研究工作，发现了不同的规律。然而，对草地生长的研究，尤其是牧草混播方式这种复杂机制的认识应该是长期循环的深入研究过程，这样才能得出正确有效的理论结果。

1）对混播草地的各牧草组分的生理指标等的测定研究应该更加深入，利用内部机制的相互作用影响结果，更好地指导混播草地的效益。

2）混播牧草的生物学特性与外界条件影响因子的研究应该更加密切，不能太过单一、独立地研究各个因素的影响，可以增加各指标间抗逆性的研究等。

3）对混播牧草返青情况的研究还不够具体，有待进一步发掘研究。

7.4 两种引种灌木在宁南山区的抗旱生理特性研究

7.4.1 研究结论

1）随着水分胁迫程度的增加，两种植物叶片、根系相对含水量总体呈现CK>T_1>T_2>T_3的变化规律，且华北驼绒藜下降的幅度大于四翅滨藜，水分饱和亏呈现上升趋势。针对叶片相对含水量，华北驼绒藜 T_1、T_2 处理与 CK 相比，差异显著（P<0.05），T_3 处理差异极显著（P<0.01）；华北驼绒藜根系相对含水量各处理与 CK 差异显著（P<0.05）。四翅滨藜两种指标在 T_3 处理下与 CK 差异极显著（P<0.01）。华北驼绒藜水分饱和亏各处理与 CK 相比差异达到极显著（P<0.01），四翅滨藜在 T_2、T_3 处理下与 CK 相比，差异达到极显著（P<0.01）。

2）水分胁迫处理 24 天后，华北驼绒藜在 T_1 处理下，部分底叶发黄、少量叶片干枯，在 T_3 处理下大量叶片整叶发黄、脱落，而四翅滨藜受害情况相对较轻。随着水分胁迫程度的增加，华北驼绒藜根系干重、地上部茎叶干重均呈先增加后降低的趋势，各处理根系干重均显著高于对照，地上部茎叶干重在 T_3 处理下最小，显著低于对照。而四翅滨藜根系干重表现为上升趋势且均高于对照；地上部茎叶干重在 T_2、T_3 处理下显著低于对照。

3）随着干旱程度的增加，华北驼绒藜质膜透性呈现阶梯形增长趋势，四翅滨藜质膜透性随着干旱程度的增加呈现 CK<T_1<T_2<T_3 的规律，都在 T_3 处理下达到最高，分别为 0.63%、0.90%，且与对照差异极显著（P<0.01）；对两种植物来说，各处理 MDA 含量均高于对照，且都在 T_2 处理下达到最高；华北驼绒藜各处理过氧化物酶（POD）的活性极显著高于对照（P<0.01），在 T_1 处理下达到最高；四翅滨藜在 T_1 处理下达到最高，极显著高于对照（P<0.01），在 T_2、T_3

处理下极显著低于对照（P<0.01）。两种植物的脯氨酸（Pro）含量较对照均增加，华北驼绒藜增加的幅度较四翅滨藜稍小，在 T_2 处理下，四翅滨藜 Pro 的含量较 CK 增加了 27 倍。

4）随着水分胁迫程度的加剧，华北驼绒藜叶绿素 a、类胡萝卜素含量呈先降后增趋势，但降幅不明显（P>0.05），叶绿素 b 呈现先增后降趋势；而四翅滨藜叶绿素 a、叶绿素 b 及类胡萝卜素含量较对照均在 T_1 处理下达到最大，在 T_3 处理下达到最小，与对照差异显著（P<0.05）。

5）随着水分胁迫程度的增加，华北驼绒藜在不同处理中叶片蒸腾速率、净光合速率均呈现出 $CK>T_1>T_2>T_3$ 的规律。四翅滨藜在 T_2 处理下叶片蒸腾速率达到最大，在 T_1 处理下达到最小；叶片净光合速率在对照组达到最大，在 T_3 处理下达到最小。

6）随着水分胁迫程度的增加，华北驼绒藜茎叶粗灰分含量各处理均小于 CK，在 T_2 处理下达到最小，为 24.02%，与 CK 差异显著（P<0.05），各处理间差异不显著（P>0.05），四翅滨藜茎叶粗灰分含量在 T_2 处理下达到最小，为 19.04%，各处理差异显著（P<0.05）；华北驼绒藜粗蛋白质含量在 T_3 处理下达到最小，为 21.90%，在 T_1 处理下达到最大，与其他各处理差异显著（P<0.05），四翅滨藜粗蛋白质含量在 T_1 处理下达到最大，且与其他各处理差异显著（P<0.05）；两种植物粗脂肪的含量均在 T_1 处理下达到最大，分别为 1.33%、1.24%，四翅滨藜各处理差异显著（P<0.05）；华北驼绒藜粗纤维含量在 T_3 处理下达到最小，为 8.04%，T_1 与 T_3 差异达到显著（P<0.05），四翅滨藜粗纤维含量在 T_3 处理下达到最大，为 9.96%，各处理差异不显著（P>0.05）。

7）用隶属函数对两种灌木在不同的水分胁迫条件下的抗旱性进行综合评价，四翅滨藜（T_1）>四翅滨藜（CK）>四翅滨藜（T_2）>华北驼绒藜（CK）>四翅滨藜（T_3）>华北驼绒藜（T_1）>华北驼绒藜（T_2）>华北驼绒藜（T_3），由此可以得出，四翅滨藜在 T_1 水分胁迫梯度下抗旱性最强，且抗旱性总体高于华北驼绒藜。

7.4.2 研究展望

植物的抗旱能力是一种复合性状，是从植物的形态解剖构造、水分生理生态特征及生理生化反应到组织细胞、光合器官及原生质结构特点的综合反映。只有从不同角度综合分析研究植物抗旱性能的各个方面，才能得出较为客观的结论和规律，如可以再选取一些指标，如叶片的解剖结构、叶绿体和线粒体的超微结构、遗传特性等方面进行研究。从本试验结果可以看出，POD 并非是四翅滨藜酶系统调节作用中的关键酶，还可选取 SOD 活性、CAT 活性等指标研究保护酶活性对于旱胁迫的响应。需要指出的是，通过一个生长季得出的规律，难免有些片面，同时盆栽试验得出的结果和结论难免具有局限性，进行大田栽培时，可能在技术和方案上需要进行一定调整。

参考文献

白静仁．1990. 我国苜蓿品种资源的发展及利用．中国草地，(4)：57-60.

白雪芳，张宝琛．1995. 植物化学生态学中的克生作用在草业上的表现．草业科学，12（1）：70-73.

白音仓．2011. 不同播种方式及比例对紫花苜蓿和老芒麦混播草地的影响．呼和浩特：内蒙古农业大学硕士学位论文．

包兴国，杨文玉，曹卫东，等．2012. 豆科与禾本科绿肥饲草作物混播增肥及改土效果研究．中国草地学报，34（1）：43-47.

宝音陶格涛．2001. 无芒雀麦与苜蓿混播试验．草地学报，9（1）：73-76.

卜庆雁，周晏起．2001. 果树抗旱性研究进展．北方果树，(6)：1-3.

曹致中．2002. 优质苜蓿栽培与利用．北京：中国农业出版社．

曹仲华，呼天朋，曹社会，等．2010. 西藏山南地区 6 种野生牧草营养价值评定．草地学报，18（3）：414-420.

柴胜丰，唐健民，王满莲，等．2015. 干旱胁迫对金花茶幼苗光合生理特性的影响．西北植物学报，35（2）：322-328.

陈宝书．1993. 豆科和禾本科牧草之间的竞争．牧草与饲料，(4)：23-27.

陈华癸．1981. 土壤微生物学．上海：上海科学技术出版社．

陈立松，刘星辉．1997. 作物抗旱鉴定指标的种类及其综合评定．福建农业大学学报，26（1）：49-56.

陈松河，黄全能，郑逢中，等．2013. NaCl 胁迫对 3 种竹类植物叶片光合作用的影响．热带作物学报，34（5）：910-914.

陈晓杰，马宁远．2010. 盐碱土生态系统的修复和改良．科技资讯，(10)：119-121.

陈自胜，徐安凯．2000. 论苜蓿在优化种植业结构中的作用和对策．当代生态农业，(Z1)：117-119.

程序，毛留喜．2003. 农牧交错带系统生产力的概念及其对生态重建的意义．应用生态学报，14（12）：2311-2315.

代全厚，孙传生，许晓鸿．1998. 紫花苜蓿护埂功能研究．水土保持科技情报，(3)：38-41.

代朝霞，何林键，吴菲菲，等．2014. 贵州几种蕨类的抗旱性研究．贵州大学学报（自然科学版），31（4）：30-34.

戴俊英，沈秀瑛，徐世昌，等．1995. 水分胁迫对玉米光合作用性能及产量的影响．作物学报，2（3）：356-363.

邓泽良．2004. 农作物套种的 12 种模式技巧．农村实用技术，(5)：56-57.

董君．2001. 西部地区苜蓿产业化发展的战略思考//中国草原学会，北京市农村工作委员会．首届中国苜蓿发展大会论文集．北京：中国农业出版社．

董世魁，丁路明，徐敏云，等．2004. 放牧强度对高寒地区多年生混播禾草叶片特征及草地初级生产力的影响．中国农业科学，37（1）：136-142.

董志国．2008. 论苜蓿产业化的地位和作用．现代农业科技，(11)：289-291.

杜长城，杨静慧，任惠朝，等 . 2008. 不同品种紫花苜蓿的耐盐性筛选试验 . 天津农业科学，14（5）：14-16.
杜金友，靳占忠，张洪亮，等 . 2003. 不同玉米自交系干旱胁迫条件下的生理变化 . 张家口农专学报，19（3）：4-6.
杜世平，王留芳，龙明秀 . 1999. 宁南山区旱地紫花苜蓿土壤水分及产量动态研究 . 草业科学，18（1）：13-16，18.
多立安，赵树兰 . 2001. 几种豆禾牧草混播初期生长互作效应的研究 . 草业学报，10（2）：72-77.
樊铭京，卢兆增 . 1999. 紫花苜蓿根系对土壤结构及肥力影响的研究 . 山东水利专科学校学报，11（2）：412-416.
范小巧 . 2007. 半干旱黄土高原区苜蓿的种植对土壤质量的影响 . 兰州：兰州大学硕士学位论文 .
方浩 . 2012. 驼绒藜和华北驼绒藜生理特性及远缘杂交 . 呼和浩特：内蒙古农业大学硕士学位论文 .
冯玉龙，王文章，敖红 . 1998. 长白落叶松和樟子松等五种树种抗旱性的比较 . 东北林业大学学报，26（6）：16-20.
傅瑞树 . 2001. 苏铁耐旱、抗寒及光合生理特性研究 . 武夷科学，17（1）：44-50.
高海峰 . 1988. 柽柳属植物水分状况的研究 . 植物生理学通讯，2：20-24.
高琼，董学军，梁宁 . 1996. 基于水分平衡的沙地草地最优化植被覆盖率的研究 . 生态学报，16（1）：33-39.
耿华珠，李聪，李茂森 . 1990. 苜蓿耐盐鉴定初报 . 中国草地，（2）：69-72.
耿华珠，吴永敷，曹致中 . 1995. 中国苜蓿 . 北京：中国农业出版社 .
龚吉蕊，张立新，赵爱芬，等 . 2002. 油蒿（*Artemisia ordosica*）抗旱生理生化特性研究初报 . 中国沙漠，22（4）：387-392.
桂枝，高建明，袁庆华 . 2008. 6 个紫花苜蓿品种的耐盐性研究 . 华北农学报，23（1）：133-137.
郭晔红，张晓琴，胡明贵 . 2004. 紫花苜蓿对次生盐渍化土壤的改良效果研究 . 甘肃农业大学学报，39（2）：173-176.
郭连生，田有亮 . 1994. 4 种针叶幼树光合速率、蒸腾速率与土壤含水量的关系及其抗旱性研究 . 生态学报，5（1）：32-36.
郭卫华，李波，张新时，等 . 2007. 水分胁迫对沙棘（*Hippophae rhamnoides*）和中间锦鸡儿（*Caragana intermedia*）蒸腾作用影响的比较 . 生态学报，27（10）：4132-4140.
郭振飞，卢少云，李宝盛，等 . 1997. 不同耐旱性水稻幼苗对氧化胁迫的反应 . 植物学报，39（8）：748-752.
郭正刚，张自和，肖金玉，等 . 2002. 黄土高原丘陵沟壑区紫花苜蓿品种间根系发育能力的初步研究 . 应用生态学报，13（8）：1007-1012.
韩德梁，王彦荣，余玲，等 . 2005. 离体干旱胁迫下三种紫花苜蓿相关生理指标的测定 . 草原与草坪，109（2）：38-42.

韩建国，马春晖，毛培胜，等 . 1999. 播种比例和施氮量及刈割期对燕麦与豌豆混播草地产草量和质量的影响 . 草地学报，7（2）：87-94.
韩清芳 . 2003. 不同苜蓿（*Medicago sativa*）品种抗逆性、生产性能及品质特性研究 . 杨凌：西北农林科技大学博士学位论文 .
韩清芳，贾志宽 . 2004. 紫花苜蓿种植资源评价与筛选 . 杨凌：西北农林科技大学出版社 .
韩清芳，贾志宽，王俊鹏 . 2005. 国内外苜蓿产业发展现状与前景分析 . 草业科学，22（03）：22-25.
韩永伟，韩建国，张蕴薇 . 2002. 农牧交错带退耕还草对土壤物理形状的影响 . 草地学报，（2）：100-105.
何海燕，许国辉，马国强，等 . 2003. 青海东部主要造林树种的水分生理研究 . 西北林学院学报，18（2）：9-12.
何有华 . 2002. 紫花苜蓿在陇中地区生态环境建设中的作用分析 . 草业科学，（7）：17-18.
呼天明，王培，姚爱兴，等 . 1995. 多年生黑麦草–白三叶人工草地放牧演替及群落稳定性的研究 . 草地学报，3（2）：152-157.
胡小多，刘兴亮，石溪蝉，等 . 2008. 盐胁迫对五种地锦生理指标的影响 . 黑龙江生态工程职业学院学报，21（4）：10-11.
胡新生，王世绩 . 1998. 树木水分胁迫生理与耐旱性研究进展及展望 . 林业科学，34（2）：79-91.
胡中民，樊江文，钟华平，等 . 2005. 中国草地地下生物量研究进展 . 生态学杂志，24（9）：1095-1101.
胡自治 . 1995. 世界人工草地及其分类现状 . 国外畜牧学（草原与牧草），（2）：1-8.
贾春林，杨秋玲，吴波，等 . 2008. 鲁苜 1 号紫花苜蓿选育及栽培技术 . 山东农业科学，（5）：100-103.
贾慎修 . 2001. 草地学（第二版）. 北京：中国农业出版社 .
蒋平安，罗明，蒋永衡，等 . 2006. 不同种植年限苜蓿地土壤微生物区系及商值（*qMB*，qCO_2）. 干旱区地理，29（1）：115-119.
焦菊英，王万忠，李靖 . 2000. 黄土高原林草水土保持有效盖度分析 . 植物生态学报，24（5）：604-612.
兰兴平，王峰 . 2004. 禾本科牧草与豆科牧草混播的四大优点 . 四川畜牧兽医，（12）：45.
李迨东 . 1978. 我国的羊草草原 . 东北师大学报（自然科学版），（1）：145-159.
李德全，高辉远，孟庆伟 . 2004. 植物生理学 . 北京：中国农业科学技术出版社 .
李广敏，关军锋，等 . 2001. 作物抗旱生理与节水技术研究 . 北京：气象出版社 .
李海英，彭红春，牛东玲，等 . 2002. 生物措施对柴达木盆地弃耕盐碱地效应分析 . 草地学报，10（1）：63-68.
李慧卿，马文元 . 1998. 沙生植物抗旱性比较的主要指标及分析方法 . 干旱区研究，15（4）：12-15.
李倩，刘景辉，武俊英，等 . 2009. 盐胁迫对燕麦质膜透性及 Na^+、K^+ 吸收的影响 . 华北农学报，24（6）：88-92.

李瑞年，李学森，朱环元，等 . 2004. 紫花苜蓿对准噶尔盆地西北缘土质荒漠改良效果研究初报 . 草食家畜（季刊），2：54-56.
李生彬，刘金祥，薛月娇，等 . 2010. 湛江地区紫花苜蓿的光合生理初步研究 . 湖北农业科学，49（2）：397-400.
李生鸿 . 1991. 人工草地的退化与更新 . 西藏科技，(3)：87-88.
李孙荣 . 1999. 杂草及其防治 . 北京：中国农业大学出版社 .
李先婷，曹靖，魏晓娟，等 . 2013. NaCl 渐进胁迫对啤酒大麦幼苗生长、离子分配和光合特性的影响 . 草业学报，22（6）：108-116.
李小燕，丁丽萍 . 2008. 自然越冬状态下四翅滨藜抗寒性生理指标的动态变化 . 东北林业大学学报，36（5）：11-12.
李小燕，丁丽萍 . 2010. 四翅滨藜饲料营养价值的综合评价及开发利用 . 畜牧与饲料科学，31（3）：19-22.
李玉山 . 2002. 苜蓿生产力动态及其水分生态环境效应 . 土壤学报，39（3）：404-411.
李裕元，邵明安 . 2005. 黄土高原北部紫花苜蓿草地退化过程与植物多样性研究 . 应用生态学报，16（12）：2321-2327.
李裕元，邵明安，上官周平，等 . 2006. 黄土高原北部紫花苜蓿草地退化过程与植被演替研究 . 草业学报，15（2）：85-92.
李毓堂 . 2002. 草地资源优化管理开发与 21 世纪中国可持续发展战略——兼评中国科学院关于中国可持续发展战略的两个报告 . 草业科学，(1)：11-15.
李源，刘贵波，高洪文，等 . 2010. 紫花苜蓿种质耐盐性综合评价及盐胁迫下的生理反应 . 草业学报，19（4）：79-86.
李正民，舒惠玲，樊水根，等 . 1996. 红壤岗地上种草经济与生态效益研究 . 四川草原，(4)：10-15.
林栖凤，李冠一 . 2000. 植物耐盐性研究进展 . 生物工程进展，20（2）：20-25.
蔺娟，地里拜尔・苏力坦 . 2007. 土壤盐渍化研究进展 . 新疆大学学报（自然科学版），24（3）：318-323，328.
刘春华，张文淑 . 1993. 六十九个苜蓿品种耐盐性及其两个耐盐生理指标的研究 . 草业科学，10（6）：16-22.
刘芳，章尧想，徐军，等 . 2014. 乌兰布和沙漠地区 9 种灌木的抗旱性综合评价 . 甘肃农业大学学报，49（4）：105-109，117.
刘宏，刘剑钊，闫孝贡，等 . 2012. 盐碱土改良与利用技术研究进展 . 吉林农业科学，37（2）：20-23.
刘会超，贾文庆 . 2009. 盐胁迫对白三叶茎的 POD、CAT 的影响研究 . 吉林农业科学，34（1）：43-46.
刘惠清 . 2006. 实用生态工程学 . 北京：高等教育出版社 .
刘家琼，周湘红 . 1993. 几种固沙植物过氧化物酶、过氧化氢酶活性及其同功酶的初步分析//刘家琼 . 中国科学院沙坡头沙漠试验研究站年报：1991—1992. 兰州：甘肃科学技术出版社 .
刘锦，贾睿芬，贺晓，等 . 2007. 华北驼绒藜花粉萌发特性及不同授粉方式对其结实率的影响 .

种子，26（9）：5-9.
刘晶，才华，刘莹，等. 2013. 两种紫花苜蓿苗期耐盐性生理特性的初步研究及其耐盐性比较. 草业学报，22（2）：250-256.
刘念民，王晶. 2001. 美国饲草业近期动态. 现代化农业，（8）：33.
刘沛松，贾志宽，李军，等. 2010. 不同草粮轮作方式对退化苜蓿草地水分恢复的影响. 农业工程学报，26（2）：95-102.
刘香萍，李国良，迟文峰，等. 2006. 紫花苜蓿耐盐生理的初步研究. 现代农业科技，（12s）：6-7.
刘晓宏，郝明德，樊军. 2000. 黄土高原旱区长期不同轮作施肥对土壤供氮能力的影响. 干旱地区农业研究，18（3）：1-7.
刘延吉，张蕾，田晓艳，等. 2008. 盐胁迫对碱茅幼苗叶片内源激素、NAD激酶及 Ca^{2+} ATPase 的效应. 草业科学，25（4）：51-54.
刘玉华，贾志宽，韩清芳，等. 2003. 不同苜蓿品种头茬草产量及经济价值的综合评价. 西北农业学报，12（4）：75-81，86.
刘元保，唐克丽，查轩，等. 1990. 坡耕地不同地面覆盖水土流失试验研究. 水土保持学报，4（1）：25-29.
刘卓，徐安凯，王志峰. 2008. 13个苜蓿品种耐盐性的鉴定. 草业科学，25（6）：51-55.
刘自学. 2002. 中国草业的现状与展望. 草业科学，19（1）：6-8.
刘遵春，刘用生. 2006. 盐胁迫对果树生理生化的影响及耐盐性指标的研究进展. 安徽农业科学，34（14）：3273-3274.
卢立娜，李青丰，贺晓，等. 2009. 华北驼绒藜开花生物学特性研究. 西北植物学报，29（6）：1176-1181.
芦满济，杜福成，杨志爱. 1994. 冷温半干旱黄土丘陵区荒坡地沙打旺系统生态效能的调查研究. 草业科学，11（2）：48-51.
路浩，王海泽. 2004. 盐碱土治理利用研究进展. 现代化农业，（8）：10-12.
麻冬梅. 2014. 高羊茅耐盐多基因遗传转化及其生物学整合效应分析. 银川：宁夏大学博士学位论文.
马春晖，韩建国，张玲. 2001. 高寒牧区一年生牧草种间竞争的动态研究. 草业科学，18（1）：22-24.
马春平，崔国文. 2006. 10个紫花苜蓿品种耐盐性的比较研究. 种子，27（7）：50-53.
马克伟，向洪宜，王世元，等. 2000. 我国西部地区资源利用状况分析. 中国土地科学，（2）：1-3.
马树升，刘明香. 1998. 紫花苜蓿根系对提高土壤抗冲性能的研究. 山东水利专科学校学报，10（4）：181-185.
毛凯，周寿荣. 1995. 一年生豆禾牧草混播种群研究. 草业科学，12（2）：32-34，40.
苗济文，马云瑞，罗代雄，等. 1995. 土壤盐分对宁夏春小麦的影响. 西北农业学报，4（3）：81-84.
潘玉红，朱全堂. 2001. 草产业——大西北开发中的希望工程. 统计与经济，（2）：26-27.

戚志强，玉永雄，胡跃高，等 . 2008. 当前我国苜蓿产业发展的形势与任务 . 草业学报，17（1）：107-113.
齐都吉雅，郭晓利，海棠 . 2012. 不同种牧草混播对人工草地生物量及种间竞争的影响 . 内蒙古草业，24（4）：30-35.
齐统祥 . 2013. 四翅滨藜嫩枝扦插快速育苗关键技术研究 . 杨凌：西北农林科技大学硕士学位论文 .
曲桂敏，沈向，王鸿霞，等 . 2000. 不同品种苹果树水分利用率及有关参数的日变化 . 果树科学，17（1）：7-11.
任珺 . 1998. 牧草抗旱性综合评价指标体系的 AHP 模型设计与应用的研究 . 草业学报，7（3）：35-41.
沙吾列・沙比汗，张荟荟，杨刚，等 . 2014. 12 份苜蓿种质材料苗期耐盐性综合评价 . 草食家畜，3（5）：29-34.
山仑，徐萌 . 1991. 节水农业及其生理生态基础 . 应用生态学报，2（1）：70-76.
上官周平，陈培元 . 1990. 水分胁迫对小麦光合作用的影响及其抗旱性的关系 . 西北植物学报，10（1）：1-7.
尚永成，马福 . 2000. 燕麦与毛苕子混播试验初报 . 青海草业，9（2）：9-10.
邵华，彭少麟 . 2002. 农业生态系统中的化感作用 . 中国生态农业学报，10（3）：106-108.
沈益新 . 2004. 农田种草的生态学意义和作用 . 畜牧与兽医，36（4）：1-3.
石国亮，江萍 . 2009. NaCl 盐胁迫对锦鸡儿保护酶系的影响 . 安徽农业科学，37（17）：7963-7965.
石进校，尹江龙，刘应迪，等 . 2002. 干旱胁迫对箭叶淫羊藿的影响 . 中草药，33（6）：77-80.
史丽，杜广明，韩玉静 . 2012. 羊草草地群落中多年生禾草春季分蘖动态研究 . 饲料资源，（1）：39-40.
宋淑明 . 1998. 甘肃省紫花苜蓿地方类型抗旱性的综合评判 . 草业学报，7（2）：75-81.
苏德毕力格，周禾，王培，等 . 1998. 退化混播人工草地白三叶繁殖特性的变化 . 草地学报，6（1）：68-71，52.
苏芳莉，王铁良，王政，等 . 2009. 不同浓度处理对芦苇和香蒲叶片某些生理特性的影响 . 云南农业大学学报，24（2）：302-306.
苏加楷，张文淑，李敏 . 1993. 牧草高产栽培 . 北京：金盾出版社 .
苏加义，赵红梅 . 2003. 国外人工草地 . 草食家畜，119（2）：65-66.
苏永全，吕迎春 . 2007. 盐分胁迫对植物的影响研究简述 . 甘肃农业科技，5（3）：23-27.
孙爱华，鲁鸿佩，马绍慧 . 2000. 高寒地区箭筈豌豆+燕麦混播复种试验研究 . 草业学报，（8）：37-38.
孙浩峰 . 1998. 优良木本饲料华北驼绒藜引种实验研究 . 草业学报，7（1）：20-24.
孙启忠，桂荣 . 2000. 影响苜蓿草产量和品质诸因素研究进展 . 中国草地，（1）：58-64.
孙铁军，滕文军，王淑琴，等 . 2007. 紫花苜蓿种植对山地荒沟客土理化性质的影响 . 山地学报，25（5）：596-601.

孙羲．2000. 植物营养与肥料．北京：中国农业出版社．
孙小芳，刘友良，陈沁．1998. 棉花耐盐性研究进展．棉花学报，10（3）：7-13.
索亚林，史云威，兰云峰，等．2003. 驼绒藜天然草场改良及扩繁技术研究．内蒙古草业，15（2）：3-4.
汤章城．1983. 植物对水分胁迫的反应和适应性——Ⅱ．植物对干旱的反应与适应性．植物生理学通讯，（4）：1-7.
唐劲驰，黎健龙，唐颢，等．2014. 土壤水分胁迫对不同茶树品种光合作用及水分利用率的影响．中国农学通报，30（1）：248-253.
唐连顺，李广敏，商振清，等．1992. 水分胁迫对玉米幼苗膜脂过氧化及保护酶的影响．河北农业大学学报，15（2）：34-40.
陶玲，任珺．1999. 牧草抗旱性综合评价的研究．甘肃农业大学学报，（1）：23-28.
田瑞娟，杨静慧，梁国鲁，等．2006. 不同品种紫花苜蓿耐盐性研究．西南农业大学学报（自然科学版），28（6）：933-936.
万素梅．2008. 黄土高原地区不同生长年限苜蓿生产性能及对土壤环境效应研究．杨凌：西北农林科技大学博士学位论文．
王邦锡，孙莉，黄久常．1992. 渗透胁迫引起的膜损伤与膜脂过氧化和某些自由基的关系．中国科学（B 辑），（4）：364-368.
王宝山．1986. 中国植物生理学会第四次全国会议论文摘要汇编．上海：中国植物生理学会秘书处．
王宝善．1992. 多年生豆科与禾本科牧草混播的研究进展．甘肃农业科技，（11）：27-28.
王波，宋凤斌．2006. 燕麦对盐碱胁迫的反应和适应性．生态环境，15（3）：625-629.
王福森，孙惠杰，温宝阳，等．2001. 几个杨树新品种抗旱能力与生理反应研究．防护林科技，46（1）：18-20，24.
王刚，吴明强，蒋文兰．1995. 人工草地杂草生态学研究工杂草入侵与放牧强度之间的关系．草业学报，4（3）：75-80.
王洪波，杨发林．2005. 宁夏草业（1995～2004）．银川：宁夏人民出版社．
王继和，刘虎俊．1999. 加拿大阿尔伯达省盐渍化土地治理与研究．干旱区研究，16（1）：67-71.
王建华，刘鸿先，徐同．1989. 超氧物歧化酶（SOD）在植物逆境和衰老生理中的作用．植物生理学通讯，（1）：1-7.
王康富，蒋瑾．1991. 沙坡头地区固沙植物种的选择问题//中国科学院治沙队．流沙治理研究（二）．银川：宁夏人民出版社．
王堃，陈默君．2002. 苜蓿产业化生产技术．北京：中国农业出版社．
王明利．2010. 推动苜蓿产业发展 全面提升我国奶业．农业经济问题，15（05）：22-26，110.
王明霞，易津，乌仁其木格．2003. 人工劣变处理对华北驼绒藜种子活力的影响．中国草地，25（4）：32-36.
王平，王天慧，周雯，等．2007. 禾–豆混播草地中土壤水分与种间关系研究进展．应用生态学报，18（3）：653-658.

王平，周道玮，姜世成 . 2010. 半干旱地区禾–豆混播草地生物固氮作用研究 . 草业学报，19（6）：276-280.
王普昶 . 2009. 华北驼绒藜种群生殖生态学研究 . 呼和浩特：内蒙古农业大学博士学位论文 .
王冉，陈贵林，宋炜，等 . 2006. NaCl 胁迫对两种南瓜幼苗离子含量的影响 . 植物生理与分子生物学学报，3（1）：94-98.
王瑞峰，卢欣石 . 2011. 23 个审定苜蓿品种萌发期耐盐性评价 . 北京：中国草原学会，北京市农村工作委员会 .
王沙生，吴贯明，等 . 1996. 植物生理学（第 2 版）. 北京：中国林业出版社 .
王少先，李再军，王雪云，等 . 2005. 不同烟草品种光合特性比较研究初报 . 中国农学通报，21（5）：245，247，252.
王万里 . 1981. 第二十五讲 植物对水分胁迫的响应 . 植物生理学通讯，（5）：55-64.
王霞，侯平，尹林克，等 . 1999. 水分胁迫对柽柳植物可溶性物质的影响 . 干旱区研究，16（2）：6-11.
王小明，马耀祖，李健 . 2006. 几种处理方法对四翅滨藜嫩枝扦插成活率影响的研究 . 西部林业科学，35（4）：115-117.
王晓凌，李凤民 . 2006. 紫花苜蓿草地与紫花苜蓿–作物轮作系统土壤微生物量与土壤轻组碳氮研究 . 水土保持学报，（4）：132-135，142.
王新伟 . 1998. 不同盐浓度对马铃薯试管苗的胁迫效应 . 马铃薯杂志，12（4）：203-207.
王新英，史军辉，刘茂秀，等 . 2012. 四翅滨藜主要渗透调节物质对 NaCl 胁迫累积的响应 . 干旱区研究，29（4）：621-627.
王旭，曾昭海，胡跃高，等 . 2007. 豆科与禾本科牧草混播效应研究进展 . 中国草地学报，29（4）：92-98.
王学敏，易津，张鹏 . 2003. 管理方式对华北驼绒藜生长及种子产量、质量的影响 . 草地学报，11（2）：139-146.
王瑛，朱宝成，孙毅，等 . 2007. 外源 lea3 基因转化紫花苜蓿的研究 . 核农学报，21（3）：249-252，260.
王宇超 . 2013. 三种木本滨藜植物抗逆生理特性研究 . 杨凌：西北农林科技大学硕士学位论文 .
王玉芬 . 2005. 苜蓿与不同禾本科牧草间混作增产效益 . 北京：中国农业大学硕士学位论文 .
王志强，刘宝元，路炳军 . 2003. 黄土高原半干旱区土壤干层水分恢复研究 . 生态学报，23（9）：1944-1950.
王忠 . 1999. 植物生理学 . 北京：中国农业出版社 .
魏广祥，冯革尘，宋晓华，等 . 1994. 半干旱风沙区人工牧草沙打旺需水规律的研究 . 草业科学，11（5）：46-51.
魏鹏 . 2003. 茶树抗旱性部分生理生化指标的研究 . 重庆：西南农业大学硕士学位论文 .
魏天兴，余新晓，朱金兆，等 . 2001. 黄土区主要造林树种水分供需关系研究 . 应用生态学报，12（2）：185-189.
文建雷，张檀，胡景江，等 . 2000. 三种杜仲无性系抗旱性比较 . 西北林学院学报，15（3）：12-15.

文石林，刘强，董春华，等 . 2012. 罗顿豆与 3 种多年生禾本科牧草的混播 . 草地学报，20（2）：305-311.
吴金水，郭胜利，党廷辉 . 2003. 半干旱区农田土壤无机氮积累与迁移机理 . 生态学报，23（10）：2040-2042，2041-2049.
吴林，李亚东，刘洪章，等 . 1996. 水分逆境对沙棘生长和叶片光合作用的影响 . 吉林农业大学学报，18（4）：48-52.
武宝玕，格林·托德 . 1985. 小麦幼苗中过氧化物歧化酶活性与幼苗脱水忍耐力相关性的研究 . 植物学报，27（2）：152-160.
肖怀远 . 1994. 西藏畜牧业走向市场的问题与对策 . 拉萨：西藏人民出版社 .
谢晓蓉，刘金荣，金自学，等 . 2006. 黑河灌区盐碱化土地的修复与调控研究 . 水土保持通报，26（2）：107-110.
谢振宇，杨光穗 . 2003. 牧草耐盐性研究进展 . 草业科学，20（8）：11-17.
行庆华，庞海涛 . 2001. 种植苜蓿，实现生态良性循环 . 新疆农业科学，38（5）：289-290.
熊运阜，王宏兴，白志刚，等 . 1996. 梯田、林地、草地减水减沙效益指标初探 . 中国水土保持，（8）：10-14，59.
徐恒刚 . 1988. 禾本科牧草发芽期和苗期耐盐性的初步研究 . 中国草原，（4）：53-55.
徐丽君，王波，孙启忠 . 2008. 科尔沁沙地紫花苜蓿的光合日动态 . 应用生态学报，19（10）：2189-2193.
徐莲珍 . 2008. 三个树种抗旱生理生态特性的研究 . 杨凌：西北农林科技大学硕士学位论文 .
徐世建，安黎哲，冯虎元，等 . 2000. 两种沙生植物抗旱生理指标的比较研究 . 西北植物学报，20（2）：224-228.
徐秀梅，张新华，王汉杰 . 2004. 四翅滨藜抗旱生理特性研究 . 南京林业大学学报（自然科学版），28（5）：54-58.
许大全 . 1995. 气孔的不均匀关闭与光合作用的非气孔限制 . 植物生理学通讯，31（4）：246-252.
许令妊，林柏和，刘育萍 . 1982. 几种紫花苜蓿营养物质含量动态的研究 . 中国草地，（3）：14-23.
许兴，李树华，惠红霞，等 . 2002. NaCl 胁迫对小麦幼苗生长、叶绿素含量及 Na^+、K^+ 吸收的影响 . 西北植物学报，22（2）：70-76.
闫浩 . 2014. 宁南山区植被恢复工程对土壤矿化过程中微生物活性与群落结构的影响 . 杨凌：西北农林科技大学硕士学位论文 .
闫艳霞，王玉魁，孟伟，等 . 2008. 6 种引进滨藜属植物叶片的饲用营养价值评价 . 林业科学研究，21（5）：693-696.
阎旭东，朱志明，李桂荣，等 . 2001. 六个苜蓿品种特性分析 . 草地学报，9（4）：302-306.
燕丽萍，夏阳，梁慧敏，等 . 2009. 转 *BADH* 基因苜蓿 T1 代遗传稳定性和抗盐性研究 . 草业学报，18（6）：65-71.
杨帆，丁菲，杜天真，等 . 2008. 构树抗氧化酶系统对盐胁迫的响应 . 浙江林业科技，1（1）：1-4.

杨高峰，贺晓，易津. 2013. 北驼绒藜种子发育期各器官间碳水化合物的再分配. 草业学报，22（4）：327-333.
杨吉华，张光灿，刘霞，等. 1997. 紫花苜蓿保持水土效益的研究. 土壤侵蚀与水土保持学报，3（2）：91-96.
杨建军. 2004. 苜蓿经济性状与水分生态环境关系研究. 杨凌：西北农林科技大学硕士学位论文.
杨青川，耿华珠，孙彦. 1999. 耐盐苜蓿新品种中苜一号. 作物品种资源，（2）：27.
杨青川，孙彦，苏加楷，等. 2001. 紫花苜蓿耐盐育种及耐盐遗传基础的研究进展. 中国草地，23（1）：59-62.
杨青川，康俊梅，郭文山，等. 2008. 轮回选择培育紫花苜蓿耐盐新品系. 中国畜牧兽医，35（5）：9-13.
杨秀莲，母洪娜，郝丽媛，等. 2015. 3 个桂花品种对 NaCl 胁迫的光合响应. 河南农业大学学报，49（2）：195-198.
杨允菲，傅林谦，朱琳. 1995. 亚热带中山黑麦草与白三叶混播草地种群数量消长及相互作用的分析. 草地学报，3（2）：103-111.
杨真，王宝山. 2015. 中国盐渍土资源现状及改良利用对策. 山东农业科学，47（4）：125-130.
杨智明，刘香萍，杜广明，等. 2006. 紫花苜蓿耐盐生理的研究. 当代畜牧，（10）：36-37.
姚砚武，李淑英，周连第，等. 2001. 常绿阔叶林木在北方地区抗旱适应类型分析. 北京农业科学，（4）：24-28.
姚允寅，张希忠，陈明. 1996. 苜蓿、牛尾草混种模式的探讨及其固氮评估. 同位素，（2）：7-12.
易津，曹自成，乌仁其木格. 1994. 几种不同贮藏条件对华北驼绒藜种子寿命和活力的影响. 内蒙古农牧学院学报，（15）1：18-22.
易鹏. 2004. 紫花苜蓿气候生态区划初步研究. 北京：中国农业大学硕士学位论文.
于洪柱，金春花，王志峰. 2010. 紫花苜蓿育种研究及进展. 北京：中国畜牧业协会，中国草学会.
余叔文，汤章成. 1998. 植物生理与分子生物学（第二版）. 北京：科学出版社.
曾福礼，张明凤，李玉峰. 1997. 干旱胁迫下小麦叶片微粒体活性氧自由基的产生及其对膜的伤害. 植物学报，39（12）：1105-1109.
曾庆存，卢佩生，曾晓东. 1994. 最简化的两变量草原生态动力学模式. 中国科学（B 辑），24（1）：106-112.
张波. 1989. 西北农牧史. 西安：陕西科学技术出版社.
张春霞，郝明德，王旭刚，等. 2004. 黄土高原地区紫花苜蓿生长过程中土壤养分的变化规律. 西北植物学，24（6）：1107-1111.
张道远，尹林克，潘伯荣. 2003. 柽柳属植物抗旱性能研究及其应用潜力评价. 中国沙漠，23（3）：46-50.
张国盛，黄高宝，张仁陟，等. 2003. 种植苜蓿对黄绵土表土理化性质的影响. 草业学报，

12（5）：88-93.
张杰，贾志宽，韩清芳 . 2007. 不同养分对苜蓿茎叶比和鲜干比的影响 . 西北农业学报，6（4）：121-125.
张军，王建波，陈刚，等 . 2009. Na_2CO_3 胁迫下星星草幼苗叶片电解质外渗率与 PSⅡ光能耗散的关系 . 草业学报，18（3）：200-206.
张雷明，上官周平 . 2002. 黄土高原土壤水分与植被生产力的关系 . 干旱区研究，19（4）：59-63.
张丽妍，杨恒山，葛选良，等 . 2008. 不同生长年限紫花苜蓿花期光合特性及其种子生产性能 . 中国草地学报，30（5）：54-58.
张明华 . 1993. 世界草地畜牧业的发展特点和趋势 . 草原与草坪，6（1）：1-6.
张微微，杨劼，宋炳煜，等 . 2016. 刈割对草原化荒漠区驼绒藜（*Krascheninnikovia ceratoides*）根际土壤特性的影响 . 生态学报，36（21）：6842-6849.
张晓磊，刘晓静，齐敏兴，等 . 2013. 混合盐碱对紫花苜蓿苗期根系特征的影响 . 中国生态农业学报，21（3）：340-346.
张晓琴，胡明贵 . 2004. 紫花苜蓿对盐渍化土地理化性质的影响 . 草业科学，21（11）：31-34.
张新华，郭胜安，周全良 . 2004. 四翅滨藜耐盐性试验 . 宁夏农林科技，（5）：3-4.
张兴昌，卢宗凡 . 1996. 坡地土壤水分动态及耗水规律研究 . 水土保持研究，3（2）：46-56.
张永亮，张丽娟 . 2006. 苜蓿、无芒雀麦混播及单播草地产草量动态研究 . 中国草地学报，（5）：23-28.
张蕴薇 . 2002. 美国的牧草生产及利用 . 北京农业，（12）：34-35.
赵哈林，赵学勇，张铜会，等 . 2003. 科尔沁沙地沙漠化过程及其恢复机理 . 北京：海洋出版社 .
赵天宏，沈秀瑛，杨德光，等 . 2003. 灰色关联度在玉米抗旱生理鉴定中的应用 . 辽宁农业科学，（1）：1-4.
赵雪 . 2012. 不同土壤水分含量对羊草生长的影响 . 长春：吉林大学硕士学位论文 .
郑国旗，许兴，徐兆桢，等 . 2002. 盐胁迫对枸杞光合作用的气孔与非气孔限制 . 西北植物学报，22（6）：75-79.
郑伟，朱进忠，加娜尔古丽 . 2012. 不同混播方式豆禾混播草地生产性能的综合评价 . 草业学报，21（6）：242-251.
周海燕 . 1999. 科尔沁沙地两种建群植物抗旱性机理的比较研究 . 内蒙古林业科技，（Z1）：84-87.
周宜君，刘春兰，冯金朝，等 . 2001. 沙冬青抗旱、抗寒机理的研究进展 . 中国沙漠，21（3）：98-102.
朱汉，王占升，邢新海 . 1993. 苜蓿对土壤生态环境的影响 . 农村生态环境，3：20-22，63.
朱俊凤，朱震达，等 . 1999. 中国沙漠化防治 . 北京：中国林业出版社 .
朱新广，张其德 . 1999. NaCl 对光合作用影响的研究进展 . 植物学通报，16（4）：332-338.
朱志梅，杨持 . 2003. 沙漠化过程中植物的变化和适应机理研究概述 . 内蒙古大学学报（自然科学版），34（1）：103-114.

Al-Doss A A, Smith S E. 1998. Registration of AZ- 97MEC and AZ- 97MEC-ST very non-dormant alfalfa germplasm pools with increased shoot weight and differential response to saline irrigation. Crop Science, 38: 568.

Al-Helal A A, Al-Farraj M M, El-Desoki R A, et al. 1989. Germination response of *Cassia senna* L. seeds to sodium salts and temperature. Journal of the University of Kuwait, Science, 16 (2): 281-287.

Al-Khatib M M, McNeilly T, Collins J C. 1992. The potential of selection and breeding for improved salt tolerance in lucerne (*Medicago sativa* L.) . Euphytica, 65 (1): 43-51.

Al-Khatib M M, McNeilly T, Collins J C. 1994. Between and within culture variability in salt tolerance in lucerne (*Medicago sativa* L.) . Genetic Resources and Crop Evaluation, 41 (3): 159-164.

Allsopp R C, Vaziri H, Patterson C, et al. 1992. Telomere length predicts the replicative capability of human fibroblasts. PNAS, 89 (21): 10114-10118.

Araus J L, Bort J, Ceccarelli S, et al. 1997. Relationship between leaf structure and carbon isotope discrimination in field grown barley. Plant Physiology and Biochemistry, 35 (7): 533-541.

Barlow E W K, Dale J E, Milthorpe F L. 1983. The Growth and Functioning of Leaves. Cambridge: Cambridge University Press.

Bartoli C G, Tambussi E, Beltrano J, et al. 1999. Drought and watering-dependent oxidative stress, effect on oxidant content on *Triticum aestivum* L. leave . Journal of Experimental Botany, 50 (332): 375-383.

Bethke P C, Jones R L. 2001. Cell death of barley aleurone protoplasts is mediated by reactive oxygen species. The Plant Journal, 25 (1): 19-29.

Blumwald E, Aharon G S, Apse M P. 2000. Sodium transport in plant cells. Biochimica et Biophysica Acta, 1465 (1-2): 140-151.

Bohnert H J, Jensen R G. 1996. Strategies for engineering water stress tolerance in plants. Trends in Biotechnology, 14 (3): 89-97.

Boyer J S. 1976. Water deficits and photosynthesis//Kozlowski T T. Water Deficits and Plant Growth, Volume Ⅳ: Soil Water Measurement, Plant Responses, and Breeding for Drought Resistance. New York: Academic Press.

Brown R H, Radcliffe D E. 1986. A comparison of apparent photo-synthesis in sericea lespedeza and alfalfa. Crop Science, 26 (6): 1208-1211.

Brun L J, Worcester B K. 1975. Soil water extraction by alfalfa. Agronomy Journal, 67 (4): 586-589.

Burity H A, Ta T C, Farris M A, et al. 1989. Estimation of nitrogen fixation and transfer from alfalfa to associated grasses in mixed swards under field conditions. Plant and Soil, 114 (2): 249-255.

Burton G W. 1937. The inheritance of various morphological characters in alfalfa and their relation to plant yields in New Jersey. Agronomy Journal, (7): 628-630.

Campbell C A, Lafond G P, Zentner R P, et al. 1994. Nitrate leaching in an Udic Haploboroll soil as influenced by fertilization and legumes. Journal of Environmental Quality, 23 (1): 195-201.

Carl A, Bayguinov O, Shuttleworth C W, et al. 1995. Role of Ca^{2+}-activated K^+ channels in electrical activity of longitudinal and circular muscle layers of canine colon. The American Journal of Physiology, 268: 619-627.

Charlton J F L. 1991. Some basic concepts of pasture seed mixtures for New Zealand farms. Proceeding of the New Zealand Grassland Association, 53: 37-40.

Chen T H H, Murata N. 2002. Enhancement of tolerance of abiotic stress by metabolic engineering of betaines and other compatible solutes. Current Opinion in Plant Biology, 5 (3): 250-257.

Cook S J, Ratcliff D. 1984. A study of the effects of root and shoot competition on the growth of green panic (Pentium maximum var. trichoglume) seedlings in an existing grassland using root exclusion tubes. Journal of Applied Ecology, 21 (3): 971-982.

Daudet C L, Kiddy P A. 1988. A comparative approach to predicting competitive ability from plant traits. Nature, 334: 242-243.

Dickmann D I, Liu Z J, Nguyen P V, et al. 1992. Photosynthesis, water relations, and growth of two hybrid Populus genotypes during a severe drought. Canadian Journal of Forest Research, 22 (8): 1094-1106.

Dobrenz A K, Robinson D L, Smith S E, et al. 1989. Registration of AZ-GERM-SALT-Ⅱ nondormant alfalfa germplasm. Crop Science, 29 (2): 493.

Downes R W. 1994. New herbage cultivars *Medicago sativa* CV. alfalfa. Tropical Grasslands, 28: 191-192.

Glenn E P, Brown J J, Blumwald E. 1999. Salt tolerance and crop potential of halophytes. Critical Reviews in Plant Sciences, 18 (2): 227-255.

Goodman P J. 1988. Nitrogen fixation, transfer and turnover in upland and lowland grass-clover swards, using ^{15}N isotope dilution. Plant and Soil, 112 (2): 247-254.

Halliwell B, Gutteridge J M C. 1986. Oxygen free radicals and iron in relation to biology and medicine: some problems and concepts. Archives Biochemistry and Biophysics, 246 (2): 501-514.

Harris W, Lazenby A. 1974. Competitive interaction of grasses with contrasting temperature responses and water stress tolerances. Australian Journal of Agricultural Research, 25 (2): 227-246.

Hernandez J A, Ferrer M A, Jimenez A, et al. 2001. Antioxidant system and O^{2-}/H_2O_2 production in the apoplast of pea leaves. Plant Physiology, 127 (3): 817-831.

Hodgson J, Maxwell T J. 1984. Grazing studies for grassland sheep systems at the Hill Farming Research Organization, UK. Proceedings of the New Zealand Grassland Association, 45: 184-189.

Hsiao T C. 1973. Plant responses to water stress. Ann Rev Plant Physiol, 5 (6): 256-261.

Jafri A Z, Ahmad R. 1994. Plant growth and ionic distribution in cotton under saline environment. Pakistan Journal of Botany, 26 (1): 105-114.

Jeffersin P, Crfforth H W. 1997. Sward age and weather effects on alfalfa yield at semiarid location in south-western Saskatchewan. Canadian Journal of Plant, 77 (4): 96-110.

Jiang M, Zhang J. 2001. Effect of abscisic acid on active oxygen species, antioxidative defense system and oxidative damage in leaves of maize seeding. Plant Cell Physiology, 42: 1265-1273.

Johnson D W, Smith S E, Dobrenz A K. 1991. Registration of AZ- 90NDC-ST nondormant alfalfa germplasm with improved forage yield in saline environment. Crop Science, 31: 1098-1099.

Jones D I H. 1933. Strain development in herbage plants. Proceedings of the New Zealand Grassland Association, 2: 72-75.

Klausmeier C A. 1999. Regular and irregular patterns in semiarid vegetation. Science, 284 (5421): 1826-1828.

Kramer P J, Kozlowski T T. 1979. Physiology of Woody Plants. New York: Academic Press.

Kuiper D, Schuit J, Kuiper P J C. 1990. Actual cytokinin concentration in plant tissue as an indicator for salt resistance in cereals. Plant and Soil, 123 (2): 243-250.

Lange O L, Nobel P S, Osmond C B. 1982. Water Relations and Carbon Assimilation Encyclopedia of Plant Physiology. Berlin, Heidelberg, New York: Springer-Verlag.

Li Y Y, Shao M A. 2006. Change of soil physical properties under long-term natural vegetation restoration in the Loess Plateau of China. Journal of Arid Environments, 64 (1): 77-96.

Maloy O C, Inglis D A. 1978. Dutch elm disease in Washington. Plant Disease Reporter, 62 (2): 161-165.

Marian N. 1989. The effect of seed rate and nitrogen fertilizer on the yield nutritive value of oat vetch maxillae. The Journal of Agricultural Science, 112 (1): 57-66.

Michaud R, Lehman W F, Rumbangh M D. 1988. World distribution and historical development//Hanson A A, Barnes D K, Hill R R. Alfalfa and Alfalfa Improvement. Madison: American Society of Agronomy.

Munns R. 2002. Comparative physiology of salt and water stress. Plant, Cell and Environment, 25 (2): 239-250.

Netond G W, Onyango J C, Beck E. 2004. Sorghum and salinity: Ⅱ. gas exchange and chlorophyll fluorescence of sorghum under salt stress. Crop Science, 44: 806-811.

Newman E, Rivera A. 1975. Allelopathy among some British grassland species. The Journal of Ecology, 63 (3): 727-737.

Noggle G R. 1976. Introductory Plant Physiology. Englewood Cliffs: Prentice Hall.

Riazi A, Matsuda K, Arslan A. 1985. Water stress induced changes in concentrations of proline and other solute in growing regions of young barley leaves. Journal of Experimental Botany, 36 (172): 1716-1725.

Santa-Cruz A, Acosta M, Rus A, et al. 1999. Short-term salt tolerance mechanisms in differentially salt tolerant tomato species. Plant Physiology Biochemistry, 37 (1): 65-71.

Schipanski M E, Drinkwater L E. 2012. Nitrogen fixation in annual and perennial legume-grass mixtures across a fertility gradient. Plant and Soil, 357 (1-2): 147-159.

Sheaffer C C, Tanner C B. 1988. Alfalfa water relations and irrigation//Hanson A A, Barnes D K, Hill R R. Alfalfa and Alfalfa Improvement. Madison: American Society of Agronomy.

Stoey R, Walker R R. 1999. Citrus and salinity. Scientia Horticulturae, 78 (1-4): 39-81.

Tattini M R, Gucci M A, Coradeschi C, et al. 1995. Growth, gas exchange and ion content in Olea europaea plants during salinity stress and subsequent relief. Physiology Plant, 95: 203-210.

Tensely A G. 2010. An Introduction to Plant Ecology. New Delhi: Discovery Publishing House.

Tester M, Davenport R. 2003. Na^+ tolerance and Na^+ transport in higher plants. Annals of Botany, 91 (5): 503-527.

Volenec J J, Cherney J H, Johnson K D. 1987. Yield components, plant morphology, and forage quality of alfalfa as influenced by plant population. Crop Science, 27 (2): 321-326.

Wang J H. 1990. The root system development of *Cicer milkvetch* in the first year of growth. Pratacultural Science, 7 (1): 53-60.

Yancey P H, Clark M E, Hand S C, et al. 1982. Living with water stress: evolution of osmolyte systems. Science, 217 (4566): 1214-1222.

Zemenchik R A, Albrecht K A, Shaver R D. 2002. Improved nutritive value of kura clover and birdsfoot trefoil grass mixtures compared with grass monocultures. Agronomy Journal, 94: 1131-1138.

Zhao C Y, Feng Z D, Chen G D. 2004. Soil water balance simulation of alfalfa in the semiarid Chinese Loess Plateau. Agricultural Water Management, 69 (2): 101-114.

Zhu J K. 2002. Salt and drought stress signal transduction in plants. Annu Rev Plant Biol, 53: 247-273.